面向新工科的电工电子信息基础课程系列教材

教育部高等学校电工电子基础课程教学指导分委员会推荐教材

首批军队级精品课程、湖南省一流本科课程配套教材

数字信号处理

第 2 版

许 可 万建伟 编著

清华大学出版社

北京

内 容 简 介

本书共分两部分：第一部分主要介绍离散傅里叶变换（DFT），包括离散傅里叶变换的理论和性质，离散傅里叶变换的应用，以及离散傅里叶变换的快速算法——快速傅里叶变换（FFT）；第二部分主要介绍数字滤波器，包括无限长单位脉冲响应（IIR）和有限长单位脉冲响应（FIR）数字滤波器的设计，数字滤波器的实现结构，以及在实现过程中遇到的量化效应问题。最后介绍数字信号处理的重要工程应用，并给出若干有趣的信号处理杂谈。

本书可作为高等院校电子信息类专业的基础课教材，也可供信号处理领域工程技术人员参考。

图书在版编目（CIP）数据

数字信号处理 / 许可，万建伟编著. -- 2 版.

北京：清华大学出版社，2024.8. --（面向新工科的电工电子信息基础课程系列教材）. -- ISBN 978-7-302
-67142-8

Ⅰ. TN911.72

中国国家版本馆 CIP 数据核字第 2024S6L873 号

责任编辑：文 怡
封面设计：王昭红
责任校对：郝美丽
责任印制：刘海龙

出版发行：清华大学出版社
  网 址：https://www.tup.com.cn，https://www.wqxuetang.com
  地 址：北京清华大学学研大厦 A 座   邮 编：100084
  社 总 机：010-83470000   邮 购：010-62786544
  投稿与读者服务：010-62776969，c-service@tup.tsinghua.edu.cn
  质量反馈：010-62772015，zhiliang@tup.tsinghua.edu.cn
  课件下载：https://www.tup.com.cn，010-83470236
印 装 者：三河市龙大印装有限公司
经 销：全国新华书店
开 本：185mm×260mm 印 张：17.25   字 数：388 千字
版 次：2020 年 12 月第 1 版 2024 年 8 月第 2 版 印 次：2024 年 8 月第 1 次印刷
印 数：1～1500
定 价：59.00 元

产品编号：103178-01

序

习近平总书记强调，"要乘势而上，把握新兴领域发展特点规律，推动新质生产力同新质战斗力高效融合、双向拉动。"以新一代信息技术为主要标志的高新技术的迅猛发展，尤其在军事斗争领域的广泛应用，深刻改变着战斗力要素的内涵和战斗力生成模式。

为适应信息化条件下联合作战的发展趋势，以新一代信息技术领域前沿发展为牵引，本系列教材汇聚军地知名高校、相关企业单位的专家和学者，团队成员包括两院院士、全国优秀教师、国家级一流课程负责人，以及来自北斗导航、天基预警等国之重器的一线建设者和工程师，精心打造了"基础前沿贯通、知识结构合理、表现形式灵活、配套资源丰富"的新一代信息通信技术新兴领域"十四五"高等教育系列教材。

总的来说，本系列教材有以下三个明显特色：

（1）注重基础内容与前沿技术的融会贯通。教材体系按照"基础—应用—前沿"来构建，基础部分即"场—路—信号—信息"课程教材，应用部分涵盖卫星通信、通信网络安全、光通信等，前沿部分包括 5G 通信、IPv6、区块链、物联网等。教材团队在信息与通信工程、电子科学与技术、软件工程等相关领域学科优势明显，确保了教学内容经典性、完备性和先进性的统一，为高水平教材建设奠定了坚实的基础。

（2）强调工程实践。课程知识是否管用，是否跟得上产业的发展，一定要靠工程实践来检验。姚富强院士主编的教材《通信抗干扰工程与实践》，系统总结了他几十年来在通信抗干扰方面的装备研发、工程经验和技术前瞻。国防科技大学北斗团队编著的《新一代全球卫星导航系统原理与技术》，着眼我国新一代北斗全球系统建设，将卫星导航的经典理论与工程实践、前沿技术相结合，突出北斗系统的技术特色和发展方向。

（3）广泛使用数字化教学手段。本系列教材依托教育部电子科学课程群虚拟教研室，打通院校、企业和部队之间的协作交流渠道，构建了新一代信息通信领域核心课程的知识图谱，建设了一系列"云端支撑，扫码交互"的新形态教材和数字教材，提供了丰富的动图动画、MOOC、工程案例、虚拟仿真实验等数字化教学资源。

序

　　教材是立德树人的基本载体,也是教育教学的基本工具。我们衷心希望以本系列教材建设为契机,全面牵引和带动信息通信领域核心课程和高水平教学团队建设,为加快新质战斗力生成提供有力支撑。

国防科技大学校长

中国科学院院士

新一代信息通信技术新兴领域

"十四五"高等教育系列教材主编

2024 年 6 月

第2版前言

第 2 版教材主体结构与第 1 版保持一致，仍然突出数字信号处理的工程属性，强调"从工程应用中来，回到工程应用中去"的教学理念。对第 1 版教材中发现的一些文字、公式和图表错误进行了修订，并根据教学体会和读者建议对部分内容进行了更新和补充。主要修订内容如下：

（1）新增了第 9 章"数字信号处理工程应用"。本章创新实践"案例+"和"信号+"的教学改革思想，尝试主动和后续专业课程对接，从雷达探测、卫星导航等领域凝练出若干数字信号处理工程应用，从需求和应用的角度深刻理解课程知识点。

（2）新增了一个信号处理杂谈"FFT 诞生前后的那些人和事儿"。"听故事"往往比"推公式"有趣，因此本章内容广受师生好评。我们整理了大量关于库利和图基的人物专访、纪念文章等资料，试图以较轻松的风格回顾和纪念 FFT 这个历史性算法的诞生。

（3）新增了两处理论阐述。一处是在 5.4 节最后，增加了"N 为复合数的 FFT"这个知识点，主要是为 9.6 节"大点数 FFT 的工程实现"进行理论铺垫；另一处是在 7.1.1 节中，增加了对线性相位系统的阐述，从雷达成像、通信接收机、卫星导航等具体应用的角度进一步理解线性相位的重要性。

前辈程佩青教授曾写信鼓励作者，并对教材内容的编排与取舍、文字风格、定义的严密性等方面提出宝贵意见；中国科学院黎湘院士、吴一戎院士和王永良院士，中国工程院孔志印院士对课程教学改革、资源建设、教材建设和"非标答案"的综合实验进行了高度肯定；在本书修订过程中，唐朝京教授、雷菁教授、金添教授、程永强教授、刘振教授、刘小汇研究员、唐小妹研究员、安成锦教授、杨勇教授、游鹏教授、王宏强研究员、张晓瀛教授、扈啸研究员等专家学者仔细审读了书稿，并提出大量宝贵建议；清华大学出版社文怡编辑与作者进行了大量的沟通，在此一并表示诚挚的谢意。

特别感谢在平时教学过程中提出宝贵建议的同学们，他们是 2021 级本科生黄黔豫、吴思鹏、文际宇、卢颖天、黄毅，2022 级本科生柳勇、张舒萌、周泽宏、杨浩森、朱良宸、柳蘅洋。得益于你们求真务实的学习态度，以及"尽信书不如无书"的学习精神，这本教材才会得到不断的完善。

第2版前言

限于作者本身的学识和经验,书中仍难免有错误和疏漏之处,恳请广大读者和专家不吝赐教。

作　者

于长沙·德雅村·国防科技大学

2024 年 8 月

课件＋大纲＋源代码等资源

第1版前言

本书主要在《时域离散信号处理》(国防科技大学出版社,1994年出版)的基础上进行改写。与原版相比,新版的改进和特点主要体现在以下五方面:

第一,对原版结构进行了调整和优化。将数字信号处理从内容上划分为离散傅里叶变换和数字滤波器两大模块,按照"算法→应用→快速算法(FFT)"介绍离散傅里叶变换,按照"IIR→FIR→实现"介绍数字滤波器。

第二,突出数字信号处理对象的重要特点,不过多重复前修课程内容。按照"时域分析→频域分析→z域分析"的思路,对"信号与系统"中离散时间信号与系统的知识点进行了归纳和总结,强调数字信号处理的主要对象是时域离散且有限长的一段信号样本。

第三,增加了大量MATLAB例程。MATLAB交互性好,集成度高,易于上手,号称"草稿纸"式的编程语言,也是深入理解数字信号处理的一把"万能钥匙"。本书大部分例题都采取先进行理论分析和解答,再用MATLAB仿真验证的思路,全部MATLAB源代码都可以在配套实验教材《信号处理仿真实验》(第2版)(清华大学出版社,2020年出版)中扫描二维码下载。

第四,增加了信号处理杂谈。实事求是地说,传统的数字信号处理课程概念抽象,公式偏多,是一门令人"望而生畏"的专业基础课。出版本书的一个重要目的就是要把数字信号处理建设成为一门"有温度"的课程,因此最后一章专门收集整理了一些有关信号处理的人物轶事、历史钩沉和奇谈怪论,以飨读者。

第五,精心制作了15个动图动画和26个教学视频。可以很直观地理解圆周移位、栅栏效应、频谱泄漏、FFT流图、采样与量化等抽象概念,提高了学习体验。同时,本书配套MOOC课程已在"学堂在线"网站开设,书中提供了线上配套教学视频。扫描书中二维码即可观看教学视频和动图动画。

本书共9章,其中第1章为绪论,第2章复习前修课程内容,第3~5章介绍离散傅里叶变换,第6~8章介绍数字滤波器,第9章为信号处理杂谈,具体内容安排如下:

第1章主要介绍数字信号处理的发展历史、特点和常见应用,给出数字信号处理系统的基本框架,并详细介绍模拟频率、模拟角频率和数字频率这三种频率的定义和关系。

第2章主要复习归纳离散时间信号与系统的内容。首先复习模拟信号的采样与插值重构,然后按照时域、频域和z域的顺序,分别对离散时间信号与离散时间系统进行分析。

第3章主要介绍离散傅里叶变换(DFT)的理论和性质。首先介绍周期序列的离散傅里叶级数,在此基础上引出有限长序列的离散傅里叶变换,重点介绍离散傅里叶变换的定义和性质,最后介绍频域采样定理和线性调频 z 变换算法。

第 4 章主要介绍离散傅里叶变换的应用,包括利用离散傅里叶变换来分析模拟信号的频谱,利用离散傅里叶变换来计算两个有限长序列的线性卷积和线性相关。

第 5 章主要介绍离散傅里叶变换的快速算法,即快速傅里叶变换(FFT)。首先分析离散傅里叶变换的运算复杂度和运算特点,给出算法提速的可能途径,随后介绍按时间抽取的 FFT 算法(DIT-FFT)和按频率抽取的 FFT 算法(DIF-FFT),包括算法流程、特点和运算量,最后介绍 FFT 算法在工程实现中的一些经验技巧。由于 FFT 算法是"加速版"的 DFT 算法,关于 DFT 算法的应用,都可以(应该)用 FFT 算法来实现。

第 6 章主要介绍无限长单位脉冲响应(IIR)数字滤波器的设计。首先介绍数字滤波器的基本概念,包括数字滤波器的分类、技术指标的定义以及设计的一般步骤,随后介绍模拟原型低通滤波器的设计和模拟域频率变换方法,最后介绍如何将设计好的模拟滤波器映射为数字滤波器,包括脉冲响应不变法和双线性变换法。

第 7 章主要介绍有限长单位脉冲响应(FIR)数字滤波器的设计。首先介绍线性相位 FIR 数字滤波器的特点及约束条件,随后介绍通过窗函数法和频率采样法来设计线性相位的 FIR 数字滤波器,最后对 IIR 和 FIR 数字滤波器的特点和应用情况进行对比。

第 8 章主要介绍数字滤波器的实现,包括数字滤波器的各种实现结构,以及在实现过程中遇到的量化效应问题。首先介绍 IIR 数字滤波器的 5 种基本结构和 FIR 数字滤波器的 5 种基本结构,随后介绍量化误差的来源、数字滤波器的系数量化效应和极点位置灵敏度,最后介绍数字滤波器运算中的有限字长效应,并给出降低量化累积误差的建议。

第 9 章给出了一些有趣的信号处理杂谈,包括采样定理的命名之争,几经波折才诞生的离散傅里叶变换思想,天才高斯有机会改写信号处理的历史等。本章内容大多来源于传说或典故,或者来自于互联网上的高谈阔论,也包括作者多年的教学总结和经验,仁者见仁,智者见智,请大家批判阅读,不要迷信。

"数字信号处理"是一门与工程实践紧密结合的专业基础课,基本知识点包括离散傅里叶变换和数字滤波器,落脚点就是各种工程实践,因此必须坚持"从工程实践中来,到工程实践中去"的学习理念。课堂上学到的各种理论和算法,不仅需要通过适量的习题来巩固和加深理解,更需要通过实验来验证,最终目的就是能够解决工程实践问题。在工程实践中,通过软件编程、系统联调、外场试验和数据处理等,可以反过来加深或修正自己的理解,真正做到知行合一。

本书可作为高等院校电子信息类本科生的专业基础课教材,也可供信号处理领域工程技术人员参考。本课程的教学参考学时为 56 学时,其中理论授课 38 学时,上机实验

第1版前言

18 学时。建议学时安排为：第 1 章 2 学时，第 2 章 2 学时，第 3 章 4 学时，第 4 章 6 学时，第 5 章 4 学时，第 6 章 6 学时，第 7 章 6 学时，第 8 章 4 学时，在第 5 章和第 8 章讲授完毕后，可分别进行 2 学时的随堂测试，第 9 章供学生课外自行阅读。

本书在编写过程中参考了国内外众多同行的优秀教材，吸取了历年来听课专家和选课学生的宝贵建议，还采纳了微信公众号、知乎、百度百科、个人网站、论坛等互联网上的丰富资源。

皇甫堪教授、吴京教授、程永强教授、王玲教授、楼生强教授，以及辛勤、安成锦、李双勋、游鹏、刘涛、曾旸、罗成高、陈沛铂、刘康等教师先后提出了大量宝贵建议，提供了丰富的科研素材。博士生禚江浩、徐国权、张一帆、顾尚泰，硕士生蒋博、元志安、周笑宇、刘心溥等参与了文稿校对、图形绘制、程序验证等工作，在此一并表示感谢。感谢在平时教学过程中提出宝贵建议的同学们，他们是研究生助教康乃馨、王建秋、张聪，2018 级本科生李志远、姜成、慕昊润、盖龙杰，2019 级本科生廖千里、熊甘霖、杨孟琦、唐港洲，2020 级本科生王昊、张坤鹏、张语堂、任和直、黄星桦、凌碧海，2021 级本科生罗鹏。还特别感谢中南大学自动化学院蓝丽娟老师，以及该院 2020 级本科生陈熙、韩小雨、柏海涛、王冬悦、胡正祥、唐山山。老同学邓彬为本书题写了书名，在此表示感谢。清华大学出版社文怡编辑与作者进行了大量的沟通，在此表示诚挚的谢意。

限于作者本身的学识和经验，书中难免有错误和疏漏之处，恳请广大读者和专家不吝赐教。*

作 者

于长沙·德雅村·国防科技大学

2020 年 7 月

课件＋大纲＋源代码

---

* 注：为便于交流沟通，特建立"数字信号处理虚拟教研室"，qq 群号为 337328809。

目录

第1章　绪论 ……………………………………………………………………… 1

1.1　数字信号处理简介 ………………………………………………………… 2

1.2　数字信号处理系统基本框架 ……………………………………………… 4

1.3　本书内容安排 ……………………………………………………………… 6

第2章　离散时间信号与系统 …………………………………………………… 8

2.1　模拟信号的采样与插值重构 ……………………………………………… 9

 2.1.1　模拟信号的理想采样 ………………………………………………… 9

 2.1.2　模拟信号的实际采样 ……………………………………………… 10

 2.1.3　模拟信号的插值重构 ……………………………………………… 11

2.2　时域分析 ………………………………………………………………… 16

 2.2.1　常用的典型序列 …………………………………………………… 16

 2.2.2　序列的周期性 ……………………………………………………… 18

 2.2.3　线性时不变系统 …………………………………………………… 19

 2.2.4　稳定系统和因果系统 ……………………………………………… 22

 2.2.5　常系数线性差分方程 ……………………………………………… 22

2.3　频域分析 ………………………………………………………………… 23

 2.3.1　离散时间傅里叶变换(DTFT) …………………………………… 23

 2.3.2　几种傅里叶变换的关系 …………………………………………… 27

 2.3.3　系统的频率响应 …………………………………………………… 29

2.4　z 域分析 …………………………………………………………………… 30

 2.4.1　z 变换与 z 反变换 ………………………………………………… 30

 2.4.2　z 变换的性质 ……………………………………………………… 33

 2.4.3　z 变换与其他变换的关系 ………………………………………… 34

 2.4.4　系统函数 …………………………………………………………… 36

习题 ……………………………………………………………………………… 40

第3章　离散傅里叶变换(DFT) ……………………………………………… 44

3.1　周期序列的离散傅里叶级数(DFS) …………………………………… 45

 3.1.1　离散傅里叶级数的定义 …………………………………………… 45

 3.1.2　离散傅里叶级数的性质 …………………………………………… 47

3.2　有限长序列的离散傅里叶变换(DFT) ………………………………… 53

目录

3.2.1 离散傅里叶变换的定义 ‥‥‥‥‥‥‥‥‥‥‥‥‥‥‥‥ 53

3.2.2 离散傅里叶变换与其他变换的关系 ‥‥‥‥‥‥‥‥ 54

3.2.3 圆周移位与圆周卷积 ‥‥‥‥‥‥‥‥‥‥‥‥‥‥‥ 57

3.3 离散傅里叶变换的性质 ‥‥‥‥‥‥‥‥‥‥‥‥‥‥‥‥‥ 60

3.4 频域采样定理 ‥‥‥‥‥‥‥‥‥‥‥‥‥‥‥‥‥‥‥‥‥ 66

3.4.1 频域采样 ‥‥‥‥‥‥‥‥‥‥‥‥‥‥‥‥‥‥‥‥ 66

3.4.2 频域插值重构 ‥‥‥‥‥‥‥‥‥‥‥‥‥‥‥‥‥‥ 69

3.5 线性调频 z 变换（CZT） ‥‥‥‥‥‥‥‥‥‥‥‥‥‥‥ 70

习题 ‥‥‥‥‥‥‥‥‥‥‥‥‥‥‥‥‥‥‥‥‥‥‥‥‥‥‥ 72

第4章 离散傅里叶变换的应用 ‥‥‥‥‥‥‥‥‥‥‥‥‥‥‥ 76

4.1 分析模拟信号的频谱 ‥‥‥‥‥‥‥‥‥‥‥‥‥‥‥‥‥ 77

4.1.1 频谱的近似过程 ‥‥‥‥‥‥‥‥‥‥‥‥‥‥‥‥‥ 77

4.1.2 增加数据长度：提高频率分辨率 ‥‥‥‥‥‥‥‥ 79

4.1.3 数据补零：提高频谱采样密度 ‥‥‥‥‥‥‥‥‥ 83

4.2 计算有限长序列的线性卷积 ‥‥‥‥‥‥‥‥‥‥‥‥‥‥ 86

4.2.1 线性卷积和圆周卷积的关系 ‥‥‥‥‥‥‥‥‥‥‥ 86

4.2.2 重叠相加法和重叠保留法 ‥‥‥‥‥‥‥‥‥‥‥‥ 90

4.3 计算线性相关 ‥‥‥‥‥‥‥‥‥‥‥‥‥‥‥‥‥‥‥‥‥ 95

习题 ‥‥‥‥‥‥‥‥‥‥‥‥‥‥‥‥‥‥‥‥‥‥‥‥‥‥‥ 98

第5章 快速傅里叶变换（FFT） ‥‥‥‥‥‥‥‥‥‥‥‥‥‥‥ 102

5.1 DFT 运算复杂度分析 ‥‥‥‥‥‥‥‥‥‥‥‥‥‥‥‥‥ 103

5.1.1 DFT 的运算瓶颈 ‥‥‥‥‥‥‥‥‥‥‥‥‥‥‥‥ 103

5.1.2 DFT 的运算特点 ‥‥‥‥‥‥‥‥‥‥‥‥‥‥‥‥ 104

5.2 按时间抽取（DIT）的 FFT 算法 ‥‥‥‥‥‥‥‥‥‥‥‥ 104

5.2.1 算法原理 ‥‥‥‥‥‥‥‥‥‥‥‥‥‥‥‥‥‥‥‥ 104

5.2.2 算法特点 ‥‥‥‥‥‥‥‥‥‥‥‥‥‥‥‥‥‥‥‥ 108

5.2.3 运算量分析 ‥‥‥‥‥‥‥‥‥‥‥‥‥‥‥‥‥‥‥ 110

5.3 按频率抽取（DIF）的 FFT 算法 ‥‥‥‥‥‥‥‥‥‥‥‥ 112

5.4 FFT 算法的应用技巧 ‥‥‥‥‥‥‥‥‥‥‥‥‥‥‥‥‥ 115

习题 ‥‥‥‥‥‥‥‥‥‥‥‥‥‥‥‥‥‥‥‥‥‥‥‥‥‥‥ 119

第6章 无限长单位脉冲响应（IIR）数字滤波器的设计 ‥‥‥‥‥ 121

6.1 数字滤波器的基本概念 ‥‥‥‥‥‥‥‥‥‥‥‥‥‥‥‥ 122

目录

6.1.1　数字滤波器的分类 ………………………………………………… 123

6.1.2　数字滤波器的技术指标 …………………………………………… 125

6.1.3　数字滤波器的设计概述 …………………………………………… 126

6.2　模拟原型低通滤波器的设计 ……………………………………………… 127

6.2.1　模拟低通巴特沃斯滤波器 ………………………………………… 129

6.2.2　模拟低通切比雪夫Ⅰ型、Ⅱ型滤波器 …………………………… 131

6.2.3　模拟低通椭圆滤波器 ……………………………………………… 132

6.3　模拟域频率变换 …………………………………………………………… 133

6.3.1　归一化低通→低通 ………………………………………………… 134

6.3.2　归一化低通→高通 ………………………………………………… 134

6.3.3　归一化低通→带通 ………………………………………………… 135

6.3.4　归一化低通→带阻 ………………………………………………… 136

6.4　模拟滤波器映射为数字滤波器 …………………………………………… 138

6.4.1　脉冲响应不变法 …………………………………………………… 139

6.4.2　双线性变换法 ……………………………………………………… 141

习题 ……………………………………………………………………………… 147

第 7 章　有限长单位脉冲响应(FIR)数字滤波器的设计 ……………………… **149**

7.1　线性相位 FIR 数字滤波器的特点 ………………………………………… 150

7.1.1　线性相位的约束条件 ……………………………………………… 150

7.1.2　幅度函数的特点 …………………………………………………… 153

7.1.3　零点位置的特点 …………………………………………………… 158

7.2　窗函数设计法 ……………………………………………………………… 159

7.2.1　设计原理 …………………………………………………………… 159

7.2.2　六种常见的窗函数 ………………………………………………… 162

7.2.3　设计实例 …………………………………………………………… 169

7.3　频率采样设计法 …………………………………………………………… 173

7.3.1　设计原理 …………………………………………………………… 173

7.3.2　误差分析与改进措施 ……………………………………………… 176

7.4　IIR 与 FIR 数字滤波器的比较 …………………………………………… 179

7.4.1　特点对比 …………………………………………………………… 179

7.4.2　发展对比 …………………………………………………………… 180

习题 ……………………………………………………………………………… 181

目录

第 8 章　数字滤波器的实现 ………………………………………………………… **184**

　8.1　数字滤波器结构的表示方法 ……………………………………………… 185

　8.2　IIR 数字滤波器的基本结构 ……………………………………………… 186

　　8.2.1　直接 I 型 …………………………………………………………… 186

　　8.2.2　直接 II 型（典范型） ……………………………………………… 186

　　8.2.3　级联型 ……………………………………………………………… 187

　　8.2.4　并联型 ……………………………………………………………… 187

　　8.2.5　转置型 ……………………………………………………………… 188

　8.3　FIR 数字滤波器的基本结构 ……………………………………………… 190

　　8.3.1　直接型（卷积型、横截型） ……………………………………… 190

　　8.3.2　线性相位型 ………………………………………………………… 191

　　8.3.3　级联型 ……………………………………………………………… 192

　　8.3.4　频率采样型 ………………………………………………………… 192

　　8.3.5　快速卷积型 ………………………………………………………… 195

　8.4　量化与量化误差 …………………………………………………………… 197

　　8.4.1　数的二进制表示 …………………………………………………… 198

　　8.4.2　定点制的量化误差 ………………………………………………… 199

　　8.4.3　量化噪声通过线性时不变系统 …………………………………… 202

　8.5　数字滤波器的系数量化效应 ……………………………………………… 203

　8.6　数字滤波器运算中的有限字长效应 ……………………………………… 208

　习题 …………………………………………………………………………… 213

第 9 章　数字信号处理工程应用 …………………………………………………… **216**

　9.1　太赫兹时域频谱技术 ……………………………………………………… 217

　9.2　调频连续波雷达测距中的频率估计 ……………………………………… 219

　9.3　卫星导航中的干扰信号测量 ……………………………………………… 222

　9.4　雷达脉冲压缩测距中的分段卷积 ………………………………………… 224

　9.5　导航卫星伪距测量 ………………………………………………………… 228

　9.6　大点数 FFT 的工程实现 ………………………………………………… 231

　9.7　北斗导航卫星上的有限字长优化设计 …………………………………… 233

第 10 章　信号处理杂谈 …………………………………………………………… **236**

　10.1　数字信号处理与 DSP ……………………………………………………… 237

　10.2　采样定理命名之争 ………………………………………………………… 238

目录

10.3	频率家族	239
10.4	z 域是什么域	241
10.5	那些年,我们一起学过的傅里叶	242
10.6	藏在高斯笔记里的 FFT 算法	245
10.7	不得不说的分贝	246
10.8	生活中的滤波器	249
10.9	无处不在的噪声	250
10.10	FFT 诞生前后的那些人和事儿	251

附录 A　本书符号 ……………………………………… **256**
附录 B　本书所用 MATLAB 函数总结 …………………… **257**
参考文献 ……………………………………………… **258**

第1章

绪论

教学视频

1.1 数字信号处理简介

1. 数字信号处理的发展历史

数字信号处理(Digital Signal Processing)技术可以追溯到18世纪的傅里叶、拉普拉斯和高斯等人,但它真正得到广泛应用迄今不过半个多世纪。以1965年库利(J. W. Cooley)和图基(J. W. Tukey)提出快速傅里叶变换(Fast Fourier Transform,FFT)算法为里程碑,伴随着电子计算机和大规模集成电路技术的迅猛发展,数字信号处理在理论和应用上都有了突飞猛进的发展,从根本上改变了信息产业的面貌,并且不断开辟出新的研究方向和应用领域。

1877年,爱迪生发明了以胶片为基础的留声机,人类从此开启了声音记录的历史。经过一个多世纪的发展,记录声音的媒介从胶片发展到磁带,再从磁带发展到CD光盘,以及硬盘、U盘和SD卡等。在现实生活中,模拟信号到数字信号的跨越发展往往会烙上"黑白→彩色→数码"的印记,比如最早的黑白胶卷相机到彩色胶卷相机,再到如今的数码相机和拍照手机,从最早的黑白电视机到大彩电,再到如今的高清平板电视等。

2013年,柯达公司宣布破产,曾经占据全球2/3胶卷市场份额的巨无霸轰然倒塌,这是数字信号处理全面代替模拟信号处理的一个标志性事件。对于每个迈入电子信息领域的大学生或工程技术人员,数字信号处理已不再是一个陌生的名词,而是务必深刻理解和灵活运用的一个必备工具。

2. 数字信号处理的特点

数字信号处理是把信号用数字或符号表示成序列,通过计算机或通用/专用信号处理设备,用数值计算方法进行各种处理,达到提取有用信息、便于应用的目的。与传统的模拟信号处理方法相比,数字信号处理具有以下优势:

(1)**灵活性高**。如果要改变模拟系统的功能和性能,就必须重新进行系统设计,更改或替换系统中部分元器件,再重新装配和调试,非常耗时耗力。而数字系统的性能主要取决于运算程序和系统参数,且所有数值都以0/1的形式存储于数字系统中,只需改变运算程序或参数,就可以很方便地改变数字系统。

(2)**可重复性好**。用同样的信号输入两个配置相同的模拟系统,得到的输出结果往往会有差异,但对于数字系统就不会有此问题,可重复性是数字系统的内在本质。两个相同字长的电子计算机,在任何时间和场合,得到的输出结果肯定是相同的。

(3)**精度高**。在模拟系统的电路中,元器件精度要达到10^{-3}量级就很不容易了,而数字系统只需17位字长就可以达到10^{-5}的精度。又如,基于离散傅里叶变换算法的数字频谱分析仪,其幅值精度和频率分辨率都要远高于模拟频谱分析仪。

(4)**稳定性好**。模拟系统的元器件容易受到环境条件的影响,如温度、湿度、振动、电磁场等因素都可能引起模拟器件(如电阻、电容)工作性能的变化,并且模拟器件会随着时间的推移发生老化和性能下降;而数字系统只有0和1两种电平,受噪声及环境条件的影响较小。数字系统一般采用大规模集成电路,其故障率也远小于采用分立元器件构成的模拟系统。

（5）**可获得高性能指标**。比如,在分析地震波等低频信号的过程中,需要滤除 100Hz 以下的信号,如果采用模拟系统来处理,电路中的电感器和电容器的数值、体积和质量就会非常大,且性能也不容易达到要求;而如果采用数字系统,在系统体积、质量尤其是性能方面就会体现出巨大的优势。又如,在有限长单位脉冲响应数字滤波器的设计中,采用数字系统可准确且方便实现线性相位特性,而这在模拟系统中是很难实现的。

与模拟系统相比,数字系统具有的独特优势还包括:易于大规模集成,便于数据的存储、传输和抗干扰纠错,具备可重编程能力等。但这并不意味着模拟信号处理就一无是处,很快就会被时代所抛弃,模拟信号处理也具有一些独特的优势:

（1）**能够处理超高频信号**。根据奈奎斯特采样定理,数字系统的采样频率必须大于信号最高频率的 2 倍,而超高频信号意味着需要采样率极高(昂贵)的 A/D 转换器,或者说前端 A/D 转换器性能限制了数字系统能够处理的信号带宽。此时采用模拟信号处理效果可能会更好,更经济,比如射频端的处理(如混频、解调)可以通过模拟器件来实现。

（2）**较大的动态范围**。动态范围是指系统能够通过的最大信号与系统内在噪声之比。数字系统前端的 A/D 转换器决定了整个系统的动态范围,以 12 位量化为例,它能表示的最大数值为 4095,量化噪声的均方根为 0.29,因此该数字系统的动态范围约为 14000。对于模拟系统而言,一个标准的运算放大器饱和电压为 20V,内部噪声约为 $2\mu V$,其动态范围可以达到 10^6 量级,因此从动态范围比较,模拟系统远优于数字系统。

3. 数字信号处理的应用

如今,数字信号处理在通信、语音传输、图像处理、雷达、声呐、卫星导航等方面取得了广泛且深入的应用,并且几经更新换代,发展极其迅速。例如,移动通信从 20 世纪 90 年代的"大哥大"、BP 机,发展到后来的小灵通、黑白/彩屏/音乐手机,再到如今的 4G/5G 智能手机,从只能打电话、发短信,发展到后来可以发彩信、发图片,再到如今可以轻而易举地进行视频聊天、网络会议、在线听音乐、看电影等。可以说,数字信号处理已经深入各行各业、各个领域,并极大地促进了国民经济、工业生产、教育教学、休闲娱乐等领域的进步。表 1.1 简要列举了数字信号处理的诸多应用实例。

教学视频

表 1.1　数字信号处理的典型应用

音乐与语音	激光唱盘、数字音乐、语音识别、语音拨号、语音增强、语音输入、语音合成
图像与视频	数码照片、高清数字电影、视频编辑、视频聊天、美颜软件、人脸识别、门禁系统、高速公路 ETC
通信应用	视频会议、网络教学、网上炒股、应急通信、现场直播、红外预警
军事应用	雷达、声呐、保密通信、卫星导航、精确制导
生物医学	助听器、病房监控、微创手术、脑电图分析、心电图分析

续表

消费电子	数码相机、高清数字电视机、数字音响、智能家电、智能手机、智能运动手表、智能手环、网络购物、虚拟游戏
工业应用	多功能信号发生器、数字频谱分析仪、电机控制、工业机器人、数控机床、3D打印
交通运输	物流配送、仓储管理、车辆定位、校车安全监控、无人驾驶

表1.2给出了一个有趣的对比,如果数字信号处理突然从这个世界上消失了,看看我们的生活又会发生哪些变化。

表1.2　没有数字信号处理的世界

离开数字信号处理	会发生什么?
没有智能手机	回到公用电话亭或者拍电报的时代
没有计算机	没有文字处理工具,没有编程工具,没有绘图/修图工具
没有数字电视	只能看少量低清晰度的本地电视
没有CD、硬盘	回到磁带/录像带的年代
没有数码相机	只能带着胶卷去冲洗
没有北斗/GPS	回到纸质地图的时代,没有车载导航
没有电子邮箱	回到飞鸽传书、邮局寄信的年代
没有多普勒雷达	回到没有远距离、中长期天气预报的年代
没有互联网	没有电子邮件,没有网上购物,没有网上银行
没有高速公路ETC	需要在高速公路出入口人工取卡交费
没有微信/朋友圈	只能户外游玩,或者围坐一起聊天(或许是好事?)

1.2　数字信号处理系统基本框架

信号是传递信息的函数,例如声音、地震波、雷达回波等是信号,卫星遥感图像、数码相机拍摄的照片也是信号。按照信号的特点不同,它可以表示成一个或几个独立变量的函数,如语音信号是时间的一维函数,图像信号是空间位置的二维函数等。

信号一般可分为四种类型:连续时间信号、离散时间信号、模拟信号和数字信号。

连续时间信号定义在时间的连续区域上,其幅度为连续区域内的任何值(可以连续取值,也可以离散取值),常用 $x_a(t)$ 来表示。

离散时间信号定义在时间的离散点上,其幅度为连续区域内的任何值(可以连续取值,也可以离散取值),常用 $x(nT)$ 来表示。离散时间信号 $x(nT)$ 只在离散时间点 $t=nT$ 上给出函数值,对于非整数的 n 值函数没有定义,不能视为零。

模拟信号定义在时间的连续区域上,其幅度为连续数值。

数字信号定义在时间的离散点上,幅度也只能取离散集合中的一些数值,即时间和幅度都是离散的,常用 $x(n)$ 来表示。当使用专用硬件或者通用计算机处理离散时间信号时,因受寄存器字长限制,必须对离散时间信号的幅度进行量化处理,此时处理的信号实际上是数字信号。

在分析和设计数字系统时,把数字信号看成离散时间信号更方便一些,并不需要特意关注二者幅度上的不同。因此,本书大部分章节并不严格区分这两类信号,只在第 8 章介绍二者的差异和影响。同样地,本书也不严格区分连续时间信号和模拟信号,也就是不用特别关注二者在幅度取值上的差异。

下面以余弦信号为例,进一步分析这四种类型的信号,并介绍数字信号处理中经常涉及的**模拟频率**,**模拟角频率**和**数字频率**这三种频率的关系。

设模拟信号 $x_a(t)$ 为余弦信号,

$$x_a(t) = A\cos(2\pi ft + \varphi) \tag{1.2.1}$$

其中,f 表示信号模拟频率(单位为 Hz),A 表示信号幅度,φ 表示信号相位。

模拟余弦信号 $x_a(t)$ 也可以表示为如下形式:

$$x_a(t) = A\cos(\Omega t + \varphi) \tag{1.2.2}$$

其中,Ω 表示信号的模拟角频率(单位为 rad/s)。

对 $x_a(t)$ 以 T 为采样周期进行采样,采样率 $f_s = 1/T$(单位为 Hz),令 $t = nT$,即得到离散时间信号 $x(nT)$,

$$x(nT) = x_a(t)\big|_{t=nT} = A\cos(2\pi fnT + \varphi) = A\cos(\Omega nT + \varphi) \tag{1.2.3}$$

对离散时间信号 $x(nT)$ 在幅度上进行量化,得到数字信号 $x(n)$,

$$x(n) = A\cos(\omega n + \varphi) \tag{1.2.4}$$

其中,ω 表示信号的数字频率(单位为 rad)。

关于模拟角频率 Ω 和数字频率 ω 的物理意义,可结合余弦函数 $\cos\theta$ 的定义来理解。当连续时间 t 从 $0\to T$ 时(单位为 s),弧度 $\theta = \Omega t$ 从 $0\to 2\pi$(单位为 rad),此时 Ω 描述了弧度变化的速度,并且这个速度是定义在连续时间上的;当离散时间 n 从 $0\to N-1$ 时(n 无单位),弧度 $\theta = \omega n$ 从 $0\to 2\pi$,N 表示一个周期内的采样点数,此时 ω 仍然描述的是弧度变化的速度,不过这个速度是定义在离散时间上的。

因此,数字频率 ω、模拟角频率 Ω 和模拟频率 f 的关系为

$$\omega = \Omega T = \frac{\Omega}{f_s} = \frac{2\pi f}{f_s} \tag{1.2.5}$$

数字信号处理系统的基本框架如图 1.2.1 所示,可用"**一个核心,两个低通,三次转换**"来形象描述这个框架及其功能。

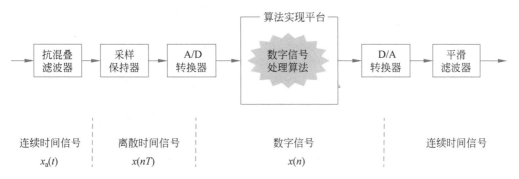

图 1.2.1　数字信号处理系统的基本框架

　　"一个核心"是指数字信号处理算法为整个数字信号处理系统的核心,算法在很大程度上决定了整个系统的性能,优秀的算法可以作为系统性能的倍增器。算法可以在各种平台上实现,如各种通用计算机或专用计算机,各种数字信号处理器(Digital Signal Processor,DSP)或 FPGA 芯片等。

　　"两个低通"是指整个系统的前端和后端各有一个模拟低通滤波器。前端的低通滤波器为抗混叠滤波器,主要目的是滤除信号中大于 $f_s/2$ 的频率分量,确保系统满足时域采样定理。后端的低通滤波器为平滑滤波器,主要作用是滤除零阶保持信号中的寄生高频分量,又称为抗镜像滤波器。

　　"三次转换"是指连续时间信号 $x_a(t)$ 通过采样保持器,将采样得到的瞬时幅值保留一定的时间间隔得到离散时间信号 $x(nT)$,便于下一步的 A/D(analog to digital)转换;经过 A/D 转换器之后,对离散时间信号 $x(nT)$ 的幅值进行量化操作得到数字信号 $x(n)$,送入算法实现平台进行处理;如果需要,再通过 D/A 转换器将处理完毕的数字信号转换为连续时间信号作为系统输出。

　　需要强调的是,图 1.2.1 给出的只是数字信号处理系统的一般框架,并不是所有的数字信号处理系统都需要这样的处理流程。有的系统并不需要将数字信号转换为连续时间信号作为输出,比如将数码相机拍摄得到的照片直接存储在计算机硬盘里,并不需要冲洗打印出来。也有的系统直接输入的就是数字信号,并不需要 A/D 采样这个过程,比如可调用程序直接处理存储在硬盘上的数字照片、雷达回波数据等。

1.3 本书内容安排

　　"数字信号处理"是一门与工程实践紧密结合的专业基础课,覆盖信息与通信工程、电子科学与技术等相关学科,在雷达探测、电子对抗、精确制导、卫星导航、无线通信、水声探测、天基预警、卫星遥感等领域有着直接且广泛的应用。

　　作为本科"数字信号处理"课程的理论教材,本书主要包括两大模块,即离散傅里叶变换(Discrete Fourier Transform,DFT)和数字滤波器,具体内容安排如图 1.3.1 所示。

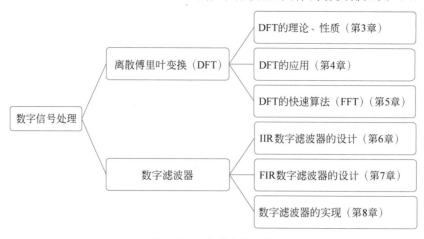

图 1.3.1　全书内容安排

离散傅里叶变换模块主要包括离散傅里叶变换的理论和性质(第3章),离散傅里叶变换的应用(第4章),以及离散傅里叶变换的快速算法,即FFT算法(第5章);数字滤波器模块主要包括无限长单位脉冲响应(Infinite Impulse Response,IIR)数字滤波器的设计(第6章)、有限长单位脉冲响应(Finite Impulse Response,FIR)数字滤波器的设计(第7章),以及数字滤波器实现中的各种结构和量化效应(第8章)。

需要说明的是,连续时间傅里叶变换、拉普拉斯变换、离散时间傅里叶变换、z变换等内容,已经在前修课程"信号与系统"中做了详细介绍,本书只在第2章简要复习。

"数字信号处理"是一门实践特色非常鲜明的专业基础课,涉及"信号与系统""数字电路""雷达原理""通信基础"等相关课程,要求较高的实践动手能力(如MATLAB软件编程、DSP调试等),必须通过大量的上机实验来验证和巩固理论知识点,并且能够举一反三,综合运用所学知识来解决工程实践中的问题,真正做到"**从工程实践中来,回到工程实践中去**"。第9章介绍了数字信号处理在雷达探测、卫星导航方面的若干工程应用。第10章给出了若干集趣味性和知识性于一体的信号处理杂谈。

第 2 章

离散时间信号与系统

离散时间信号与系统的知识点是"数字信号处理"的基础,该部分知识点在前修课程"信号与系统"中已做了详细的介绍,本章仅简要地回顾和总结。

本章首先复习模拟信号的采样与插值重构,从奈奎斯特采样定理出发复习模拟信号的理想采样与实际采样,以及模拟信号的插值重构过程。接下来从时域、频域和 z 域分别对离散时间信号与离散时间系统进行分析。时域分析是一种最直观的工具;频域分析是一种变换域的分析方法,前提是待分析的信号与系统必须满足狄利克雷条件,如果不满足狄利克雷条件,就需要从频域分析扩展到复频域分析;z 域分析就是离散时间信号与系统的复频域分析。

2.1 模拟信号的采样与插值重构

教学视频

2.1.1 模拟信号的理想采样

如果要用计算机对连续时间信号进行处理,必须首先在时域进行采样操作。时域采样分为理想采样和实际采样,理想采样为单位冲激串采样,实际采样为矩形脉冲串采样。在前修课程"信号与系统"中已经详细介绍了奈奎斯特采样定理,在此仅简要复习。

奈奎斯特采样定理:若连续时间信号 $x_a(t)$ 是带限信号,要想采样后的信号能够不失真地还原出原信号,则采样频率 Ω_s 必须大于信号最高频率 Ω_h 的 2 倍[*]。

设待采样的信号为 $x_a(t)$,采样序列为 $p_T(t)$,$x_s(t)$ 为采样后的信号,T 为采样周期,则 $x_s(t)$ 在时域可以表示为

$$x_s(t) = x_a(t)p_T(t) \tag{2.1.1}$$

根据频域卷积定理可知

$$X_s(\mathrm{j}\Omega) = \frac{1}{2\pi}X_a(\mathrm{j}\Omega) * P_{\Omega_s}(\mathrm{j}\Omega) \tag{2.1.2}$$

$X_a(\mathrm{j}\Omega)$ 和 $X_s(\mathrm{j}\Omega)$ 分别表示采样前后的信号频谱(即连续时间傅里叶变换结果),$P_{\Omega_s}(\mathrm{j}\Omega)$ 表示采样序列的频谱,Ω 表示模拟角频率,单位为 rad/s,$\Omega_s = 2\pi/T$ 为采样模拟角频率。

对于理想采样的情况,采样序列 $p_T(t)$ 为单位冲激串,即

$$p_T(t) = \sum_{n=-\infty}^{\infty} \delta(t - nT) = \delta_T(t) \tag{2.1.3}$$

单位冲激串的频谱为

$$\delta_{\Omega_s}(\mathrm{j}\Omega) = \Omega_s \sum_{n=-\infty}^{\infty} \delta(\mathrm{j}\Omega - \mathrm{j}n\Omega_s) \tag{2.1.4}$$

$\delta_{\Omega_s}(\mathrm{j}\Omega)$ 在频域也为冲激串的形式,如图 2.1.1 所示。

---

[*] 注:对于某些特殊信号,如在频谱上表现为冲激信号或方波,临界采样($\Omega_s = 2\Omega_h$)会导致频谱混叠,因此本书只考虑 $\Omega_s > 2\Omega_h$ 的情况。

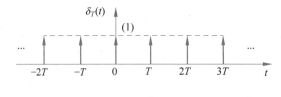

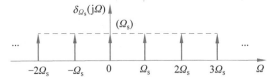

图 2.1.1 单位冲激串及其频谱

采样后信号的频谱为

$$X_s(j\Omega) = \frac{1}{2\pi}X_a(j\Omega) * \left[\Omega_s \sum_{n=-\infty}^{\infty}\delta(j\Omega - jn\Omega_s)\right]$$

$$= \frac{1}{T}\sum_{n=-\infty}^{\infty}X_a(j\Omega - jn\Omega_s) \tag{2.1.5}$$

从式(2.1.5)可以看出,采样后的信号频谱 $X_s(j\Omega)$ 是采样前信号频谱 $X_a(j\Omega)$ 的周期延拓,延拓的周期为 Ω_s,幅度加权因子为 $1/T$。

用 Ω_h 表示带限信号 $x_a(t)$ 的最高频率,如果采样过程满足采样定理要求,即 $\Omega_s > 2\Omega_h$,那么在周期延拓的过程中信号频谱就不会发生混叠,如图 2.1.2(a)所示。反之,在周期延拓的过程中就会发生频谱混叠,使采样后的信号频谱与采样前相比形状发生改变,如图 2.1.2(b)所示。

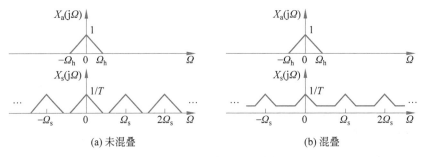

(a)未混叠 (b)混叠

图 2.1.2 采样前后信号的频谱

2.1.2 模拟信号的实际采样

对于实际采样的情况,采样序列 $p_T(t)$ 此时为矩形脉冲串,即

$$p_T(t) = \sum_{n=-\infty}^{\infty}G_\tau(t-nT) \tag{2.1.6}$$

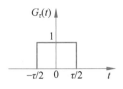

其中矩形窗函数的定义如图 2.1.3 所示。

图 2.1.3 矩形窗函数

矩形脉冲串的频谱为

$$P_{\Omega_s}(j\Omega) = \tau\Omega_s \sum_{n=-\infty}^{\infty} \text{Sa}\left(\frac{n\Omega_s}{2}\right)\delta(j\Omega - jn\Omega_s) \qquad (2.1.7)$$

其中，Sa 函数定义为 $\text{Sa}(x) = \sin(x)/x$。此时，采样后信号的频谱为

$$X_s(j\Omega) = \frac{1}{2\pi}X_a(j\Omega) * \left[\tau\Omega_s \sum_{n=-\infty}^{\infty} \text{Sa}\left(\frac{n\Omega_s}{2}\right)\delta(j\Omega - jn\Omega_s)\right] \qquad (2.1.8)$$

$$= \frac{\tau}{T}\sum_{n=-\infty}^{\infty}\left[\text{Sa}\left(\frac{n\Omega_s}{2}\right)X_a(j\Omega - jn\Omega_s)\right]$$

从式(2.1.8)可以看出，在实际采样的情况下，采样后的信号频谱仍然是采样前信号频谱的周期延拓，延拓的周期仍然为 Ω_s，不同之处在于此时的幅度加权因子由常数 $1/T$ 变为了 $\frac{\tau}{T}\text{Sa}\left(\frac{n\Omega_s}{2}\right)$。

2.1.3 模拟信号的插值重构

动图

如果采样的过程满足奈奎斯特采样定理，就可以根据离散时间样本值 $x(nT)$ 完全重构出原始连续时间信号 $x_a(t)$，也就是连续时间信号的无失真重构。

以理想采样为例，先从频域上进行分析，只需要将 $X_s(j\Omega)$ 通过一个截止频率为 Ω_c 的理想低通滤波器，如图 2.1.4 所示。如果满足采样定理(无频谱混叠)，则滤波器输出结果仅包含 $X_a(j\Omega)$，即此时可无失真重构原始信号；如果不满足采样定理(频谱混叠)，则滤波器输出结果中还包含周期延拓过来的其他频谱，此时就不可能无失真地重构原始信号。很显然，理想低通滤波器的截止频率应该满足 $\Omega_h < \Omega_c < \Omega_s - \Omega_h$。

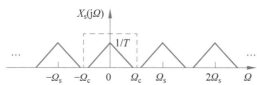

图 2.1.4 采样信号通过理想低通滤波器(满足采样定理)

理想低通滤波器的频率响应为

$$H(j\Omega) = \begin{cases} T, & |\Omega| \leqslant \Omega_c \\ 0, & |\Omega| > \Omega_c \end{cases} \qquad (2.1.9)$$

滤波器的通带增益为 T，是考虑到理想采样的输出结果中幅度加权因子为 $1/T$。

因为采样过程满足采样定理，此时得到输出结果为

$$Y(j\Omega) = X_s(j\Omega)H(j\Omega) = X_a(j\Omega) \qquad (2.1.10)$$

由傅里叶变换的唯一性可知

$$y(t) = x_a(t) \qquad (2.1.11)$$

故对连续时间信号 $x_a(t)$ 实现了无失真重构。

对上述过程从时域上分析，由时域卷积定理可知，频域相乘对应时域的卷积，因此输出结果 $y(t)$ 又可以表示成

$$y(t) = x_s(t) * h(t) = \int_{-\infty}^{\infty} x_s(\tau) h(t - \tau) \mathrm{d}\tau$$

$$= \int_{-\infty}^{\infty} \Big[\sum_{n=-\infty}^{\infty} x_a(\tau) \delta(\tau - nT) \Big] h(t - \tau) \mathrm{d}\tau$$

$$= \sum_{n=-\infty}^{\infty} \int_{-\infty}^{\infty} x_a(\tau) h(t - \tau) \delta(\tau - nT) \mathrm{d}\tau \qquad (2.1.12)$$

$$= \sum_{n=-\infty}^{\infty} x_a(nT) h(t - nT)$$

对 $H(\mathrm{j}\Omega)$ 进行傅里叶反变换,可得理想低通滤波器时域表达式

$$h(t) = \frac{\Omega_c T}{\pi} \mathrm{Sa}(\Omega_c t) \qquad (2.1.13)$$

将 $h(t)$ 代入式(2.1.12),可得理想低通滤波器的输出为

$$y(t) = \frac{\Omega_c T}{\pi} \sum_{n=-\infty}^{\infty} x_a(nT) \mathrm{Sa}[\Omega_c(t - nT)] \qquad (2.1.14)$$

式(2.1.14)即信号重构的采样内插公式,经过式(2.1.14)可由离散时间样本值 $x_a(nT)$ 得到连续时间信号 $y(t)$,如果采样过程满足奈奎斯特采样定理,就可以无失真地重构原来的模拟信号 $x_a(t)$。将式中的 $\mathrm{Sa}[\Omega_c(t - nT)]$ 部分称作内插函数,如图2.1.5 所示。可以看出,在当前采样时刻 $t = nT$ 上,内插函数取值为1,在其他采样时刻内插函数取值为0。这意味着,输出结果 $y(t)$ 在 $t = nT$ 时刻与样本值 $x_a(nT)$ 完全相等[*]。

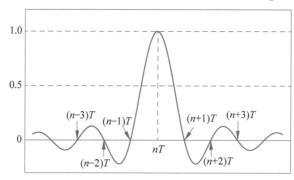

图 2.1.5　内插函数

从式(2.1.14)还可以看出,各样本值 $x_a(nT)$ 与对应的内插函数相乘再求和,即得到输出结果 $y(t)$。在各个采样时刻上,$y(t)$ 与 $x_a(nT)$ 完全相等,在采样时刻之间,输出结果的波形由各内插函数波形叠加而成,如图2.1.6 所示。只要采样率大于信号最高频率的2倍,则输出的连续时间信号 $y(t)$ 就会与采样前的模拟信号 $x_a(t)$ 完全一致,不会丢失任何信息。

---

[*]　注:$y(t)\big|_{t=nT} = \frac{\Omega_c T}{\pi} x_a(nT)$,严格来说只有 $\Omega_c = \frac{1}{2}\Omega_s$ 时,$y(nT)$ 才会与 $x_a(nT)$ 完全相等,但这并不影响对"无失真"的认同。

例 2.1 设待采样的模拟信号为 $x_a(t)$，采样率为 f_s，试分析下面情况的插值重构结果。

(1) $x_a(t) = \cos(2\pi \times 20t)$，$f_s = 60\mathrm{Hz}$ 和 $f_s = 30\mathrm{Hz}$；

(2) $x_a(t) = \cos(2\pi \times 20t) + \sin(2\pi \times 16t)$，$f_s = 50\mathrm{Hz}$ 和 $f_s = 30\mathrm{Hz}$。

解：余弦信号为单频信号，其频谱为冲激函数，用图示法来分析其采样与插值重构会更方便，此时频率采用模拟频率 f 来表示，单位为 Hz。

(1) 对于模拟频率为 20Hz 的余弦信号，用 60Hz 的采样率对其进行时域采样，在频域就会以 60Hz 为周期进行延拓，在 $\pm 20\mathrm{Hz}$、$\pm 40\mathrm{Hz}$、$\pm 80\mathrm{Hz}$ 等频率点处产生冲激函数，如图 2.1.7 所示，图中的实线箭头表示正频率及其延拓分量，虚线箭头表示负频率及其延拓分量。

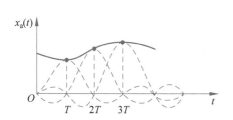

图 2.1.6 理想采样的插值重构

图 2.1.7 20Hz 余弦信号的采样与插值重构，
采样率为 60Hz

此时再用截止频率为 $f_s/2 = 30\mathrm{Hz}$ 的低通滤波器进行滤波，从滤波器输出端得到的就只剩下 20Hz 的频率分量，因此 20Hz 的余弦信号得到了无失真重构，如图 2.1.8 所示。

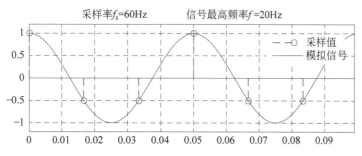

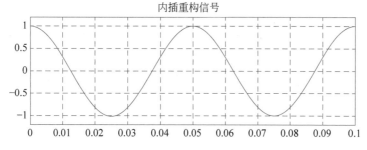

图 2.1.8 20Hz 余弦信号插值重构结果，采样率为 60Hz

如果对于模拟频率为 $20\mathrm{Hz}$ 的余弦信号,用 $30\mathrm{Hz}$ 的采样率对其进行时域采样,在频域就会以 $30\mathrm{Hz}$ 为周期进行延拓,在 $\pm10\mathrm{Hz}$、$\pm20\mathrm{Hz}$、$\pm40\mathrm{Hz}$ 等频率点处产生冲激函数,如图 2.1.9 所示。

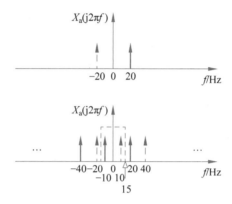

图 2.1.9　$20\mathrm{Hz}$ 余弦信号的采样与插值重构,采样率为 $30\mathrm{Hz}$

此时再用截止频率为 $f_\mathrm{s}/2=15\mathrm{Hz}$ 的低通滤波器进行滤波(注意:此时低通滤波器的截止频率随着采样率发生了变化),从滤波器输出端得到的就只剩下 $10\mathrm{Hz}$ 的频率分量,此时无法无失真重构 $20\mathrm{Hz}$ 的余弦信号,如图 2.1.10 所示。

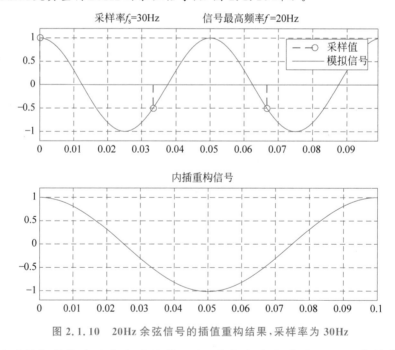

图 2.1.10　$20\mathrm{Hz}$ 余弦信号的插值重构结果,采样率为 $30\mathrm{Hz}$

(2) 此时模拟信号为两个余弦信号之和,最高频率分量为 $20\mathrm{Hz}$,采样率为 $50\mathrm{Hz}$,满足奈奎斯特采样定理的要求,因此该信号能够得到无失真重构,结果如图 2.1.11 所示。

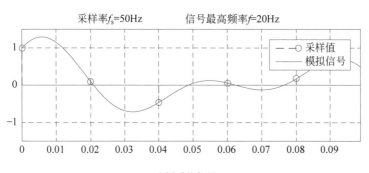

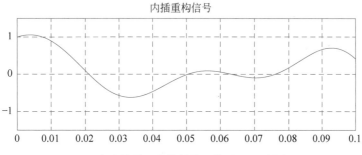

图 2.1.11　余弦信号之和的插值重构结果,采样率为 50Hz

如果此时采样率为 30Hz,没有满足奈奎斯特采样定理的要求,此信号就无法得到无失真重构,结果如图 2.1.12 所示。

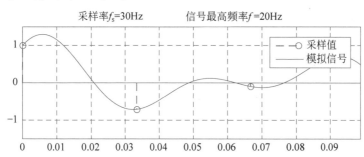

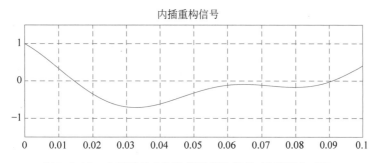

图 2.1.12　余弦信号之和的插值重构结果,采样率为 30Hz

2.2 时域分析

2.2.1 常用的典型序列

1. 单位脉冲序列

单位脉冲序列又称单位取样序列、单位样值序列、单位冲激序列,其定义如下:

$$\delta(n) = \begin{cases} 1, & n=0 \\ 0, & n \neq 0 \end{cases} \tag{2.2.1}$$

单位脉冲序列$\delta(n)$与单位冲激信号$\delta(t)$既有区分,又有联系:$\delta(t)$是卷积积分的单位元,$\delta(n)$是离散卷积和的单位元;$\delta(t)$是一个奇异信号,而$\delta(n)$是一个普通信号。

2. 单位阶跃序列

单位阶跃序列的定义如下:

$$u(n) = \begin{cases} 1, & n \geqslant 0 \\ 0, & n < 0 \end{cases} \tag{2.2.2}$$

单位阶跃序列$u(n)$与单位阶跃信号$u(t)$既有区分,又有联系:在卷积运算中,$u(t)$是积分器,$u(n)$是数字积分器;$u(t)$是一个奇异信号,而$u(n)$是一个普通信号。

单位脉冲序列可以看作两个单位阶跃序列的差分关系,即

$$\delta(n) = u(n) - u(n-1) \tag{2.2.3}$$

单位阶跃序列可以看作无限多个单位脉冲序列求和的关系,即

$$u(n) = \sum_{k=0}^{\infty} \delta(n-k) \tag{2.2.4}$$

3. 矩形序列

矩形序列的定义如下:

$$R_N(n) = \begin{cases} 1, & 0 \leqslant n \leqslant N-1 \\ 0, & 其他\ n \end{cases} \tag{2.2.5}$$

矩形序列是一个有限长序列,它与单位脉冲序列和单位阶跃序列的关系如下:

$$R_N(n) = u(n) - u(n-N) = \sum_{k=0}^{N-1} \delta(n-k) \tag{2.2.6}$$

4. 实指数序列

实指数序列的定义如下:

$$x(n) = a^n u(n) \tag{2.2.7}$$

其中,a 为实数。当$|a|<1$时序列是收敛的,当$|a|>1$时序列是发散的。

5. 复指数序列

复指数序列的定义如下:

$$x(n) = e^{(\sigma + j\omega_0)n} \tag{2.2.8}$$

根据欧拉公式,复指数序列可以展开为

$$x(n) = e^{\sigma n}(\cos\omega_0 n + j\sin\omega_0 n) \tag{2.2.9}$$

其中,$e^{\sigma n}$ 为模序列,$\omega_0 n$ 为相角序列,ω_0 为数字频率。

6. 正弦型序列

正弦型序列的定义如下:

$$x(n) = A\sin(\omega_0 n + \varphi) \tag{2.2.10}$$

其中,A 为幅度,ω_0 为数字频率,φ 为初始相位。

前面介绍的几种序列如图 2.2.1 所示。

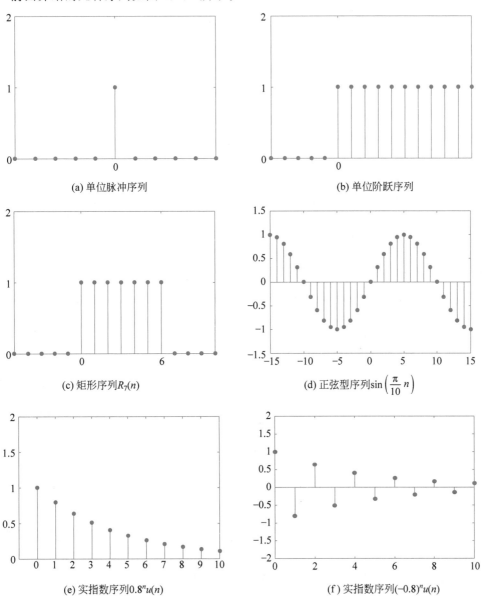

(a) 单位脉冲序列

(b) 单位阶跃序列

(c) 矩形序列$R_7(n)$

(d) 正弦型序列$\sin\left(\dfrac{\pi}{10}n\right)$

(e) 实指数序列$0.8^n u(n)$

(f) 实指数序列$(-0.8)^n u(n)$

图 2.2.1 典型序列

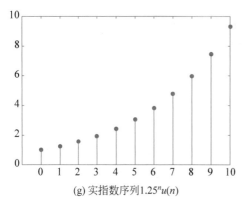
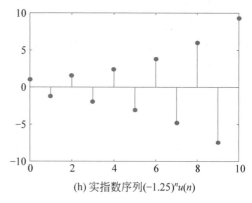

(g) 实指数序列 $1.25^n u(n)$

(h) 实指数序列 $(-1.25)^n u(n)$

图 2.2.1 （续）

2.2.2 序列的周期性

如果对于所有的 n，存在一个最小的正整数 $N(N \geqslant 2)$，下列等式成立：

$$x(n) = x(n+N) \tag{2.2.11}$$

则称序列 $x(n)$ 为周期序列，其周期为 N。

以正弦型序列 $\sin\left(\dfrac{\pi}{2}n\right)$ 和 $\sin\left(\dfrac{1}{2}n\right)$ 为例，进一步理解序列的周期性。

对于第一个序列，可以找到最小的正整数 $N=4$，使得 $\sin\left[\dfrac{\pi}{2}(n+N)\right] = \sin\left(\dfrac{\pi}{2}n\right)$ 成立，因此该序列为周期序列，且周期为 $N=4$。

对于第二个序列，无法找到一个正整数 N，使得 $\sin\left[\dfrac{1}{2}(n+N)\right] = \sin\left(\dfrac{1}{2}n\right)$ 成立，因此该序列不是周期序列。

不失一般性，假设正弦序列为 $\sin(\omega_0 n)$，可知

$$\sin(\omega_0 n) = \sin(\omega_0 n + 2k\pi), \quad k = 0, \pm 1, \pm 2, \cdots \tag{2.2.12}$$

如果该序列为周期序列，则下列关系式成立：

$$\sin(\omega_0 n) = \sin[\omega_0(n+N)] \tag{2.2.13}$$

可知 $\omega_0 N = 2k\pi$。离散序列的周期 N 必须是最小的正整数，故正弦序列的周期为

$$N = \frac{2\pi}{\omega_0}k \tag{2.2.14}$$

根据 $2\pi/\omega_0$ 的不同取值，分下面三种情况讨论：

（1）如果 $2\pi/\omega_0$ 为整数，只需要取 $k=1$，就能保证 N 是最小的正整数，此时正弦序列的周期为 $N = 2\pi/\omega_0$。

（2）如果 $2\pi/\omega_0$ 不为整数但为有理数，总能找到一个 k 的取值，使得 N 是一个最小的正整数。有理数可以写成两个整数相除的形式，即 $2\pi/\omega_0 = Q/P$，P 和 Q 是互素的整

数，此时正弦序列的周期为 $N = P \cdot 2\pi/\omega_0 = Q$。

（3）如果 $2\pi/\omega_0$ 为无理数，则无论怎样取 k（整数）值，都不能使 $k \cdot 2\pi/\omega_0$ 成为一个整数，此时的正弦序列不是周期序列，这与连续信号的情况不一样。

2.2.3　线性时不变系统

若离散时间系统的初始状态为零，则在数学上定义为将输入序列 $x(n)$ 映射成输出序列 $y(n)$ 的变换或者运算，记为

$$y(n) = T[x(n)] \tag{2.2.15}$$

上面的变换关系可用图 2.2.2 来表示，算子 $T[\cdot]$ 表示变换，对 $T[\cdot]$ 施以各种约束条件，就可定义出各种离散时间系统。

图 2.2.2　离散时间系统

1. 线性系统

一个离散时间系统的输入分别为 $x_1(n)$ 和 $x_2(n)$，相应的输出分别为 $y_1(n) = T[x_1(n)]$ 和 $y_2(n) = T[x_2(n)]$，仅当下面两个关系式同时成立时，该系统为线性系统（Linear System）。

$$T[x_1(n) + x_2(n)] = T[x_1(n)] + T[x_2(n)] = y_1(n) + y_2(n) \tag{2.2.16}$$

$$T[ax(n)] = aT[x(n)] = ay(n) \tag{2.2.17}$$

其中，a 和 b 为任意常数。第一个特性[式(2.2.16)]称为系统满足**可加性**，第二个特性[式(2.2.17)]称为系统满足**齐次性**，这两个特性组合成**叠加原理**。

因此，满足叠加原理的系统称为**线性系统**，即

$$\begin{aligned} T[ax_1(n) + bx_2(n)] &= aT[x_1(n)] + bT[x_2(n)] \\ &= ay_1(n) + by_2(n) \end{aligned} \tag{2.2.18}$$

2. 时不变系统

如果一个系统的参数不随时间变化，则该系统为**时不变系统**（Time-Invariant System）。对于离散时间系统而言，如果系统的输入序列为 $x(n)$，输出序列为 $y(n) = T[x(n)]$，将输入序列移动 n_0 个位置后，输出序列也随之移动 n_0 个位置，但输出序列的数值（形状）保持不变，即

$$y(n - n_0) = T[x(n - n_0)] \tag{2.2.19}$$

其中，n_0 为任意整数，满足这个特性的系统称为时不变系统。

3. 线性时不变系统

既满足叠加原理，又满足时不变特性的系统称为**线性时不变系统**（Linear Time-Invariant System，LTI System）。这类系统在信号处理的应用中起到非常重要的作用，常简称 LTI 系统。

离散时间系统的自变量是整数 n 而不是连续时间 t，因此严格来说应该称为线性移

不变系统(Linear Shift-Invariant System)。不过出于习惯,对于离散时间系统,本书还是沿用"线性时不变系统"的称谓。

例2.2 判断下列系统是否为线性时不变系统。

(1) $y(n) = x(n)\sin\left(\dfrac{2}{7}\pi n + \dfrac{1}{6}\pi\right)$

(2) $y(n) = |x(n)|^2$

(3) $y(n) = \displaystyle\sum_{k=-\infty}^{n} x(k)$

解:按照系统是否同时满足叠加原理和时不变特性来判断是否为线性时不变系统。

(1) 设 $y_1(n) = T[x_1(n)] = x_1(n)\sin\left(\dfrac{2}{7}\pi n + \dfrac{1}{6}\pi\right)$

$$y_2(n) = T[x_2(n)] = x_2(n)\sin\left(\dfrac{2}{7}\pi n + \dfrac{1}{6}\pi\right)$$

$$T[k_1 x_1(n) + k_2 x_2(n)] = [k_1 x_1(n) + k_2 x_2(n)]\sin\left(\dfrac{2}{7}\pi n + \dfrac{1}{6}\pi\right)$$

$$= k_1 x_1(n)\sin\left(\dfrac{2}{7}\pi n + \dfrac{1}{6}\pi\right) + k_2 x_2(n)\sin\left(\dfrac{2}{7}\pi n + \dfrac{1}{6}\pi\right)$$

$$= k_1 y_1(n) + k_2 y_2(n)$$

故该系统是线性系统。

$$T[x(n-m)] = x(n-m)\sin\left(\dfrac{2}{7}\pi n + \dfrac{1}{6}\pi\right) \neq y(n-m)$$

故该系统不是时不变系统,其中 $y(n-m) = x(n-m)\sin\left[\dfrac{2}{7}\pi(n-m) + \dfrac{1}{6}\pi\right]$。

(2) 设 $y_1(n) = T[x_1(n)] = |x_1(n)|^2$,$y_2(n) = T[x_2(n)] = |x_2(n)|^2$

$$T[k_1 x_1(n) + k_2 x_2(n)] = |k_1 x_1(n) + k_2 x_2(n)|^2 \neq k_1 |x_1(n)|^2 + k_2 |x_2(n)|^2$$

故该系统不是线性系统。

$$T[x(n-m)] = |x(n-m)|^2 = y(n-m)$$

故该系统是时不变系统。

(3) 设 $y_1(n) = T[x_1(n)] = \displaystyle\sum_{k=-\infty}^{n} x_1(k)$,$y_2(n) = T[x_2(n)] = \displaystyle\sum_{k=-\infty}^{n} x_2(k)$

$$T[k_1 x_1(n) + k_2 x_2(n)] = \sum_{k=-\infty}^{n} [k_1 x_1(k) + k_2 x_2(k)]$$

$$= k_1 \sum_{k=-\infty}^{n} x_1(k) + k_2 \sum_{k=-\infty}^{n} x_2(k)$$

$$= k_1 y_1(n) + k_2 y_2(n)$$

故该系统是线性系统。

$$T[x(n-m)] = \sum_{k=-\infty}^{n-m} x(k) = y(n-m)$$

故该系统是时不变系统。

因为该系统同时满足叠加原理和时不变特性,因此该系统是线性时不变系统。

若线性时不变系统的输入序列为单位脉冲序列 $\delta(n)$,则系统的零状态输出为

$$y(n) = T[\delta(n)] \stackrel{\triangle}{=} h(n) \tag{2.2.20}$$

专门定义此时的输出序列为 $h(n)$,称为系统的**单位脉冲响应**。

一个线性时不变系统可以完全由它的单位脉冲响应来描述,因为给定 $h(n)$ 就可以计算任意序列输入系统后的输出序列。

任意序列都可以表示成单位脉冲序列线性加权后的形式,即

$$x(n) = \sum_{k=-\infty}^{\infty} x(k)\delta(n-k) \tag{2.2.21}$$

假设线性时不变系统的输入序列为 $x(n)$,输出序列为 $y(n)$,则

$$y(n) = T[x(n)] = T\left[\sum_{k=-\infty}^{\infty} x(k)\delta(n-k)\right] \tag{2.2.22}$$

该系统满足叠加原理,故

$$T\left[\sum_{k=-\infty}^{\infty} x(k)\delta(n-k)\right] = \sum_{k=-\infty}^{\infty} x(k)T[\delta(n-k)] \tag{2.2.23}$$

该系统同时也满足时不变特性,故

$$T[\delta(n-k)] = h(n-k) \tag{2.2.24}$$

则线性时不变系统的输出可以表示为

$$y(n) = \sum_{k=-\infty}^{\infty} x(k)h(n-k) \tag{2.2.25}$$

式(2.2.25)即为离散时间线性时不变系统的卷积和表达式,这与连续时间系统中的卷积积分非常类似,故又称为**离散卷积**或**线性卷积**。也可用下面的表达式

$$y(n) = x(n) * h(n) \tag{2.2.26}$$

式(2.2.26)表明,当线性时不变系统的输入为任意序列 $x(n)$ 时,其输出为输入序列 $x(n)$ 与系统单位脉冲响应 $h(n)$ 的线性卷积结果。图 2.2.3 给出了线性时不变系统的输入输出关系。

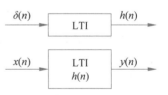

图 2.2.3 线性时不变系统的
输入输出关系

例 2.3 计算序列 $\{1,1,1,1\}_0$ 和 $\{1,1,1\}_{-1}$ 的线性卷积结果。

解:序列长度分别为 4 和 3,故二者线性卷积的长度为 4+3-1=6 点。用 MATLAB 函数 conv 可以计算两个序列的线性卷积,结果为 $\{1,2,3,3,2,1\}_{-1}$,注意卷积结果的起始位置为 -1,卷积结果如图 2.2.4 所示。

如果两个序列起始位置分别为 n1 和 n2,结束位置分别为 m1 和 m2,那么两个序列线性卷积结果的起始位置为 n1+n2,结束位置为 m1+m2。

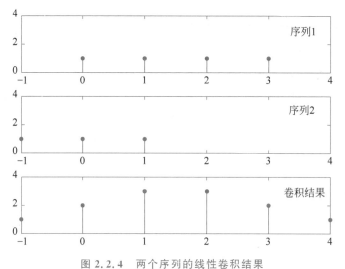

图 2.2.4　两个序列的线性卷积结果

2.2.4　稳定系统和因果系统

1. 稳定系统

如果输入序列是有界的,输出序列也是有界的,这样的系统称为**稳定系统**。稳定系统的充要条件就是其单位脉冲响应是绝对可和的,即

$$\sum_{n=-\infty}^{\infty} |h(n)| < \infty \tag{2.2.27}$$

2. 因果系统

如果系统的输出只取决于当前时刻以及之前时刻的输入,这样的系统称为**因果系统**;反之,如果系统的输出不仅取决于现在和过去的输入,还取决于未来的输入,这样的系统违背了因果定律,称为**非因果系统**。

物理可实现的系统一定是因果系统,但可以用一个非实时的因果系统去逼近非因果系统。比如将数据预先存储起来,延迟一段时间后再调用或处理,就可以在某种程度上实现"未来影响当前/历史",这也是数字系统优于模拟系统的一个重要原因。

一个线性时不变系统为因果系统的充要条件是:当 $n<0$ 时,$h(n)=0$。如果 $n<0$ 时,$x(n)=0$,这样的序列称为**因果序列**。

2.2.5　常系数线性差分方程

连续时间线性时不变系统的输入输出关系可以用常系数线性微分方程来表示,而离散时间线性时不变系统的输入输出关系可以用常系数线性差分方程来表示,即

$$y(n) = \sum_{i=0}^{M} b_i x(n-i) - \sum_{i=1}^{N} a_i y(n-i) \tag{2.2.28}$$

所谓常系数,是指差分方程中的系数 a_i 和 b_i 都是常数,而线性是指所有的 $x(n-i)$ 和所有的 $y(n-i)$ 都没有交叉乘积项。差分方程不仅可以在理论上表示离散时间系统,

而且可以利用它直接得到系统的运算结果。

例 2.4 设因果离散时间系统的差分方程为

$$y(n) - 0.5y(n-1) = x(n)$$

试求该系统的单位脉冲响应 $h(n)$。

解：令输入 $x(n) = \delta(n)$，得到的输出就是系统的单位脉冲响应 $h(n)$。因为系统为因果系统，所以 $n < 0$ 时 $h(n) = 0$，利用归纳法可知，系统的单位脉冲响应 $h(n) = 0.5^n u(n)$。

$$h(0) = 0.5h(-1) + \delta(0) = 0 + 1 = 1$$
$$h(1) = 0.5h(0) + \delta(1) = 0.5 + 0 = 0.5$$
$$h(2) = 0.5h(1) + \delta(2) = 0.5^2 + 0 = 0.5^2$$
$$\vdots$$
$$h(n) = 0.5h(n-1) + \delta(n) = 0.5^n + 0 = 0.5^n$$

2.3 频域分析

与连续时间信号与系统类似，对离散时间信号与系统的分析也可以从时域变换到其他域。如果满足狄利克雷条件，就可以在频域对离散时间信号与系统进行分析。

2.3.1 离散时间傅里叶变换（DTFT）

1. 序列的离散时间傅里叶变换

序列 $x(n)$ 的离散时间傅里叶变换（Discrete Time Fourier Transform，DTFT）定义为

$$X(e^{j\omega}) = \sum_{n=-\infty}^{\infty} x(n) e^{-j\omega n} \tag{2.3.1}$$

其中，ω 为数字频率，一般将 $X(e^{j\omega})$ 称为序列 $x(n)$ 的频谱密度函数，简称频谱。

可以看出，$X(e^{j\omega})$ 是以 $e^{j\omega}$ 为完备正交函数集对序列 $x(n)$ 进行正交展开。式（2.3.1）的级数不一定总是收敛的，例如 $x(n)$ 为单位阶跃序列时该级数就不收敛，序列 $x(n)$ 的DTFT 存在的充分条件是 $x(n)$ 绝对可和，即

$$\sum_{n=-\infty}^{\infty} |x(n)| < \infty \tag{2.3.2}$$

如果 $x(n)$ 是有限长序列，那么该序列满足绝对可和条件，其 DTFT 一定存在。

因为 $e^{j\omega n} = e^{j(\omega + 2\pi)n}$，故 $e^{j\omega n}$ 是以 2π 为周期的周期函数，$X(e^{j\omega})$ 也是以 2π 为周期的周期函数，这表明序列 $x(n)$ **在时域是离散的**，其 DTFT 结果 $X(e^{j\omega})$ **在频域是周期的**；同时，序列 $x(n)$ **在时域是非周期的**，其 DTFT 结果 $X(e^{j\omega})$ **在频域是连续的**。

在式（2.3.1）两边同时乘以 $e^{j\omega n}$，并对 ω 在 $(-\pi, \pi)$ 的周期内积分，可得离散时间傅里叶反变换（Inverse Discrete Time Fourier Transform，IDTFT）

$$x(n) = \frac{1}{2\pi} \int_{-\pi}^{\pi} X(e^{j\omega}) e^{j\omega n} \, d\omega \tag{2.3.3}$$

例2.5 计算矩形序列 $R_N(n)$ 的 DTFT 结果。

解:根据DTFT定义,

$$W_N(e^{j\omega}) = \sum_{n=0}^{N-1} R_N(n) e^{-j\omega n} = \sum_{n=0}^{N-1} e^{-j\omega n} = \frac{1-e^{-j\omega N}}{1-e^{-j\omega}}$$

进一步化简可得

$$W_N(e^{j\omega}) = \frac{e^{-j\omega\frac{N}{2}}}{e^{-j\frac{\omega}{2}}} \cdot \frac{e^{j\omega\frac{N}{2}} - e^{-j\omega\frac{N}{2}}}{e^{j\frac{\omega}{2}} - e^{-j\frac{\omega}{2}}} = e^{-j\omega\frac{N-1}{2}} \frac{\sin\frac{\omega N}{2}}{\sin\frac{\omega}{2}}$$

可将 $W_N(e^{j\omega})$ 写为幅度谱和相位谱相乘的形式,即

$$W_N(e^{j\omega}) = |W_N(e^{j\omega})| e^{j\arg[W_N(e^{j\omega})]}$$

其中,$|W_N(e^{j\omega})| = \left|\dfrac{\sin(\omega N/2)}{\sin(\omega/2)}\right|$,$\arg[W_N(e^{j\omega})] = -\dfrac{N-1}{2}\omega + \arg\left[\dfrac{\sin(\omega N/2)}{\sin(\omega/2)}\right]$。

图2.3.1给出了矩形序列的幅度谱和相位谱,长度分别为 $N=3$ 和 $N=7$。可以看出,对于 $\omega = 2k\pi/N$,当 k 取 N 的整数倍时,幅度谱取最大值 N,当 k 取其他整数值时,幅度谱取值为零,因此矩形序列幅度谱的旁瓣宽度为 $2\pi/N$(即两个零点之间的宽度)。

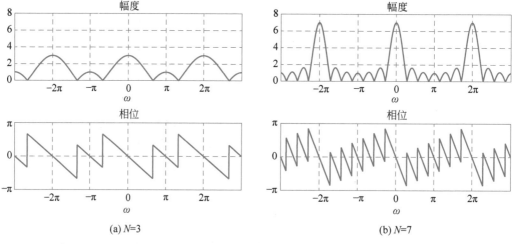

(a) $N=3$ (b) $N=7$

图2.3.1 矩形序列的幅度谱和相位谱

表2.1给出了一些常见序列的离散时间傅里叶变换结果,其中 k 都取整数。

表2.1 常见序列的离散时间傅里叶变换

序列 $x(n)$	离散时间傅里叶变换 $X(e^{j\omega})$	备 注
$\delta(n)$	1	
1	$2\pi \sum\limits_{k=-\infty}^{\infty} \delta(\omega + 2k\pi)$	$1 = e^{j\omega_0 n}\Big|_{\omega_0=0}$
$\delta(n-m)$	$e^{-jm\omega}$	

序列 $x(n)$	离散时间傅里叶变换 $X(e^{j\omega})$	备　注
$u(n)$	$\dfrac{1}{1-e^{-j\omega}}+\pi\displaystyle\sum_{k=-\infty}^{\infty}\delta(\omega+2k\pi)$	
$a^n u(n)$	$\dfrac{1}{1-ae^{-j\omega}}$	$|a|<1$
$R_N(n)$	$e^{-j\omega\frac{N-1}{2}}\dfrac{\sin(\omega N/2)}{\sin(\omega/2)}$	
$e^{j\omega_0 n}$	$2\pi\displaystyle\sum_{k=-\infty}^{\infty}\delta(\omega-\omega_0-2k\pi)$	
$\cos\omega_0 n$	$\pi\displaystyle\sum_{k=-\infty}^{\infty}\left[\delta(\omega+\omega_0+2k\pi)+\delta(\omega-\omega_0+2k\pi)\right]$	$\cos\omega_0 n=\dfrac{1}{2}(e^{j\omega_0 n}+e^{-j\omega_0 n})$
$\sin\omega_0 n$	$j\pi\displaystyle\sum_{k=-\infty}^{\infty}\left[\delta(\omega+\omega_0+2k\pi)-\delta(\omega-\omega_0+2k\pi)\right]$	$\sin\omega_0 n=\dfrac{1}{2j}(e^{j\omega_0 n}-e^{-j\omega_0 n})$

2. 离散时间傅里叶变换的性质

在前修课程"信号与系统"中,已经详细介绍了离散时间傅里叶变换的性质,在此将其主要性质列入表 2.2 中供读者复习和参考。

表 2.2　离散时间傅里叶变换的主要性质

序列 $x(n)$	离散时间傅里叶变换 $X(e^{j\omega})$	备　注
$ax(n)+by(n)$	$aX(e^{j\omega})+bY(e^{j\omega})$	线性
$x(-n)$	$X(e^{-j\omega})$	时频翻转
$x(n-k)$	$e^{-j\omega k}X(e^{j\omega})$	时移特性
$e^{j\omega_0 n}x(n)$	$X(e^{j(\omega-\omega_0)})$	频移特性
$a^n x(n)$	$X\left(\dfrac{1}{a}e^{j\omega}\right)$	
$nx(n)$	$j\dfrac{dX(e^{j\omega})}{d\omega}$	频域微分
$x^*(n)$	$X^*(e^{-j\omega})$	共轭对称特性
$x^*(-n)$	$X^*(e^{j\omega})$	共轭对称特性
$x_e(n)=\dfrac{x(n)+x^*(-n)}{2}$	$\mathrm{Re}[X(e^{j\omega})]$	共轭对称特性
$x_o(n)=\dfrac{x(n)-x^*(-n)}{2}$	$j\mathrm{Im}[X(e^{j\omega})]$	共轭对称特性
$\mathrm{Re}[x(n)]$	$X_e(e^{j\omega})=\dfrac{X(e^{j\omega})+X^*(e^{-j\omega})}{2}$	共轭对称特性
$j\mathrm{Im}[x(n)]$	$X_o(e^{j\omega})=\dfrac{X(e^{j\omega})-X^*(e^{-j\omega})}{2}$	共轭对称特性

续表

序列 $x(n)$	离散时间傅里叶变换 $X(e^{j\omega})$	备　注
实序列 $x(n)$	(1) $X(e^{j\omega})=X^*(e^{-j\omega})$ (2) $\|X(e^{j\omega})\|=\|X(e^{-j\omega})\|$ (3) $\arg[X(e^{j\omega})]=-\arg[X(e^{-j\omega})]$ (4) $\text{Re}[X(e^{j\omega})]=\text{Re}[X(e^{-j\omega})]$ (5) $\text{Im}[X(e^{j\omega})]=-\text{Im}[X(e^{-j\omega})]$	(1) 实序列的频谱共轭对称 (2) 实序列的幅度谱偶对称 (3) 实序列的相位谱奇对称 (4) 频谱的实部偶对称 (5) 频谱的虚部奇对称
$x(n)y(n)$	$\dfrac{1}{2\pi}X(e^{j\omega})*Y(e^{j\omega})$	频域卷积定理
$x(n)*y(n)$	$X(e^{j\omega})Y(e^{j\omega})$	时域卷积定理

式(2.3.4)归纳了序列 $x(n)$ 的实(虚)部与其 DTFT 结果的共轭偶(奇)对称分量的对偶关系。

$$
\begin{array}{ccccc}
x(n) & = & \text{Re}[x(n)] & + & j\text{Im}[x(n)] \\
\updownarrow & & \updownarrow & & \updownarrow \\
X(e^{j\omega}) & = & X_e(e^{j\omega}) & + & X_o(e^{j\omega})
\end{array}
\tag{2.3.4}
$$

式(2.3.5)归纳了序列 $x(n)$ 的共轭偶(奇)对称分量与其 DTFT 结果实(虚)部的对偶关系。

$$
\begin{array}{ccccc}
x(n) & = & x_e(n) & + & x_o(n) \\
\updownarrow & & \updownarrow & & \updownarrow \\
X(e^{j\omega}) & = & \text{Re}[X(e^{j\omega})] & + & j\text{Im}[X(e^{j\omega})]
\end{array}
\tag{2.3.5}
$$

DTFT 形式下的帕塞瓦尔定理为

$$
\sum_{n=-\infty}^{\infty}|x(n)|^2=\frac{1}{2\pi}\int_{-\pi}^{\pi}|X(e^{j\omega})|^2 d\omega
\tag{2.3.6}
$$

例2.6 已知序列 $x(n)$ 及其 DTFT 结果 $X(e^{j\omega})$,试求序列 $y(n)$ 的 DTFT 结果。

(1) $y(n)=x(2n)$

(2) $y(n)=x^2(n)$

(3) $y(n)=\begin{cases}x(n/2), & n\text{ 为偶数} \\ 0, & n\text{ 为奇数}\end{cases}$

解:可以根据 DTFT 变换公式及其性质求解。

$$
(1)\ Y(e^{j\omega})=\sum_{n=-\infty}^{\infty}x(2n)e^{-j\omega n}\xlongequal{m=2n}\sum_{\substack{m=-\infty \\ m\text{取偶数}}}^{\infty}x(m)e^{-j\omega\frac{m}{2}}
$$

此时的 m 只能取到偶数,但 DTFT 正变换公式中要求 m 取每个整数,故

$$
\begin{aligned}
Y(e^{j\omega})&=\sum_{m=-\infty}^{\infty}\frac{1+(-1)^m}{2}x(m)e^{-j\omega\frac{m}{2}} \\
&=\frac{1}{2}\sum_{m=-\infty}^{\infty}x(m)e^{-j\omega\frac{m}{2}}+\frac{1}{2}\sum_{m=-\infty}^{\infty}x(m)e^{-jm\pi}e^{-j\omega\frac{m}{2}} \\
&=\frac{1}{2}X(e^{j\frac{\omega}{2}})+\frac{1}{2}X(e^{j\frac{\omega+2\pi}{2}})
\end{aligned}
$$

（2）根据频域卷积定理，

$$Y(e^{j\omega}) = DTFT[x(n)x(n)] = \frac{1}{2\pi}X(e^{j\omega}) * X(e^{j\omega}) = \frac{1}{2\pi}\int_{-\pi}^{\pi}X(e^{j\theta})X(e^{j(\omega-\theta)})d\theta$$

（3）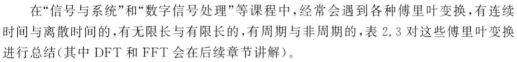

$$Y(e^{j\omega}) = \sum_{\substack{n=-\infty \\ n\text{取偶数}}}^{\infty} x\left(\frac{n}{2}\right)e^{-j\omega n} \xrightarrow{m=\frac{n}{2}} \sum_{m=-\infty}^{\infty} x(m)e^{-j\omega 2m} = X(e^{j2\omega})$$

2.3.2 几种傅里叶变换的关系

1. 各种傅里叶变换

在"信号与系统"和"数字信号处理"等课程中，经常会遇到各种傅里叶变换，有连续时间与离散时间的，有无限长与有限长的，有周期与非周期的，表 2.3 对这些傅里叶变换进行总结（其中 DFT 和 FFT 会在后续章节讲解）。

表 2.3　各类傅里叶变换

变 换 名 称	简　　称	全　　称
连续时间傅里叶变换	CTFT	Continuous Time Fourier Transform
连续时间傅里叶级数	CTFS	Continuous Time Fourier Series
离散时间傅里叶变换	DTFT	Discrete Time Fourier Transform
离散（时间）傅里叶级数	DTFS/DFS	Discrete(Time) Fourier Series
离散傅里叶变换	DFT	Discrete Fourier Transform
快速傅里叶变换	FFT	Fast Fourier Transform

从表 2.3 可以看出，常见的傅里叶变换也就六种，需要注意的是：

（1）前面四种傅里叶变换是计算机（或 DSP 芯片）不方便处理的。这是因为计算机只能处理离散的、有限长的信号。前面四种傅里叶变换，在时域或频域或是连续的，或是无限长的。

（2）后面两种傅里叶变换才是计算机可以处理的。因为无论是在时域还是频域，DFT 和 FFT 的数据样本都是离散且有限长的。

（3）离散傅里叶级数（DFS）是离散时间傅里叶级数（DTFS）的简称，这算作约定俗成。*

（4）离散傅里叶变换（DFT）不是离散时间傅里叶变换（DTFT）的简称，有的教材也将 DTFT 称为"离散时间序列的傅里叶变换"，目的就是为了与 DFT 区分开。

（5）快速傅里叶变换（FFT）不是一种新的傅里叶变换，它只能算作一种高效率的 DFT。

2. 四种傅里叶变换的关系

在此的"傅里叶变换"是一种广义的说法，也就是说无论是"傅里叶变换"（Fourier Transform），还是"傅里叶级数"（Fourier Series），统称"傅里叶变换"。

图 2.3.2 以三角波和周期三角波为例，给出了前四种傅里叶变换的关系。图 2.3.2 左侧表示时域，右侧表示频域。在时域，横轴表示从连续时间信号到离散时间信号，二者

---

　*　注：本书采用简称"离散傅里叶级数（DFS）"。

的转换就是采样;纵轴表示从周期信号到非周期信号,二者的转换就是将周期趋向于无穷大。在频域也有类似的转换关系,需要注意的是,时域和频域的坐标定义与方向是不同的。

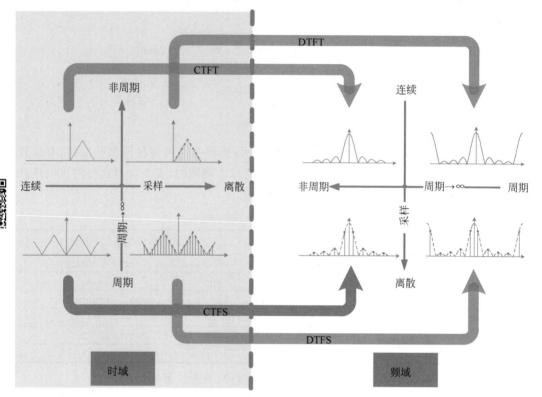

图 2.3.2　四种傅里叶变换的关系

为了帮助理解图 2.3.2 给出的关系,需要深刻理解下面两句话。

第一,傅里叶变换是时域到频域的桥梁。可以看出这四种傅里叶变换都是从左(时域)到右(频域)的箭头,起到了时域到频域的桥梁作用。反过来,从频域到时域也有桥梁,这就是对应的各种傅里叶反变换。

图 2.3.3　"周期-离散,非周期-连续"
的对应关系

第二,一个域的离散,对应另外一个域的周期延拓。对于这句话,最耳熟能详的就是采样定理中的"时域采样对应频域上的周期延拓",结合图 2.3.3,我们还可以更全面地理解这句话。

(1) 时域上的离散(采样),对应频域上的周期延拓,即序列的 DTFT 和周期序列的 DFS,二者在频域上都呈周期特性。

(2) 时域上的连续,对应频域上的非周期,即非周期信号的 CTFT 和周期信号的 CTFS。

(3) 时域上的周期,对应频域上的离散,离散的频域取值称为傅里叶级数,即周期信号的 CTFS 和周期序列的 DFS。

（4）时域上的非周期,对应频域上的连续,连续的频域取值称为傅里叶变换,即非周期信号的 CTFT 和序列的 DTFT。

傅里叶变换在频域的离散特性,更准确地说是一种谐波特性,即频谱只会出现在基波频率的整数倍上,在其他频率上无定义。

2.3.3 系统的频率响应

从 2.2.3 节可知,线性时不变系统的输入输出关系为

$$y(n)=x(n)*h(n)$$

根据时域卷积定理,对上式两边同时做离散时间傅里叶变换(DTFT),得

$$Y(\mathrm{e}^{\mathrm{j}\omega})=X(\mathrm{e}^{\mathrm{j}\omega})H(\mathrm{e}^{\mathrm{j}\omega})$$

从而有关系式

$$H(\mathrm{e}^{\mathrm{j}\omega})=\frac{Y(\mathrm{e}^{\mathrm{j}\omega})}{X(\mathrm{e}^{\mathrm{j}\omega})}$$

称 $H(\mathrm{e}^{\mathrm{j}\omega})$ 为系统的频率响应,可以证明 $H(\mathrm{e}^{\mathrm{j}\omega})$ 即为 $h(n)$ 的 DTFT 结果。

系统的频率响应通常也可以写成幅频响应和相频响应相乘的形式,即

$$H(\mathrm{e}^{\mathrm{j}\omega})=\mid H(\mathrm{e}^{\mathrm{j}\omega})\mid \mathrm{e}^{\mathrm{jarg}[H(\mathrm{e}^{\mathrm{j}\omega})]}$$

其中, $\mid H(\mathrm{e}^{\mathrm{j}\omega})\mid$ 称为系统的幅频响应(也称为幅度响应、振幅响应),$\arg[H(\mathrm{e}^{\mathrm{j}\omega})]$ 称为系统的相频响应(也称为相位响应)。

例 2.7 试求一阶因果系统 $y(n)-0.5y(n-1)=x(n)$ 的幅频响应和相频响应。

解:由例 2.4 可知,系统的单位脉冲响应为

$$h(n)=0.5^{n}u(n)$$

故系统的频率响应为

$$H(\mathrm{e}^{\mathrm{j}\omega})=\frac{1}{1-0.5\mathrm{e}^{-\mathrm{j}\omega}}$$

系统的幅频响应为 $\mid H(\mathrm{e}^{\mathrm{j}\omega})\mid =\dfrac{1}{\sqrt{(1-0.5\cos\omega)^{2}+(0.5\sin\omega)^{2}}}$,如图 2.3.4(a)所示,

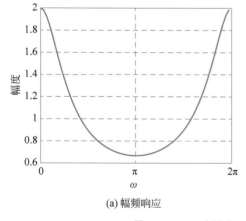

(a) 幅频响应

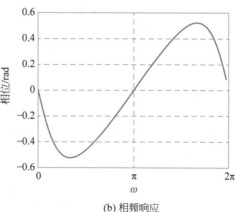

(b) 相频响应

图 2.3.4 一阶因果系统的幅频响应和相频响应

系统的相频响应为 $\arg\left[H(e^{j\omega})\right] = -\arctan\dfrac{0.5\sin\omega}{1-0.5\cos\omega}$，如图 2.3.4(b)所示。注意：图 2.3.4 只给出了一个周期内的结果，但系统的幅频响应和相频响应都是以 2π 为周期的。

教学视频

2.4 z 域分析

如果待分析的离散时间信号与系统不满足狄利克雷条件，此时就需要从频域扩展到复频域进行分析。连续时间信号与系统的复频域即 s 域，离散时间信号与系统的复频域即 z 域。

2.4.1 z 变换与 z 反变换

如果 $x(n)$ 不满足狄利克雷条件，则 $x(n)$ 的 DTFT 不存在，此时可将 $x(n)$ 乘以指数信号 r^{-n}，使 $x(n)r^{-n}$ 满足狄利克雷条件，再对其做 DTFT，即

$$\text{DTFT}\left[x(n)r^{-n}\right] = \sum_{n=-\infty}^{\infty} x(n)r^{-n}e^{-j\omega n} = \sum_{n=-\infty}^{\infty} x(n)(re^{j\omega})^{-n} \tag{2.4.1}$$

引入复变量 z，令 $z = re^{j\omega}$，可得离散时间信号 $x(n)$ 的 z 变换

$$X(z) = \sum_{n=-\infty}^{\infty} x(n)z^{-n} \tag{2.4.2}$$

z 变换是以 z 为变量的无穷幂级数。z 是一个连续的复变量，将 z 的实部作为横坐标，虚部作为纵坐标，得到的平面称为 z 平面。

对于离散时间信号 $x(n)$，其 z 变换并不总是存在的(收敛的)，使 z 变换收敛的 z 值范围称为收敛域(Region of Convergence，ROC)。只有当 z 变换表达式和收敛域都相同时，才能判定两个离散时间信号相同，因为对于相同的 z 变换表达式，有可能对应着不同的离散时间信号。

下面讨论四种序列及其收敛域。

1. 有限长序列

有限长序列只在有限长的区间 $n_1 \leqslant n \leqslant n_2$ 内有值，在此区间之外序列值都为零，此类序列的 z 变换为

$$X(z) = \sum_{n=n_1}^{n_2} x(n)z^{-n} \tag{2.4.3}$$

此时的 $X(z)$ 是有限项级数之和，只要级数的每一项有界，其 z 变换总是收敛的。有限长序列收敛域的具体情况为：当 $n_1 > 0$ 时，收敛域为 $0 < z \leqslant \infty$(包含 $z = \infty$)；当 $n_2 < 0$ 时，收敛域为 $0 \leqslant z < \infty$(包含 $z = 0$)；其余情况收敛域为 $0 < z < \infty$(除了 $z = 0$ 和 $z = \infty$ 外的整个 z 平面)，如图 2.4.1 所示。

2. 右边序列

右边序列只在 $n \geqslant n_1$ 时有值，在此区间之外序列值为零，此类序列的 z 变换为

$$X(z) = \sum_{n=n_1}^{\infty} x(n) z^{-n} \tag{2.4.4}$$

右边序列 z 变换的收敛域在半径为 R_{x-} 的圆之外，即 $R_{x-} < |z| < \infty$，如图 2.4.2 所示。

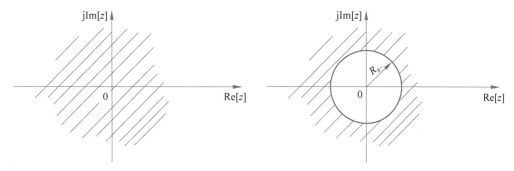

图 2.4.1　有限长序列的收敛域(是否包含 $z=0$　　　　图 2.4.2　右边序列的收敛域(除了 $z=\infty$ 外)
　　　　　　或 $z=\infty$，由 n_1 和 n_2 的取值决定)

如果 $n_1 = 0$，右边序列即为因果序列，收敛域此时可以包括 $z=\infty$。因此，因果序列 z 变换的收敛域应该在半径为 R_{x-} 的圆外且包含无穷远点，即 $R_{x-} < |z| \leqslant \infty$，如图 2.4.3 所示。$z$ 变换在无穷远点收敛是因果序列的一个充要条件。

3. 左边序列

左边序列只在 $n \leqslant n_2$ 时有值，在此区间之外序列值为零，此类序列的 z 变换为

$$X(z) = \sum_{n=-\infty}^{n_2} x(n) z^{-n} \tag{2.4.5}$$

左边序列 z 变换的收敛域在半径为 R_{x+} 的圆之内，即 $0 < |z| < R_{x+}$，如图 2.4.4 所示。

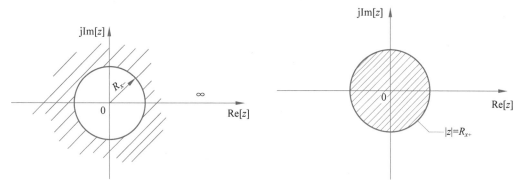

图 2.4.3　因果序列的收敛域(包含 $z=\infty$)　　　　图 2.4.4　左边序列的收敛域(除了 $z=0$ 外)

如果 $n_2 \leqslant 0$，左边序列为非因果序列，此时收敛域应包括零点，即 $0 \leqslant |z| < R_{x+}$。

4. 双边序列

双边序列可以看作一个左边序列和一个右边序列之和，此类序列的 z 变换为

$$X(z) = \sum_{n=-\infty}^{\infty} x(n)z^{-n}$$

$$= \sum_{n=-\infty}^{-1} x(n)z^{-n} + \sum_{n=0}^{\infty} x(n)z^{-n} \qquad (2.4.6)$$

$$= X_1(z) + X_2(z)$$

其中，$X_1(z)$ 的收敛域为 $0 \leqslant |z| < R_{x+}$，$X_2(z)$ 的收敛域为 $R_{x-} < |z| \leqslant \infty$。

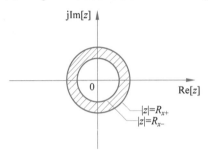

图 2.4.5　双边序列的收敛域

显然，双边序列 z 变换的收敛域应该是 $X_1(z)$ 和 $X_2(z)$ 收敛域的交集，如图 2.4.5 所示。如果 $R_{x+} > R_{x-}$，$X(z)$ 的收敛域为一个环形区域，即 $R_{x-} < |z| < R_{x+}$；反之，如果 $R_{x+} < R_{x-}$，交集不存在，$X(z)$ 亦不存在。

例 2.8　求序列 $x(n)$ 的 z 变换及其收敛域。

(1) $x(n) = 0.5^n u(n)$

(2) $x(n) = -0.5^n u(-n-1)$

(3) $x(n) = 0.5^n u(n) - 0.7^n u(-n-1)$

解：(1) 该序列为右边序列，根据 z 变换定义

$$X(z) = \sum_{n=0}^{\infty} x(n)z^{-n} = \sum_{n=0}^{\infty} 0.5^n z^{-n} = \frac{1}{1-0.5z^{-1}} = \frac{z}{z-0.5}$$

因为 $|0.5/z| < 1$ 时上述等比数列求和存在，故收敛域为 $|z| > 0.5$。

(2) 该序列为左边序列，根据 z 变换定义

$$X(z) = \sum_{n=-\infty}^{\infty} x(n)z^{-n} = -\sum_{n=-\infty}^{-1} 0.5^n z^{-n} = -\sum_{m=1}^{\infty} (z/0.5)^m$$

当 $|z/0.5| < 1$ 时等比数列求和存在，故收敛域为 $|z| < 0.5$，此时 $X(z) = \dfrac{z}{z-0.5}$。

可以看出，第(1)问和第(2)问的 $X(z)$ 表达式都相同，但二者收敛域不同，对应的 $x(n)$ 也是不同的。

(3) 这是一个双边序列，首先分别计算 $0.5^n u(n)$ 和 $-0.7^n u(-n-1)$ 的 z 变换表达式及其收敛域。

对于 $0.5^n u(n)$，由第(1)问可知其 z 变换为 $\dfrac{z}{z-0.5}$，收敛域为 $|z| > 0.5$。

对于 $-0.7^n u(-n-1)$，亦可知其 z 变换为 $\dfrac{z}{z-0.7}$，收敛域为 $|z| < 0.7$。

综合两个序列的结果，可知 $X(z) = \dfrac{z}{z-0.5} + \dfrac{z}{z-0.7}$，收敛域为 $0.5 < |z| < 0.7$。

已知函数 $X(z)$ 及其收敛域，反过来求序列 $x(n)$ 的变换称为 z 反变换。z 反变换关系式可以利用柯西积分定理推导出来，即

$$x(n) = \frac{1}{2\pi \mathrm{j}} \oint_C X(z)z^{n-1} \mathrm{d}z \qquad (2.4.7)$$

式中,C 表示 $X(z)$ 收敛域内一条逆时针方向环绕原点的闭合围线。

直接计算围线积分比较麻烦,实际上求 z 反变换常常采用长除法、部分分式法和留数法。在前修课程"信号与系统"中,已经详细介绍了 z 变换及其反变换,在此将常用的 z 变换对列入表 2.4 中供读者复习和参考。

表 2.4　常用的 z 变换对

$x(n)$	$X(z)$	收　敛　域
$\delta(n)$	1	$0 \leqslant \lvert z \rvert \leqslant \infty$
$\delta(n+1)$	z	$0 \leqslant \lvert z \rvert < \infty$
$\delta(n-1)$	$\dfrac{1}{z}$	$0 < \lvert z \rvert \leqslant \infty$
$R_N(n)$	$\dfrac{1-z^{-N}}{1-z^{-1}}$	$\lvert z \rvert > 0$
$a^n u(n)$	$\dfrac{z}{z-a}$	$\lvert z \rvert > \lvert a \rvert$
$-a^n u(-n-1)$	$\dfrac{z}{z-a}$	$\lvert z \rvert < \lvert a \rvert$
$na^n u(n)$	$\dfrac{az}{(z-a)^2}$	$\lvert z \rvert > \lvert a \rvert$
$-na^n u(-n-1)$	$\dfrac{az}{(z-a)^2}$	$\lvert z \rvert < \lvert a \rvert$
$\cos(\beta n)u(n)$	$\dfrac{z(z-\cos\beta)}{z^2-2z\cos\beta+1}$	$\lvert z \rvert > 1$
$\sin(\beta n)u(n)$	$\dfrac{z\sin\beta}{z^2-2z\cos\beta+1}$	$\lvert z \rvert > 1$
$a^n \cos(\beta n)u(n)$	$\dfrac{z(z-a\cos\beta)}{z^2-2za\cos\beta+a^2}$	$\lvert z \rvert > \lvert a \rvert$
$a^n \sin(\beta n)u(n)$	$\dfrac{za\sin\beta}{z^2-2za\cos\beta+a^2}$	$\lvert z \rvert > \lvert a \rvert$

2.4.2　z 变换的性质

在前修课程"信号与系统"中,已经详细介绍了 z 变换的性质,在此将其主要性质列入表 2.5 中供读者复习和参考。

表 2.5　z 变换性质表

性质名称	性　质　描　述	备　　注
线性	$a_1 x_1(n)+a_2 x_2(n) \leftrightarrow a_1 X_1(z)+a_2 X_2(z)$	
时移特性	$x(n \pm m) \leftrightarrow z^{\pm m} X(z)$	双边序列
	$x(n+m) \leftrightarrow z^m \left[X(z)-\sum\limits_{k=0}^{m-1} x(k)z^{-k} \right]$	单边序列
	$x(n-m) \leftrightarrow z^{-m} \left[X(z)+\sum\limits_{k=-m}^{-1} x(k)z^{-k} \right]$	

性质名称	性质描述	备注
z 域尺度变换	$a^n x(n) \leftrightarrow X\left(\dfrac{z}{a}\right)$	$\|a\|R_{x-} < \|z\| < \|a\|R_{x+}$
复频移特性	$x(n)\mathrm{e}^{\mathrm{j}\omega_0 n} \leftrightarrow X(z\mathrm{e}^{-\mathrm{j}\omega_0})$	
z 域微分	$nx(n) \leftrightarrow -z\dfrac{\mathrm{d}}{\mathrm{d}z}X(z)$	
时域翻转	$x(-n) \leftrightarrow X(z^{-1})$	$\dfrac{1}{R_{x+}} < \|z\| < \dfrac{1}{R_{x-}}$
卷积特性	$x_1(n) * x_2(n) \leftrightarrow X_1(z)X_2(z)$	$\max[R_{x-},R_{y-}] < \|z\| < \min[R_{x+},R_{y+}]$
初值定理	$x(0) = \lim\limits_{z \to \infty} X(z)$	前提: $x(n)$ 是因果序列
终值定理	$\lim\limits_{n \to \infty} x(n) = \lim\limits_{z \to 1}(z-1)X(z)$	前提: $(z-1)X(z)$ 的收敛域需要包含单位圆, $x(n)$ 是因果序列
帕塞瓦尔定理	$\sum\limits_{n=-\infty}^{\infty} x(n)y^*(n) = \dfrac{1}{2\pi\mathrm{j}}\oint_C X(v)Y^*(1/v^*)v^{-1}\mathrm{d}v$	

如果在表 2.5 中没有特别说明收敛域,则变换前后的收敛域基本相同,只是有可能增加或减少 $z=0$ 或 $z=\infty$。

2.4.3 z 变换与其他变换的关系

1. z 变换与拉普拉斯变换的关系

设连续时间信号为 $x_\mathrm{a}(t)$,经理想采样后为 $x_\mathrm{s}(t) = \sum\limits_{n=-\infty}^{\infty} x_\mathrm{a}(t-nT)\delta(t-nT)$,其拉普拉斯变换为

$$X_\mathrm{s}(s) = \int_{-\infty}^{\infty}\left[\sum_{n=-\infty}^{\infty} x_\mathrm{a}(nT)\delta(t-nT)\right]\mathrm{e}^{-st}\,\mathrm{d}t = \sum_{n=-\infty}^{\infty} x_\mathrm{a}(nT)\mathrm{e}^{-nsT} \qquad (2.4.8)$$

采样序列 $x(n) = x_\mathrm{a}(nT)$ 的 z 变换为

$$X(z) = \sum_{n=-\infty}^{\infty} x(n)z^{-n} = \sum_{n=-\infty}^{\infty} x_\mathrm{a}(nT)z^{-n} \qquad (2.4.9)$$

对比式(2.4.8)和式(2.4.9),可得 $X_\mathrm{s}(s)$ 与 $X(z)$ 的关系如下:

$$X(z)\big|_{z=\mathrm{e}^{sT}} = X(\mathrm{e}^{sT}) = X_\mathrm{s}(s) \qquad (2.4.10)$$

意味着,理想采样信号的拉普拉斯变换到采样序列的 z 变换,就是复变量 s 平面到复变量 z 平面的映射变换,其变换关系为

$$z = \mathrm{e}^{sT} \qquad (2.4.11)$$

式(2.4.11)又称为标准变换。

将 s 平面用直角坐标 $s=\sigma+\mathrm{j}\Omega$ 表示，z 平面用极坐标 $z=r\mathrm{e}^{\mathrm{j}\omega}$ 表示，代入标准变换式(2.4.11)可知 $r=\mathrm{e}^{\sigma T}$，此时可得 s 平面向 z 平面映射的第一个特点：s 平面的左半平面($\sigma<0$)映射到 z 平面的单位圆内($r<1$)，s 平面的右半平面($\sigma>0$)映射到 z 平面的单位圆外($r>1$)，s 平面的虚轴($\sigma=0$)映射到 z 平面的单位圆上($r=1$)。

s 平面向 z 平面映射的第二个特点就是多值映射关系。在图 2.4.6 中，假设 s 平面上的 A 点 $s_A=\sigma_0+\mathrm{j}\Omega_0$ 映射到 z 平面上的 E 点 $z_E=\mathrm{e}^{(\sigma_0+\mathrm{j}\Omega_0)T}$，$B$ 点与 A 点横坐标相同，纵坐标间隔为 $2\pi/T$，那么可知 B 点 $s_B=\sigma_0+\mathrm{j}(\Omega_0-2\pi/T)$ 也会映射到 z 平面上的 E 点 $z_E=\mathrm{e}^{[\sigma_0+\mathrm{j}(\Omega_0-2\pi/T)]T}=\mathrm{e}^{(\sigma_0+\mathrm{j}\Omega_0)T}$，同样，$C$ 点 $s_C=\sigma_0+\mathrm{j}(\Omega_0-4\pi/T)$ 也会映射到 z 平面上的 E 点。

进一步推广到整个 s 平面可知：s 平面上每个宽度为 $2\pi/T$ 的水平条带都会映射到整个 z 平面上，并且左半条带映射到单位圆内，右半条带映射到单位圆外，条带包含的虚轴映射到单位圆上，如图 2.4.6 所示。

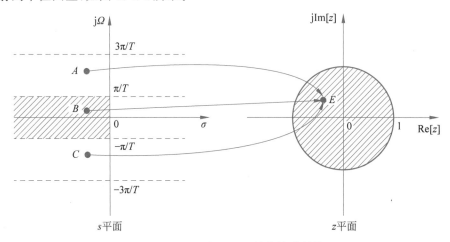

图 2.4.6　s 平面与 z 平面的多值映射关系

可借助 s 平面与 z 平面的映射关系，推导连续时间信号 $x_a(t)$ 的拉普拉斯变换与其采样序列 z 变换的关系。

根据时域采样定理可知，连续时间信号经理想采样后，其频谱将产生周期延拓，延拓的周期为采样频率 Ω_s，也就是

$$\hat{X}_a(\mathrm{j}\Omega)=\frac{1}{T}\sum_{n=-\infty}^{\infty}X_a(\mathrm{j}\Omega-\mathrm{j}n\Omega_s) \tag{2.4.12}$$

其中，$X_a(\mathrm{j}\Omega)$ 表示连续时间信号 $x_a(t)$ 的频谱，$\hat{X}_a(\mathrm{j}\Omega)$ 表示 $X_a(\mathrm{j}\Omega)$ 的周期延拓，采样频率 $\Omega_s=\dfrac{2\pi}{T}$。

令 $\mathrm{j}\Omega=s$，将傅里叶变换扩展到拉普拉斯变换，可得

$$\hat{X}_a(s)=\frac{1}{T}\sum_{n=-\infty}^{\infty}X_a(s-\mathrm{j}n\Omega_s) \tag{2.4.13}$$

将式(2.4.13)代入式(2.4.10),可得 $X_a(s)$ 与 $X(z)$ 的关系如下:

$$X(z)\,\big|_{z=e^{sT}}=\frac{1}{T}\sum_{n=-\infty}^{\infty}X_a(s-jn\Omega_s)\qquad(2.4.14)$$

2. z 变换与离散时间傅里叶变换的关系

离散序列 $x(n)$ 的离散时间傅里叶变换和 z 变换在前面章节已经介绍过,现将两个变换关系式列举如下:

$$X(e^{j\omega})=\sum_{n=-\infty}^{\infty}x(n)e^{-jn\omega}\qquad(2.4.15)$$

$$X(z)=\sum_{n=-\infty}^{\infty}x(n)z^{-n}\qquad(2.4.16)$$

令 $z=e^{j\omega}$ 可得

$$X(z)\,\big|_{z=e^{j\omega}}=\sum_{n=-\infty}^{\infty}x(n)e^{-jn\omega}\qquad(2.4.17)$$

可以看出,当 $z=e^{j\omega}$ 时,序列的离散时间傅里叶变换 $X(e^{j\omega})$ 和 z 变换相等。或者说,$X(e^{j\omega})$ 是单位圆上的 z 变换。

由于 $e^{j\omega}=e^{j(\omega+2k\pi)}$,所以 $X(e^{j\omega})$ 是以 2π 为周期的周期函数,z 平面上逆时针旋转一周正好对应 $X(e^{j\omega})$ 的一个周期。

2.4.4 系统函数

1. 系统函数定义

在2.3节介绍了,可以用 $H(e^{j\omega})$ 来描述线性时不变系统,并将 $H(e^{j\omega})$ 称为系统的频率响应。更一般地,可以用系统单位脉冲响应 $h(n)$ 的 z 变换来描述线性时不变系统,并将 $H(z)$ 称为系统函数。与系统的频率响应类似,线性时不变系统输出的 z 变换等于输入 z 变换和系统函数的乘积,即

$$Y(z)=X(z)H(z)\qquad(2.4.18)$$

根据 z 变换和离散时间傅里叶变换的关系可知,单位圆上的系统函数就是系统的频率响应,即

$$H(e^{j\omega})=H(z)\,\big|_{z=e^{j\omega}}\qquad(2.4.19)$$

2. 系统函数与差分方程

如果系统可以用 N 阶常系数差分方程来描述,即

$$\sum_{i=0}^{M}b_i x(n-i)=\sum_{i=0}^{N}a_i y(n-i)\qquad(2.4.20)$$

式(2.4.20)两边同时进行 z 变换可得

$$\Big(\sum_{i=0}^{M}b_i z^{-i}\Big)X(z)=\Big(\sum_{i=0}^{N}a_i z^{-i}\Big)Y(z)\qquad(2.4.21)$$

因此,系统函数可以表示成两个多项式之比的形式,分子和分母的系数分别对应差分方程输入项和输出项的系数,即

$$H(z) = \frac{Y(z)}{X(z)} = \frac{\displaystyle\sum_{i=0}^{M} b_i z^{-i}}{\displaystyle\sum_{i=0}^{N} a_i z^{-i}} \qquad (2.4.22)$$

3. 系统函数的零极点

将式(2.4.22)进行因式分解,可得

$$H(z) = A \frac{\displaystyle\prod_{i=0}^{M}(1 - c_i z^{-1})}{\displaystyle\prod_{i=0}^{N}(1 - d_i z^{-1})} \qquad (2.4.23)$$

上式分子中的每个因子$(1 - c_i z^{-1})$在$z = c_i$处提供一个零点,分母中的每个因子$(1 - d_i z^{-1})$在$z = d_i$处提供一个极点,如果$N > M$,在$z = 0$处存在一个$(N - M)$阶的零点。可见除常数A之外,所有的零点和极点完全由差分方程的系数决定,因此系统函数也完全由所有的零点和极点确定。

根据z变换和离散时间傅里叶变换的关系,可由系统函数得到系统的频率响应

$$H(e^{j\omega}) = H(z)\,|_{z = e^{j\omega}} = A \frac{\displaystyle\prod_{i=0}^{M}(1 - c_i e^{-j\omega})}{\displaystyle\prod_{i=0}^{N}(1 - d_i e^{-j\omega})} \qquad (2.4.24)$$

上式表明,系统的频率响应$H(e^{j\omega})$也完全由系统函数$H(z)$所有的零点和极点确定。

例 2.9 已知系统的单位脉冲响应为$h(n) = a^n R_N(n)$,其中$0 < a < 1$,试求此系统的幅频响应、相频响应和零极点分布。

解:可知系统函数为

$$H(z) = \sum_{n=0}^{N-1} a^n z^{-n} = \frac{1 - a^N z^{-N}}{1 - a z^{-1}}$$

令$z = e^{j\omega}$可得系统的频率响应为

$$H(e^{j\omega}) = \frac{1 - a^N e^{-jN\omega}}{1 - a e^{-j\omega}}$$

故系统的幅频响应和相频响应分别为

$$|H(e^{j\omega})| = \sqrt{\frac{(1 - a^N \cos N\omega)^2 + (a^N \sin N\omega)^2}{(1 - a \cos \omega)^2 + (a \sin \omega)^2}}$$

$$\arg[H(e^{j\omega})] = \arctan \frac{a^N \sin N\omega}{1 - a^N \cos N\omega} - \arctan \frac{a \sin \omega}{1 - a \cos \omega}$$

截取无限长序列$x(n) = a^n u(n)$的前N个点,就可以得到N点长序列$h(n) = a^n R_N(n)$。图 2.4.7 给出了$a = 0.9$时的系统幅频特性曲线,可以看出N越大,$h(n)$对$x(n)$的逼近效果越好。

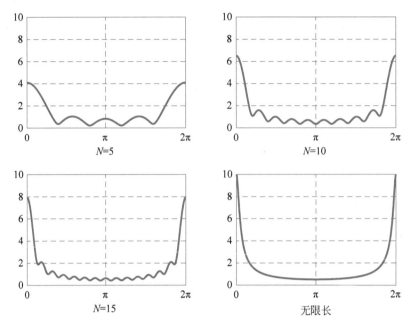

图 2.4.7 系统幅频特性($a=0.9$)

图 2.4.8 给出了 $a=0.5$ 时的系统幅频特性曲线。a 越小($0<a<1$),序列 $x(n)=a^{n}u(n)$ 收敛越快,因此相对于 $a=0.9$,$a=0.5$ 时能很快逼近无限长的情况。

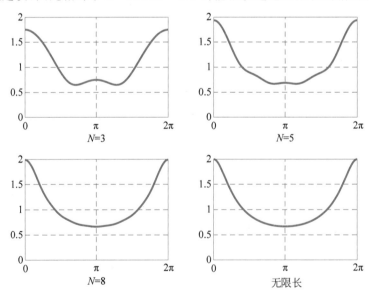

图 2.4.8 系统幅频特性($a=0.5$)

图 2.4.9 和图 2.4.10 分别给出了 $a=0.9$ 和 $a=0.5$ 时的系统相频特性曲线,与系统幅频特性结论一致,在此不再赘述。

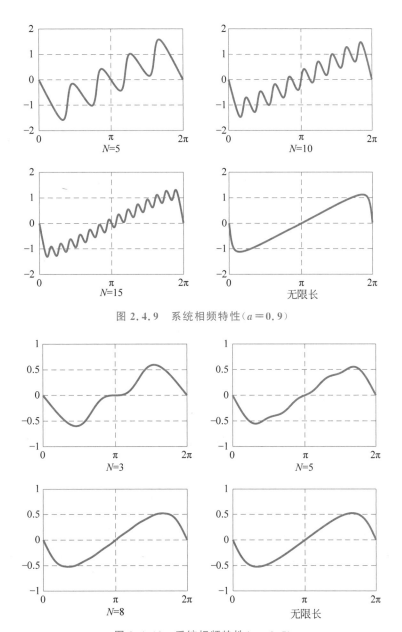

图 2.4.9　系统相频特性$(a=0.9)$

图 2.4.10　系统相频特性$(a=0.5)$

为便于分析，可将系统函数改写为如下形式。可以看出，该系统存在 N 个零点，在 $z=a$ 处存在 1 个一阶极点，在 $z=0$ 处存在 1 个$(N-1)$阶极点。利用 MATLAB 的 zplane 函数，绘制得到零极点分布如图 2.4.11 所示。

$$H(z)=\frac{1-a^{N}z^{-N}}{1-az^{-1}}=\frac{z^{N}-a^{N}}{z^{N-1}(z-a)}$$

综合图 2.4.7 和图 2.4.11 还可以看出，在 $z=a$ 处的零点被一个同样位置的极点抵消，这使得系统幅频特性在 $\omega=0$ 处出现峰值。在每个零点附近，系统幅频特性均出现陷落。

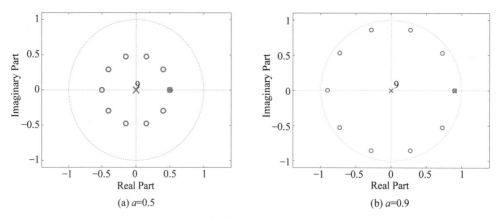

(a) $a=0.5$ (b) $a=0.9$

图 2.4.11　系统零极点分布图($N=10$)

习题

1. 有一个连续余弦信号 $\cos(2\pi ft+\varphi)$,其中 $f=20\mathrm{Hz}$,$\varphi=\dfrac{1}{6}\pi$。

(1) 求信号的周期 T_0;

(2) 在 $t=nT$ 时刻对其采样,$T=0.02\mathrm{s}$,写出采样序列 $x(n)$ 的表达式;

(3) 求 $x(n)$ 的周期 N。

2. 对下面三个余弦信号进行理想采样,采样频率 $\Omega_s=8\pi\mathrm{rad/s}$,

$$x_{a1}(t)=\cos(2\pi t)$$
$$x_{a2}(t)=-\cos(6\pi t)$$
$$x_{a3}(t)=\cos(10\pi t)$$

(1) 求三个采样输出序列;

(2) 画出 $x_{a1}(t)$、$x_{a2}(t)$ 和 $x_{a3}(t)$ 的波形以及采样点位置,试解释频谱混叠现象。

3. 一个理想采样系统如图 T2.1 所示,采样频率 $\Omega_s=8\pi\mathrm{rad/s}$,采样后经理想低通滤波器 $G(\mathrm{j}\Omega)$ 还原,

$$G(\mathrm{j}\Omega)=\begin{cases}1/4, & |\Omega|<4\pi\mathrm{rad/s}\\ 0, & |\Omega|\geqslant 4\pi\mathrm{rad/s}\end{cases}$$

现有两个输入信号 $x_{a1}(t)=\cos(2\pi t)$,$x_{a2}(t)=\cos(5\pi t)$,试问:

(1) 输出信号 $y_{a1}(t)$、$y_{a2}(t)$ 有没有失真,为什么?

(2) 给出 $y_{a1}(t)$、$y_{a2}(t)$ 的表达式。

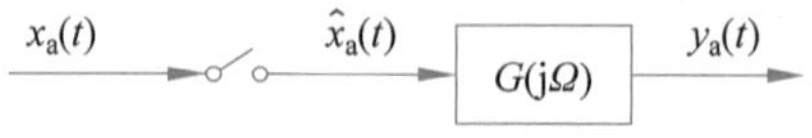

$$x_a(t) \longrightarrow \ /\!\!\!\!\!\circ \ \xrightarrow{\hat{x}_a(t)} \boxed{G(\mathrm{j}\Omega)} \xrightarrow{y_a(t)}$$

图　T2.1

4. 给定一连续带限信号 $x_a(t)$,当 $|f|>B$ 时,$X_a(f)=0$。试求对以下信号的最低

采样频率。

(1) $x_a^2(t)$　　　　　(2) $x_a(2t)$　　　　　(3) $x_a(t)\cos(7\pi Bt)$

5. 考虑图 T2.2 所示的系统,其中 $H(\mathrm{e}^{\mathrm{j}\omega}) = \dfrac{1}{1-0.3\mathrm{e}^{-\mathrm{j}\omega}}$, $f_s = 2\mathrm{kHz}$, $x_a(t) = \sin(1000\pi t)$,试计算输出结果 $y_a(t)$。

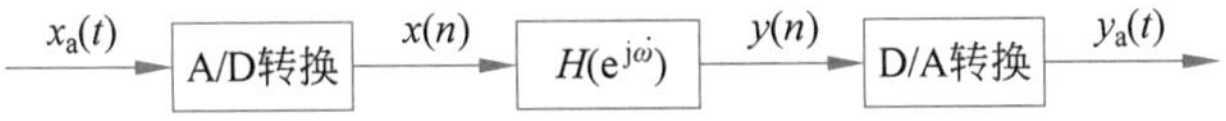

$$x_a(t) \rightarrow \boxed{\text{A/D转换}} \xrightarrow{x(n)} \boxed{H(\mathrm{e}^{\mathrm{j}\omega})} \xrightarrow{y(n)} \boxed{\text{D/A转换}} \xrightarrow{y_a(t)}$$

图　　T2.2

6. 试判断下列系统是否具有线性特性和时不变特性,并说明理由。

(1) $y(n) = 2x(n) + 3$;

(2) $y(n) = x(n)\sin\left(\dfrac{2}{7}\pi n + \dfrac{1}{6}\pi\right)$;

(3) $y(n) = |x(n)|^2$;

(4) $y(n) = \displaystyle\sum_{m=-\infty}^{n} x(m)$。

7. 试判断下列系统是否为:(1)稳定系统;(2)因果系统;(3)线性系统。并说明理由。

(1) $T[x(n)] = g(n)x(n)$,其中 $g(n)$ 有界;

(2) $T[x(n)] = \displaystyle\sum_{k=n_0}^{n} x(k)$;

(3) $T[x(n)] = \displaystyle\sum_{k=n-n_0}^{n+n_0} x(k)$;

(4) $T[x(n)] = x(n-n_0)$;

(5) $T[x(n)] = \mathrm{e}^{x(n)}$;

(6) $T[x(n)] = ax(n) + b$。

8. 设某系统的单位脉冲响应为 $h(n) = \dfrac{\sin(\pi n/2)}{n\pi}$,试证明该系统既不是稳定系统,也不是因果系统。

9. 设系统输入为 $x(n)$,输出为 $y(n)$,并且系统的输入输出关系由下列两个关系式确定

$$\begin{cases} y(n) - ay(n-1) = x(n) \\ y(0) = 1 \end{cases}$$

(1) 试判断该系统是否是时不变系统;

(2) 试判断该系统是否是线性系统;

(3) 如果 $y(0) = 0$,其余关系式不变,请判断此时的系统是否是时不变系统和线性系统。

10. 试判断下列序列是否是周期序列,如果是周期序列,请确定其周期。

(1) $x(n) = A\cos\left(\dfrac{3}{7}\pi n - \dfrac{1}{8}\pi\right)$

(2) $x(n) = A\sin\left(\dfrac{13}{3}\pi n\right)$

(3) $x(n) = \mathrm{e}^{\mathrm{j}\left(\frac{\pi}{6} - n\right)}$

11. 设一因果系统的输入输出关系由下面的差分方程确定

$$y(n) - \dfrac{1}{2}y(n-1) = x(n) + \dfrac{1}{2}x(n-1)$$

(1) 试确定该系统的单位脉冲响应和频率响应;

(2) 当输入为 $x(n) = \mathrm{e}^{\mathrm{j}\omega n}$,计算此时的输出 $y(n)$。

12. 计算下列信号序列的 DTFT,假设 $|a| < 1$。

(1) $a^n u(n-1)$　　(2) $a^n u(n+1)$　　(3) $(-a)^n u(n)$　　(4) $a^{|n|}$

13. 设 $X(\mathrm{e}^{\mathrm{j}\omega}) = 3\mathrm{e}^{\mathrm{j}\omega} + 1 - \mathrm{e}^{-\mathrm{j}\omega} + 2\mathrm{e}^{\mathrm{j}3\omega}$ 和 $H(\mathrm{e}^{\mathrm{j}\omega}) = -\mathrm{e}^{\mathrm{j}\omega} + 2\mathrm{e}^{\mathrm{j}2\omega} + \mathrm{e}^{\mathrm{j}4\omega}$ 分别为序列 $x(n)$ 和 $h(n)$ 的 DTFT 结果,请计算线性卷积结果 $y(n) = x(n) * h(n)$。

14. 用计算机对测量得到的数据 $x(n)$ 进行平均处理,每当收到一个测量数据,就把当前输入数据与前三次输入数据进行平均,请计算这个数据处理系统的频率响应。

15. 计算下列序列的 z 变换,并指出其收敛域。

(1) $\delta(n+1)$　　(2) $\left(\dfrac{1}{2}\right)^n u(n)$　　(3) $-\left(\dfrac{1}{2}\right)^n u(-n-1)$　　(4) $\left(\dfrac{1}{2}\right)^{-n} u(n)$

(5) $\left(\dfrac{1}{2}\right)^n \left[u(n) - u(n-10)\right]$　　(6) $\left(\dfrac{1}{2}\right)^n u(n) + \left(\dfrac{1}{3}\right)^n u(n)$　　(7) $\left(\dfrac{1}{2}\right)^{n-1} u(n-1)$

(8) $\left(\dfrac{1}{2}\right)^{|n|}$　　　(9) $3^n u(n) - 2^n u(-n-1)$

16. 已知因果序列 $x(n)$ 的 z 变换为 $X(z)$,请计算初值 $x(0)$ 与终值 $x(\infty)$。

(1) $X(z) = \dfrac{1}{(1 - 0.5z^{-1})(1 + 0.5z^{-1})}$

(2) $X(z) = \dfrac{z^{-1}}{1 - 1.5z^{-1} + 0.5z^{-2}}$

(3) $X(z) = \dfrac{1 + z^{-1} + z^{-2}}{(1 - z^{-1})(1 - 2z^{-1})}$

17. 下面给出的 z 变换表达式,哪些对应着因果序列? 为什么?

(1) $\dfrac{(1 - z^{-1})^2}{1 - z^{-1}/2}$　　(2) $\dfrac{(z-1)^2}{z - 1/2}$　　(3) $\dfrac{(z - 1/4)^5}{(z - 1/2)^6}$　　(4) $\dfrac{(z - 1/4)^6}{(z - 1/2)^5}$

18. 对于 $H(z) = -3z^{-1}/(2 - 5z^{-1} + 2z^{-2})$,请给出以下三种收敛域对应的序列。

(1) $|z| > 2$　　(2) $|z| < 0.5$　　(3) $0.5 < |z| < 2$

19. 已知序列 $x(n)$ 对应的 z 变换为 $X(z) = \mathrm{e}^z + \mathrm{e}^{1/z}, z \neq 0$,试求序列 $x(n)$。

20. 研究一线性时不变系统,其单位脉冲响应 $h(n)$ 和输入 $x(n)$ 分别为

$$h(n) = \begin{cases} a^n, & n \geqslant 0 \\ 0, & n < 0 \end{cases}, \quad x(n) = \begin{cases} 1, & 0 \leqslant n \leqslant N-1 \\ 0, & \text{其他} \end{cases}$$

请分别采用定义法和 z 变换的卷积特性，计算 $x(n)$ 和 $h(n)$ 的离散卷积。

21. 求以下序列的频谱 $X(e^{j\omega})$。

(1) $\delta(n)$　　　　(2) $\delta(n-n_0)$　　(3) $e^{-an}u(n)$　　(4) $e^{-(a+j\omega_0)n}u(n)$

(5) $e^{-an}\cos(\omega_0 n)u(n)$　(6) $e^{-an}\sin(\omega_0 n)u(n)$　(7) $\left[1+\cos\left(\dfrac{\pi}{N}n\right)\right]R_{2N}(n-N)$

22. 已知正弦信号 $y(t)=\sin(2\pi ft)$，其中 $f=50\mathrm{Hz}$，采样率 $f_s=1000\mathrm{Hz}$，请利用 MATLAB 绘制该信号时域波形及对应的采样点，时间区间取 $0\leqslant t\leqslant 0.03\mathrm{s}$。

23. 设某线性时不变系统的单位脉冲响应为 $h(n)=0.8^n u(n)$，输入序列为 $x(n)=1.2^{-n}u(n)$，请利用 MATLAB 计算并绘制该系统的输出序列（提示：可用 conv 计算线性卷积）。

24. 设序列 $x(n)=\{1,2,-1\}_2$，$h(n)=\{0,-2,1.2,1.5,-0.5\}_{-2}$，请利用 MATLAB 计算并绘制这两个序列的线性卷积结果（请注意各序列的起始时刻和终止时刻）。

25. 已知升余弦脉冲信号为

$$f(t) = \frac{E}{2}\left[1+\cos\left(\frac{\pi t}{\tau}\right)\right], \quad 0 \leqslant |t| \leqslant \tau$$

其中 $E=1$，$\tau=\pi$，采样率 $f_s=1\mathrm{Hz}$。

(1) 请利用 MATLAB 绘制该信号采样前后的频谱；

(2) 假设信号最高频率为 $\omega_h=2\mathrm{rad}$，低通滤波器截止频率取 $\omega_c=1.2\omega_h$，请对该升余弦脉冲信号进行插值重构，并利用 MATLAB 绘制重构信号的时域波形。

26. 已知一因果线性时不变系统的系统函数为

$$H(z) = \frac{1}{(1-0.2z^{-1})^2(1+0.4z^{-1})}$$

请利用 MATLAB 计算 $H(z)$ 的 z 反变换结果 $h(n)$（提示：可用函数 residuez 计算留数，展开为部分分式之和的形式）。

27. 已知系统函数为

$$H(z) = \frac{1-1.8z^{-1}-1.44z^{-2}+0.64z^{-3}}{1-1.64853z^{-1}+1.03882z^{-2}-0.288z^{-3}}$$

请利用 MATLAB 绘制该系统的零极点图（提示：可用函数 roots 求零极点，用函数 zplane 绘制零极点）。

28. 请用 MATLAB 编程复现例 2.1 中图 2.1.8、图 2.1.10、图 2.1.11 和图 2.1.12 的结果。

29. 请用 MATLAB 编程复现例 2.5 中图 2.3.1 的结果。

30. 请用 MATLAB 编程复现例 2.7 中图 2.3.4 的结果（提示：可用函数 abs 计算幅频响应，用函数 angle 计算相频响应，并与例 2.7 中的理论结果对比）。

31. 请用 MATLAB 编程复现例 2.9 中图 2.4.7～图 2.4.10 的结果。

第3章

离散傅里叶变换(DFT)

离散傅里叶变换（Discrete Fourier Transform，DFT）是数字信号处理课程两大知识点之一。本章首先介绍周期序列的离散傅里叶级数，从离散傅里叶级数引出离散傅里叶变换，随后介绍离散傅里叶变换的性质。本章还将介绍用于分析窄带信号的线性调频 z 变换（Chirp z-Transform，CZT）算法，以及时域采样定理的对偶定理——频域采样定理。

3.1 周期序列的离散傅里叶级数（DFS）

教学视频

200 多年前，法国科学家傅里叶（Fourier）在研究热传导方程时提出"任何周期函数都可以表示成正弦函数和余弦函数之和的形式"，这即为傅里叶级数的雏形。傅里叶当时并没有严格证明该结论成立的条件，后面经过柯西（Cauchy）、泊松（Poisson），尤其是狄利克雷（Dirichlet）和黎曼（Riemann）等人的努力，才逐渐给出了傅里叶级数收敛的严格证明，从而开创了数学物理学*的新时代。

对于级数的概念我们并不陌生，在高等数学中已经学习过幂级数、泰勒级数和麦克劳林级数等。本章将从离散傅里叶级数（Discrete Fourier Series，DFS）出发，引出离散傅里叶变换的概念。

3.1.1 离散傅里叶级数的定义

在"信号与系统"课程中已经学习过周期信号的傅里叶级数，即连续时间傅里叶级数（Continuous Time Fourier Series，CTFS），在此简要回顾。如果周期信号 $x(t)$ 满足狄利克雷条件，那么该周期信号就能分解为三角形式的傅里叶级数，即

$$x(t) = a_0 + \sum_{k=1}^{\infty} (a_k \cos k\Omega_0 t + b_k \sin k\Omega_0 t) \tag{3.1.1}$$

其中，$k=1,2,3,\cdots,\Omega_0 = 2\pi/T$ 表示基波频率，简称基频；T 为信号周期；a_0、a_k、b_k 分别表示信号 $x(t)$ 的直流分量、余弦分量和正弦分量的幅度，可由三角函数信号集的正交性计算：

$$a_0 = \frac{1}{T} \int_{t_0}^{t_0+T} x(t) \mathrm{d}t \tag{3.1.2}$$

$$a_k = \frac{2}{T} \int_{t_0}^{t_0+T} x(t) \cos k\Omega_0 t \, \mathrm{d}t \tag{3.1.3}$$

$$b_k = \frac{2}{T} \int_{t_0}^{t_0+T} x(t) \sin k\Omega_0 t \, \mathrm{d}t \tag{3.1.4}$$

其中，(t_0, t_0+T) 表示时长为 T 的任意区间。

图 3.1.1 给出了周期矩形信号的 CTFS 示意图。从时域的视角来观察，周期矩形信号是由无穷多余弦信号叠加而成的；从频域的视角来观察，周期信号映射成了无穷多的线段，这些线段的位置表示余弦信号的频率，线段的长度表示余弦信号的幅度。

---

* 注：数学物理学是以研究物理问题为目标的数学理论和数学方法。

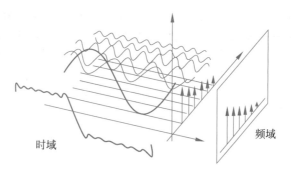

图 3.1.1 从时域和频域同时观察信号(CTFS)

根据欧拉公式,也可以将 $x(t)$ 分解为指数形式的傅里叶级数,即

$$x(t) = \sum_{k=-\infty}^{\infty} X_k e^{jk\Omega_0 t} \tag{3.1.5}$$

其中 $k=0,\pm1,\pm2,\cdots$，X_k 表示傅里叶复系数,

$$X_k = \frac{1}{T}\int_{-T/2}^{T/2} x(t) e^{-jk\Omega_0 t}\, dt \tag{3.1.6}$$

设 $\tilde{x}(n)$ 表示周期为 N 的周期序列,即

$$\tilde{x}(n) = \tilde{x}(n+rN) \tag{3.1.7}$$

其中,r 为任意整数,周期 N 为使等式成立的最小正整数。

也可以将周期序列 $\tilde{x}(n)$ 表示为离散傅里叶级数的形式,即

$$\tilde{x}(n) = \frac{1}{N}\sum_{k=0}^{N-1} \widetilde{X}(k) e^{j\frac{2\pi}{N}kn} = \frac{1}{N}\sum_{k=0}^{N-1} \widetilde{X}(k) e^{j\omega_0 kn} \tag{3.1.8}$$

其中,$\omega_0 = 2\pi/N$ 表示基频,$\widetilde{X}(k)$ 表示第 k 次谐波的系数。

为便于学习和比较,表 3.1 将连续时间周期信号和离散时间周期信号的傅里叶级数进行了归纳。

表 3.1 CTFS 和 DTFS

连续/离散时间傅里叶级数	周期	基频	基频序列/信号	k 次谐波	备 注
$x(t) = \sum_{k=-\infty}^{\infty} X_k e^{jk\Omega_0 t}$	T	$\Omega_0 = \frac{2\pi}{T}$	$e^{j\Omega_0 t}$	$e^{jk\Omega_0 t}$	无穷多个谐波分量
$\tilde{x}(n) = \frac{1}{N}\sum_{k=0}^{N-1} \widetilde{X}(k) e^{j\omega_0 kn}$	N	$\omega_0 = \frac{2\pi}{N}$	$e^{j\omega_0 n}$	$e^{jk\omega_0 n}$	N 个独立谐波分量

接下来计算 k 次谐波的系数 $\widetilde{X}(k)$，这需要用到下面的关系式

$$\frac{1}{N}\sum_{n=0}^{N-1} e^{j\frac{2\pi}{N}rn} = \frac{1}{N}\frac{1-e^{j\frac{2\pi}{N}rN}}{1-e^{j\frac{2\pi}{N}r}} = \begin{cases} 1, & r=mN,m \text{ 为任意整数} \\ 0, & \text{其他 } r \end{cases} \tag{3.1.9}$$

将式(3.1.8)两端同时乘以 $e^{-j\frac{2\pi}{N}rn}$ 后在 $n=0$ 到 $n=N-1$ 的周期内求和,代入式(3.1.9)的结论可得

$$\sum_{n=0}^{N-1}\tilde{x}(n)\mathrm{e}^{-\mathrm{j}\frac{2\pi}{N}rn}=\frac{1}{N}\sum_{n=0}^{N-1}\sum_{k=0}^{N-1}\widetilde{X}(k)\mathrm{e}^{\mathrm{j}\frac{2\pi}{N}(k-r)n}$$

$$=\sum_{k=0}^{N-1}\widetilde{X}(k)\left[\frac{1}{N}\sum_{n=0}^{N-1}\mathrm{e}^{\mathrm{j}\frac{2\pi}{N}(k-r)n}\right] \tag{3.1.10}$$

$$=\widetilde{X}(r)$$

将变量 r 替换为 k，可得 k 次谐波的系数 $\widetilde{X}(k)$ 的计算公式如下：

$$\widetilde{X}(k)=\sum_{n=0}^{N-1}\tilde{x}(n)\mathrm{e}^{-\mathrm{j}\frac{2\pi}{N}kn} \tag{3.1.11}$$

式(3.1.11)表示时域到频域的变换，称为离散傅里叶级数的正变换，用 DFS[·]表示；式(3.1.8)表示频域到时域的变换，称为离散傅里叶级数的反变换，用 IDFS[·]表示。DFS 和 IDFS 的关系如下：

$$\widetilde{X}(k)=\mathrm{DFS}[\tilde{x}(n)]=\sum_{n=0}^{N-1}\tilde{x}(n)\mathrm{e}^{-\mathrm{j}\frac{2\pi}{N}kn},\quad k=0,\pm1,\pm2,\cdots \tag{3.1.12}$$

$$\tilde{x}(n)=\mathrm{IDFS}[\widetilde{X}(k)]=\frac{1}{N}\sum_{k=0}^{N-1}\widetilde{X}(k)\mathrm{e}^{\mathrm{j}\frac{2\pi}{N}kn},\quad n=0,\pm1,\pm2,\cdots \tag{3.1.13}$$

$\widetilde{X}(k)$ 也是一个以 N 为周期的周期序列，即

$$\widetilde{X}(k+rN)=\sum_{n=0}^{N-1}\tilde{x}(n)\mathrm{e}^{-\mathrm{j}\frac{2\pi}{N}(k+rN)n}=\sum_{n=0}^{N-1}\tilde{x}(n)\mathrm{e}^{-\mathrm{j}\frac{2\pi}{N}kn}=\widetilde{X}(k) \tag{3.1.14}$$

因为 $\tilde{x}(n)$ 和 $\widetilde{X}(k)$ 都是离散周期序列，只需要 N 个样本即可代表 $\tilde{x}(n)$ 和 $\widetilde{X}(k)$ 的形状，其余部分均是这 N 个样本的重复出现，故只需要研究它们一个完整周期的样本值即可。

3.1.2 离散傅里叶级数的性质

DFS 的性质与 CTFT、DTFT 的性质有许多相似之处，可以对照参考，但最大的不同点在于：DFS 的时域序列 $\tilde{x}(n)$ 和频域序列 $\widetilde{X}(k)$ 都是周期的，在 DFS 性质的证明和使用中要格外注意其周期特性，故 DFS 的性质中加以"周期"二字来强调，如"周期移位""周期卷积"。

1. 线性

$$\mathrm{DFS}[a\tilde{x}(n)+b\tilde{y}(n)]=a\widetilde{X}(k)+b\widetilde{Y}(k) \tag{3.1.15}$$

其中，$\tilde{x}(n)$ 和 $\tilde{y}(n)$ 都是周期为 N 的周期序列，它们各自的 DFS 分别为 $\widetilde{X}(k)$ 和 $\widetilde{Y}(k)$，a 和 b 为任意常数。

2. 周期时频翻转

$$\mathrm{DFS}[\tilde{x}(-n)]=\widetilde{X}(-k) \tag{3.1.16}$$

证明：

$$\mathrm{DFS}[\tilde{x}(-n)]=\sum_{n=0}^{N-1}\tilde{x}(-n)\mathrm{e}^{-\mathrm{j}\frac{2\pi}{N}kn}=\sum_{m=0}^{-(N-1)}\tilde{x}(m)\mathrm{e}^{\mathrm{j}\frac{2\pi}{N}km}$$

因为 $\tilde{x}(m)$ 与 $\mathrm{e}^{\mathrm{j}\frac{2\pi}{N}km}$ 都是以 N 为周期的，即

$$\sum_{m=0}^{-(N-1)}\tilde{x}(m)\mathrm{e}^{\mathrm{j}\frac{2\pi}{N}km}=\sum_{m=0}^{N-1}\tilde{x}(m)\mathrm{e}^{\mathrm{j}\frac{2\pi}{N}km}=\widetilde{X}(-k)$$

因此

$$\mathrm{DFS}[\tilde{x}(-n)]=\widetilde{X}(-k)$$

3. 周期时移特性

$$\mathrm{DFS}[\tilde{x}(n+m)]=\mathrm{e}^{\mathrm{j}\frac{2\pi}{N}km}\widetilde{X}(k) \tag{3.1.17}$$

证明：

$$\mathrm{DFS}[\tilde{x}(n+m)]=\sum_{n=0}^{N-1}\tilde{x}(n+m)\mathrm{e}^{-\mathrm{j}\frac{2\pi}{N}kn}$$

$$=\sum_{i=m}^{N-1+m}\tilde{x}(i)\mathrm{e}^{-\mathrm{j}\frac{2\pi}{N}ki}\mathrm{e}^{\mathrm{j}\frac{2\pi}{N}km}$$

$$=\mathrm{e}^{\mathrm{j}\frac{2\pi}{N}km}\sum_{i=m}^{N-1+m}\tilde{x}(i)\mathrm{e}^{-\mathrm{j}\frac{2\pi}{N}ki}$$

因为 $\tilde{x}(i)$ 与 $\mathrm{e}^{-\mathrm{j}\frac{2\pi}{N}ki}$ 都是以 N 为周期的，即

$$\sum_{i=m}^{N-1+m}\tilde{x}(i)\mathrm{e}^{-\mathrm{j}\frac{2\pi}{N}ki}=\sum_{i=0}^{N-1}\tilde{x}(i)\mathrm{e}^{-\mathrm{j}\frac{2\pi}{N}ki}=\widetilde{X}(k)$$

因此

$$\mathrm{DFS}[\tilde{x}(n+m)]=\mathrm{e}^{\mathrm{j}\frac{2\pi}{N}km}\widetilde{X}(k)$$

4. 周期频移特性

$$\mathrm{DFS}[\mathrm{e}^{-\mathrm{j}\frac{2\pi}{N}rn}\tilde{x}(n)]=\widetilde{X}(k+r) \tag{3.1.18}$$

证明：

$$\mathrm{DFS}[\mathrm{e}^{-\mathrm{j}\frac{2\pi}{N}rn}\tilde{x}(n)]=\sum_{n=0}^{N-1}\mathrm{e}^{-\mathrm{j}\frac{2\pi}{N}rn}\tilde{x}(n)\mathrm{e}^{-\mathrm{j}\frac{2\pi}{N}kn}$$

$$=\sum_{n=0}^{N-1}\tilde{x}(n)\mathrm{e}^{-\mathrm{j}\frac{2\pi}{N}(k+r)n}$$

$$=\widetilde{X}(k+r)$$

5. 对偶性

$$\mathrm{DFS}[\widetilde{X}(n)]=N\tilde{x}(-k) \tag{3.1.19}$$

证明：根据 IDFS 变换公式可得

$$N\tilde{x}(-n)=\sum_{k=0}^{N-1}\widetilde{X}(k)\mathrm{e}^{-\mathrm{j}\frac{2\pi}{N}kn}$$

上式等号右边与 DFS 变换公式相同，故将变量 n 和 k 互换，

$$N\tilde{x}(-k) = \sum_{n=0}^{N-1} \tilde{X}(n) e^{-j\frac{2\pi}{N}kn}$$

把上式与 DFS 变换关系结合起来对照，可以看出周期序列 $\tilde{X}(n)$ 的 k 次谐波系数为 $N\tilde{x}(-k)$，也就是说 $\tilde{X}(n)$ 和 $N\tilde{x}(-k)$ 为 DFS 变换关系对，即 $\mathrm{DFS}[\tilde{X}(n)] = N\tilde{x}(-k)$。

6. 周期共轭对称特性

$$\mathrm{DFS}[\tilde{x}^*(n)] = \tilde{X}^*(-k) \qquad (3.1.20)$$

证明：对于复序列 $\tilde{x}(n)$，其共轭序列 $\tilde{x}^*(n)$ 的 DFS 为

$$\mathrm{DFS}[\tilde{x}^*(n)] = \sum_{n=0}^{N-1} \tilde{x}^*(n) e^{-j\frac{2\pi}{N}kn} = \left[\sum_{n=0}^{N-1} \tilde{x}(n) e^{j\frac{2\pi}{N}kn}\right]^* = \tilde{X}^*(-k)$$

同理可以证明

$$\mathrm{DFS}[\tilde{x}^*(-n)] = \tilde{X}^*(k)$$

进一步可证

$$\mathrm{DFS}[\mathrm{Re}(\tilde{x}(n))] = \mathrm{DFS}\left[\frac{1}{2}(\tilde{x}(n) + \tilde{x}^*(n))\right] = \frac{1}{2}[\tilde{X}(k) + \tilde{X}^*(-k)] = \tilde{X}_e(k)$$

其中，把 $\tilde{X}_e(k)$ 称为 $\tilde{X}(k)$ 的共轭偶对称分量（下标 e 表示 even）。

同理可证

$$\mathrm{DFS}[\mathrm{jIm}(\tilde{x}(n))] = \frac{1}{2}[\tilde{X}(k) - \tilde{X}^*(-k)] = \tilde{X}_o(k)$$

其中，把 $\tilde{X}_o(k)$ 称为 $\tilde{X}(k)$ 的共轭奇对称分量（下标 o 表示 odd）。

式（3.1.21）归纳了周期序列 $\tilde{x}(n)$ 的实（虚）部与其 DFS 系数共轭偶（奇）对称分量的对偶关系。

$$\begin{array}{ccccc}
\tilde{x}(n) & = & \mathrm{Re}[\tilde{x}(n)] & + & \mathrm{jIm}[\tilde{x}(n)] \\
\updownarrow & & \updownarrow & & \updownarrow \\
\tilde{X}(k) & = & \tilde{X}_e(k) & + & \tilde{X}_o(k)
\end{array} \qquad (3.1.21)$$

式（3.1.22）归纳了周期序列 $\tilde{x}(n)$ 的共轭偶（奇）对称分量与其 DFS 系数实（虚）部的对偶关系。

$$\begin{array}{ccccc}
\tilde{x}(n) & = & \tilde{x}_e(n) & + & \tilde{x}_o(n) \\
\updownarrow & & \updownarrow & & \updownarrow \\
\tilde{X}(k) & = & \mathrm{Re}[\tilde{X}(k)] & + & \mathrm{jIm}[\tilde{X}(k)]
\end{array} \qquad (3.1.22)$$

其中，$\tilde{x}(n)$ 的共轭偶对称分量为 $\tilde{x}_e(n)$，共轭奇对称分量为 $\tilde{x}_o(n)$，定义如下：

$$\tilde{x}_e(n) = \frac{1}{2}[\tilde{x}(n) + \tilde{x}^*(-n)]$$

$$\tilde{x}_o(n) = \frac{1}{2}[\tilde{x}(n) - \tilde{x}^*(-n)]$$

7. 时域周期卷积定理

若 $\tilde{Y}(k) = \tilde{X}_1(k)\tilde{X}_2(k)$，则

$$\tilde{y}(n) = \text{IDFS}[\tilde{Y}(k)] = \sum_{m=0}^{N-1} \tilde{x}_1(m)\tilde{x}_2(n-m) \qquad (3.1.23)$$

证明：

$$\tilde{y}(n) = \text{IDFS}[\tilde{X}_1(k)\tilde{X}_2(k)] = \frac{1}{N}\sum_{k=0}^{N-1}\tilde{X}_1(k)\tilde{X}_2(k)\mathrm{e}^{\mathrm{j}\frac{2\pi}{N}kn}$$

代入 $\tilde{X}_1(k) = \sum_{m=0}^{N-1}\tilde{x}_1(m)\mathrm{e}^{-\mathrm{j}\frac{2\pi}{N}km}$ 可得

$$\tilde{y}(n) = \frac{1}{N}\sum_{k=0}^{N-1}\sum_{m=0}^{N-1}\tilde{x}_1(m)\mathrm{e}^{-\mathrm{j}\frac{2\pi}{N}km}\tilde{X}_2(k)\mathrm{e}^{\mathrm{j}\frac{2\pi}{N}kn}$$

$$= \frac{1}{N}\sum_{k=0}^{N-1}\sum_{m=0}^{N-1}\tilde{x}_1(m)\tilde{X}_2(k)\mathrm{e}^{-\mathrm{j}\frac{2\pi}{N}k(m-n)}$$

$$= \sum_{m=0}^{N-1}\tilde{x}_1(m)\left[\frac{1}{N}\sum_{k=0}^{N-1}\tilde{X}_2(k)\mathrm{e}^{-\mathrm{j}\frac{2\pi}{N}k(m-n)}\right]$$

$$= \sum_{m=0}^{N-1}\tilde{x}_1(m)\tilde{x}_2(n-m)$$

上式为两个周期序列的卷积,故卷积结果也为周期的,且求和只在一个周期上进行 ($m=0$ 到 $m=N-1$),故把这种卷积称为周期卷积,这与非周期序列的线性卷积不同。

8. 频域周期卷积定理

若 $\tilde{y}(n) = \tilde{x}_1(n)\tilde{x}_2(n)$,则

$$\tilde{Y}(k) = \text{DFS}[\tilde{y}(n)] = \frac{1}{N}\sum_{r=0}^{N-1}\tilde{X}_1(r)\tilde{X}_2(k-r) \qquad (3.1.24)$$

例 3.1 试计算周期序列 $x(n) = 4\cos(2.4\pi n) + 2\sin(3.2\pi n)$ 的 DFS,并画出一个周期内的幅度谱和相位谱。

解：设余弦序列 $\cos(2.4\pi n)$ 的周期为 N_1,则

$$\cos[2.4\pi(n+N_1)] = \cos(2.4\pi n) = \cos(2.4\pi n + 2m\pi)$$

可得

$$N_1 = \frac{2\pi}{2.4\pi}m = \frac{5}{6}m$$

取 $m=6$ 可使 $\frac{5}{6}m$ 成为最小正整数,故余弦序列的周期 $N_1=5$。

同理可得,正弦序列 $\sin(3.2\pi n)$ 的周期 $N_2=5$,取 N_1 和 N_2 的最小公倍数,可知整个序列 $x(n)$ 的周期 $N=5$,基波频率 $\omega_0 = \frac{2\pi}{N} = 0.4\pi$。

解法一：根据定义来计算 DFS。

$$\tilde{X}(k) = \sum_{n=0}^{4}[4\cos(2.4\pi n) + 2\sin(3.2\pi n)]\mathrm{e}^{-\mathrm{j}0.4\pi kn}$$

$$= \sum_{n=0}^{4}[4\cos(0.4\pi n) - 2\sin(0.8\pi n)]\mathrm{e}^{-\mathrm{j}0.4\pi kn}$$

$$= \sum_{n=0}^{4}\left[4\,\frac{1}{2}(\mathrm{e}^{\mathrm{j}0.4\pi n}+\mathrm{e}^{-\mathrm{j}0.4\pi n})-2\,\frac{1}{2\mathrm{j}}(\mathrm{e}^{\mathrm{j}0.8\pi n}-\mathrm{e}^{-\mathrm{j}0.8\pi n})\right]\mathrm{e}^{-\mathrm{j}0.4\pi kn}$$

$$=2\sum_{n=0}^{4}\mathrm{e}^{\mathrm{j}0.4\pi n(1-k)}+2\sum_{n=0}^{4}\mathrm{e}^{-\mathrm{j}0.4\pi n(1+k)}+\mathrm{j}\sum_{n=0}^{4}\mathrm{e}^{\mathrm{j}0.4\pi n(2-k)}-\mathrm{j}\sum_{n=0}^{4}\mathrm{e}^{-\mathrm{j}0.4\pi n(2+k)}$$

根据等比数列求和公式*

$$2\sum_{n=0}^{4}\mathrm{e}^{\mathrm{j}0.4\pi n(1-k)}=\begin{cases}2\times 5=10, & k=1\\[2mm]\dfrac{1-\mathrm{e}^{\mathrm{j}2\pi(1-k)}}{1-\mathrm{e}^{\mathrm{j}0.4\pi(1-k)}}=\dfrac{1-1}{1-\mathrm{e}^{\mathrm{j}0.4\pi(1-k)}}=0, & k\neq 1\end{cases}$$

同理可得

$$2\sum_{n=0}^{4}\mathrm{e}^{-\mathrm{j}0.4\pi n(1+k)}=\begin{cases}10, & k=4\\0, & k\neq 4\end{cases}$$

$$\mathrm{j}\sum_{n=0}^{4}\mathrm{e}^{\mathrm{j}0.4\pi n(2-k)}=\begin{cases}5\mathrm{j}, & k=2\\0, & k\neq 2\end{cases}$$

$$-\mathrm{j}\sum_{n=0}^{4}\mathrm{e}^{-\mathrm{j}0.4\pi n(2+k)}=\begin{cases}-5\mathrm{j}, & k=3\\0, & k\neq 3\end{cases}$$

因此，$\widetilde{X}(0)=0,\widetilde{X}(1)=10,\widetilde{X}(2)=5\mathrm{j},\widetilde{X}(3)=-5\mathrm{j},\widetilde{X}(4)=10$。

解法二：根据 IDFS 表达式来计算 DFS。

$$x(n)=\frac{1}{N}\sum_{k=0}^{N-1}\widetilde{X}(k)\mathrm{e}^{\mathrm{j}\omega_0 kn}$$

$$=0.2\widetilde{X}(0)+0.2\widetilde{X}(1)\mathrm{e}^{\mathrm{j}0.4\pi n}+0.2\widetilde{X}(2)\mathrm{e}^{\mathrm{j}0.8\pi n}+0.2\widetilde{X}(3)\mathrm{e}^{\mathrm{j}1.2\pi n}+0.2\widetilde{X}(4)\mathrm{e}^{\mathrm{j}1.6\pi n}$$

根据欧拉公式，序列 $x(n)$ 可以展开为

$$x(n)=4\left[\frac{1}{2}(\mathrm{e}^{\mathrm{j}2.4\pi n}+\mathrm{e}^{-\mathrm{j}2.4\pi n})\right]+2\left[\frac{1}{2\mathrm{j}}(\mathrm{e}^{\mathrm{j}3.2\pi n}-\mathrm{e}^{-\mathrm{j}3.2\pi n})\right]$$

$$=2\mathrm{e}^{\mathrm{j}2.4\pi n}+2\mathrm{e}^{-\mathrm{j}2.4\pi n}-\mathrm{j}\mathrm{e}^{\mathrm{j}3.2\pi n}+\mathrm{j}\mathrm{e}^{-\mathrm{j}3.2\pi n}$$

根据周期关系，如 $\mathrm{e}^{\mathrm{j}2.4\pi n}=\mathrm{e}^{\mathrm{j}(2.4\pi n-2\pi n)}=\mathrm{e}^{\mathrm{j}0.4\pi n}$，可将上式改写如下：

$$x(n)=2\mathrm{e}^{\mathrm{j}0.4\pi n}+2\mathrm{e}^{\mathrm{j}1.6\pi n}-\mathrm{j}\mathrm{e}^{\mathrm{j}1.2\pi n}+\mathrm{j}\mathrm{e}^{\mathrm{j}0.8\pi n}$$

$$=2\mathrm{e}^{\mathrm{j}0.4\pi n}+\mathrm{j}\mathrm{e}^{\mathrm{j}0.8\pi n}-\mathrm{j}\mathrm{e}^{\mathrm{j}1.2\pi n}+2\mathrm{e}^{\mathrm{j}1.6\pi n}$$

将上式与 DFS 表达式逐项对比可知

$$\begin{cases}0.2\widetilde{X}(0)=0\\0.2\widetilde{X}(1)=2\\0.2\widetilde{X}(2)=\mathrm{j}\\0.2\widetilde{X}(3)=-\mathrm{j}\\0.2\widetilde{X}(4)=2\end{cases}\Rightarrow\begin{cases}\widetilde{X}(0)=0\\\widetilde{X}(1)=10\\\widetilde{X}(2)=5\mathrm{j}\\\widetilde{X}(3)=-5\mathrm{j}\\\widetilde{X}(4)=10\end{cases}$$

---

* 注：等比数列前 N 项求和结果为 $\displaystyle\sum_{n=0}^{N-1}aq^{n}=\frac{a(1-q^{N})}{1-q},q\neq 1$。

图 3.1.2 给出了周期序列 DFS 在一个周期内的幅度谱和相位谱。

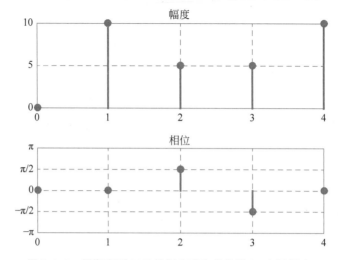

图 3.1.2 周期序列 DFS 的幅度谱和相位谱(一个周期内)

为便于学习,表 3.2 归纳了离散傅里叶级数的性质。

表 3.2 离散傅里叶级数的性质

周期序列(周期 N)	DFS 系数(周期 N)	备 注
$a\tilde{x}(n)+b\tilde{y}(n)$	$a\tilde{X}(k)+b\tilde{Y}(k)$	线性
$\tilde{x}(-n)$	$\tilde{X}(-k)$	周期时频翻转
$\tilde{x}(n+m)$	$e^{j\frac{2\pi}{N}km}\tilde{X}(k)$	周期时移特性
$e^{-j\frac{2\pi}{N}rn}\tilde{x}(n)$	$\tilde{X}(k+r)$	周期频移特性
$\tilde{X}(n)$	$N\tilde{x}(-k)$	对偶性
$\tilde{x}^*(n)$	$\tilde{X}^*(-k)$	周期共轭对称特性
$\tilde{x}^*(-n)$	$\tilde{X}^*(k)$	
$\tilde{x}_e(n)=\frac{1}{2}\left[\tilde{x}(n)+\tilde{x}^*(-n)\right]$	$\operatorname{Re}\left[\tilde{X}(k)\right]$	
$\tilde{x}_o(n)=\frac{1}{2}\left[\tilde{x}(n)-\tilde{x}^*(-n)\right]$	$j\operatorname{Im}\left[\tilde{X}(k)\right]$	
$\operatorname{Re}\left[\tilde{x}(n)\right]$	$\tilde{X}_e(k)=\frac{1}{2}\left[\tilde{X}(k)+\tilde{X}^*(-k)\right]$	
$j\operatorname{Im}\left[\tilde{x}(n)\right]$	$\tilde{X}_o(k)=\frac{1}{2}\left[\tilde{X}(k)-\tilde{X}^*(-k)\right]$	
$\displaystyle\sum_{m=0}^{N-1}\tilde{x}_1(m)\tilde{x}_2(n-m)$	$\tilde{Y}(k)=\tilde{X}_1(k)\tilde{X}_2(k)$	时域周期卷积定理
$\tilde{y}(n)=\tilde{x}_1(n)\tilde{x}_2(n)$	$\displaystyle\frac{1}{N}\sum_{r=0}^{N-1}\tilde{X}_1(r)\tilde{X}_2(k-r)$	频域周期卷积定理

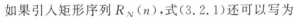 **3.2** 有限长序列的离散傅里叶变换（DFT）

教学视频

3.2.1 离散傅里叶变换的定义

3.1 节学习了用离散傅里叶级数表示周期序列的方法，该方法同样适用于有限长序列。对于一个长度为 N 的有限长序列 $x(n)$，可以把它看作周期为 N 的周期序列 $\tilde{x}(n)$ 的一个周期，即

$$x(n) = \begin{cases} \tilde{x}(n), & 0 \leqslant n \leqslant N-1 \\ 0, & \text{其他 } n \end{cases} \tag{3.2.1}$$

如果引入矩形序列 $R_N(n)$，式（3.2.1）还可以写为

$$x(n) = \tilde{x}(n) R_N(n) \tag{3.2.2}$$

也可以把 $\tilde{x}(n)$ 看成 $x(n)$ 的周期延拓，即

$$\tilde{x}(n) = \sum_{k=-\infty}^{\infty} x(n+kN) \tag{3.2.3}$$

为方便起见，把第一个周期（$n=0 \sim n = N-1$）称为 $\tilde{x}(n)$ 的"主值区间"，或者称 $x(n)$ 为 $\tilde{x}(n)$ 的"主值序列"，即主值区间上的序列。

此时引入符号 $((n))_N$ 表示 n 对 N 求余数，令 $n = n_1 + n_2 N$，其中 $0 \leqslant n_1 \leqslant N-1$，则 n_1 为 n 对 N 的余数，记作 $n_1 = ((n))_N$。这样，式（3.2.3）又可以写为

$$\tilde{x}(n) = x((n))_N \tag{3.2.4}$$

同理，有限长序列 $X(k)$ 也可以看作周期序列 $\tilde{X}(k)$ 的主值序列，即

$$X(k) = \tilde{X}(k) R_N(k) \tag{3.2.5}$$

从式（3.1.12）和式（3.1.13）可以看出，DFS 和 IDFS 的求和只限定在主值区间，故变换关系也完全适用于主值序列 $x(n)$ 和 $X(k)$。因此，可得到有限长序列离散傅里叶变换（DFT）及其反变换（IDFT）的定义如下：

正变换： $$X(k) = \mathrm{DFT}[x(n)] = \sum_{n=0}^{N-1} x(n) e^{-j\frac{2\pi}{N}kn}, \quad k = 0, 1, \cdots, N-1 \tag{3.2.6}$$

反变换： $$x(n) = \mathrm{IDFT}[X(k)] = \frac{1}{N} \sum_{k=0}^{N-1} X(k) e^{j\frac{2\pi}{N}kn}, \quad n = 0, 1, \cdots, N-1 \tag{3.2.7}$$

式（3.2.6）和式（3.2.7）构成了离散傅里叶变换对关系，已知 $x(n)$ 就能唯一地确定 $X(k)$，同样，已知 $X(k)$ 也就唯一地确定了 $x(n)$。但是应该记住：在 DFT 关系中，有限长序列都是作为周期序列的一个周期来表示的，即 DFT 具有**隐含的周期特性**。

也可以在 DFT 运算中引入矩形序列来代替对 k（或 n）取值范围的声明，即

正变换： $$X(k) = \mathrm{DFT}[x(n)] = \left[\sum_{n=0}^{N-1} x(n) e^{-j\frac{2\pi}{N}kn} \right] R_N(k) \tag{3.2.8}$$

反变换： $$x(n) = \mathrm{IDFT}[X(k)] = \left[\frac{1}{N} \sum_{k=0}^{N-1} X(k) e^{j\frac{2\pi}{N}kn} \right] R_N(n) \tag{3.2.9}$$

3.2.2　离散傅里叶变换与其他变换的关系

1. DFT 与 DFS：主值序列与周期延拓

DFT 具有隐含的周期特性,也就是在 DFT 的讨论中,有限长序列都是作为周期序列的一个周期来表示的。对于 DFT 的任何处理,都是先把有限长序列进行周期延拓,再做相应的处理,然后取主值序列后得到处理结果。

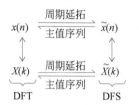

图 3.2.1　DFT 与 DFS 的关系

换句话说,在频域,DFT 结果是 DFS 的主值序列,DFS 是 DFT 的周期延拓;在时域,IDFT 结果是 IDFS 的主值序列,IDFS 是 IDFT 的周期延拓,具体关系如图 3.2.1 所示。

2. DFT 与 DTFT：频域均匀采样

周期序列 $\tilde{x}(n)$ 的主值序列为 $x(n)$,根据式(2.3.1)可知 $x(n)$ 的 DTFT 结果为

$$X(\mathrm{e}^{\mathrm{j}\omega}) = \mathrm{DTFT}[x(n)] = \sum_{n=0}^{N-1} x(n)\mathrm{e}^{-\mathrm{j}\omega n} \tag{3.2.10}$$

将式(3.2.10)与式(3.2.6)对比可知,当 $\omega = \dfrac{2\pi}{N}k$ 时,DFT 与 DTFT 结果相同,即

$$X(k) = X(\mathrm{e}^{\mathrm{j}\omega}) \Big|_{\omega = \frac{2\pi}{N}k}, \quad k = 0,1,\cdots,N-1 \tag{3.2.11}$$

$X(\mathrm{e}^{\mathrm{j}\omega})$ 是以 2π 为周期的周期函数,式(3.2.11)的结论表明:$X(k)$ 是对 $X(\mathrm{e}^{\mathrm{j}\omega})$ 在频域上的一个周期内的均匀采样,采样间隔为 $2\pi/N$。这个关系意味着取得了信号在频域上离散且有限长的一段样本,这就为计算机分析信号频谱打开了通道。

3. DFT 与 z 变换：单位圆上均匀采样

$X(\mathrm{e}^{\mathrm{j}\omega})$ 是单位圆上的 z 变换,结合式(3.2.10)可知,DFT 是 z 变换在单位圆上的均匀采样,即

$$X(k) = X(z) \Big|_{z = \mathrm{e}^{\mathrm{j}\frac{2\pi}{N}k}}, \quad k = 0,1,\cdots,N-1 \tag{3.2.12}$$

需要注意的是,在学习和应用 DFT 与其他变换的关系时,都不要忘记了 DFT 隐含的周期特性,即强调 k 的取值范围为 $k = 0,1,\cdots,N-1$。如果 k 的取值为所有整数,那么 DFT 的结果就会周期性出现(即周期延拓):对于 DTFT 而言,相当于在若干 2π 周期内均匀采样,得到的结果为 DFS;对于 z 变换而言,相当于在单位圆上一圈又一圈地逆时针均匀采样,得到的结果仍然是 DFS。

图 3.2.2 给出了有限长序列 DFT 与其他变换关系的示意图,可从"**三横两纵**"来理解有限长序列 DFT 的推导过程。

"**三横**"指三种变换关系,即 DTFT、DFS 和 DFT。仍然可用 2.3.2 节的两句话来深刻理解这三种变换关系,即"傅里叶变换是时域到频域的桥梁"以及"一个域的离散对应另一个域的周期延拓"。对于 N 点的 DFT 变换关系对,在时域和频域都是 N 点长的样本序列,其周期特性被取主值操作给"隐含"了。

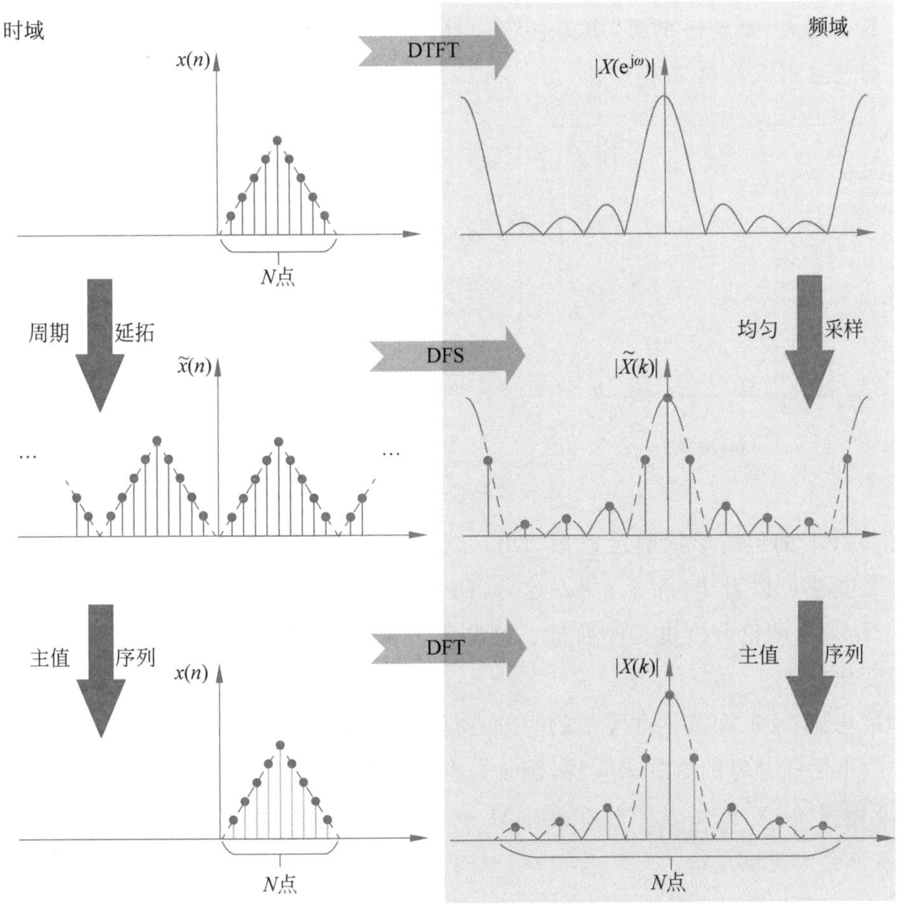

图 3.2.2　DFT 与其他变换关系示意图（"三横两纵"）

"两纵"指在时、频两个域同时进行的操作。在时域经过了"均匀采样→周期延拓→取主值序列"操作，对应于在频域进行的"周期延拓→均匀采样→取主值序列"操作。通过 DFT，从时域的 N 点样本序列出发，得到频域的 N 点样本序列。

例 3.2 试计算 N 点矩形序列的 DTFT 和 DFT 结果，并画出它们的幅度谱。

解：根据定义，N 点矩形序列的 DTFT 结果为

$$W_N(\mathrm{e}^{\mathrm{j}\omega}) = \mathrm{DTFT}[R_N(n)] = \sum_{n=0}^{N-1} \mathrm{e}^{-\mathrm{j}\omega n} = \frac{1-\mathrm{e}^{-\mathrm{j}\omega N}}{1-\mathrm{e}^{-\mathrm{j}\omega}}$$

令 $\omega = \dfrac{2\pi}{N}k$，即可得 DFT 结果为

$$W_N(k) = W_N(\mathrm{e}^{\mathrm{j}\omega})\bigg|_{\omega=\frac{2\pi}{N}k} = \frac{1-\mathrm{e}^{-\mathrm{j}2k\pi}}{1-\mathrm{e}^{-\mathrm{j}\frac{2\pi}{N}k}} = \begin{cases} N, & k=0 \\ 0, & \text{其他 } k \end{cases}$$

N 点矩形序列的 DTFT 和 DFT 幅度谱如图 3.2.3 所示，从图中可以形象地看出，

DFT 是 DTFT 在 $[0,2\pi)$ 区间上的均匀采样。DTFT 的包络形状与长度 N 是密切相关的：N 取值越大，幅度谱中的"小山包"（旁瓣）数量越多，宽度越窄；如果 N 值确定了，DTFT 的包络形状就确定了。

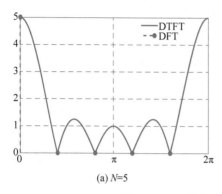
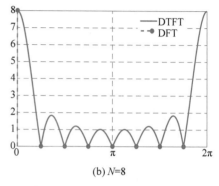

(a) $N=5$ (b) $N=8$

图 3.2.3　N 点矩形序列的 DTFT 和 DFT 幅度谱

当 DTFT 的包络形状确定以后，DFT 就只能在这个确定的包络上进行均匀采样。从图 3.2.3 还可以看出，除了 $k=0$ 这点，DFT 在其他采样点上都"很不幸"地采到了零值，这个结果与理论分析也是吻合的。这些零值都是有意义的，它们如实反映了 DTFT 包络的变化规律。

如果想让 DFT 在其他非零值的时刻进行采样，需要提高频域采样的密集程度，可以通过在数据后面补零的方式来实现，例 3.3 将进行简要介绍。

例 3.3　在 N 点矩形序列后面补 M 个零，再计算补零后序列的 DTFT 和 DFT 结果，并画出它们的幅度谱。

解：在 N 点矩形序列后面补 M 个零，得到 $N+M$ 点的数据序列，根据 DTFT 的定义可得

$$X(e^{j\omega})=\text{DTFT}[x(n)]=\sum_{n=0}^{N+M-1} R_N(n)e^{-j\omega n}=\frac{1-e^{-j\omega N}}{1-e^{-j\omega}}=W_N(e^{j\omega})$$

与例 3.2 的结果相比较可以看出，补零前后 DTFT 的表达式是相同的。此时令 $\omega=\dfrac{2\pi}{M+N}k$，即可得补零后序列的 DFT 结果

$$X(k)=W_N(e^{j\omega})\Big|_{\omega=\frac{2\pi}{M+N}k}，\quad k=0,1,\cdots,M+N-1$$

为便于比较，设 $N=5$，图 3.2.4 给出了不同补零点数的 DTFT 和 DFT 幅度谱。

从图 3.2.4 看出，数据长度 N 决定了 DTFT 包络形状，而 DFT 变换点数 $N+M$ 决定了采样密集程度。也就是说，只要矩形序列长度确定以后（$N=5$），DTFT 的包络随即固定下来，此时在序列后面补零，只会增加采样的密集程度，但并不能改变 DTFT 的包络形状。

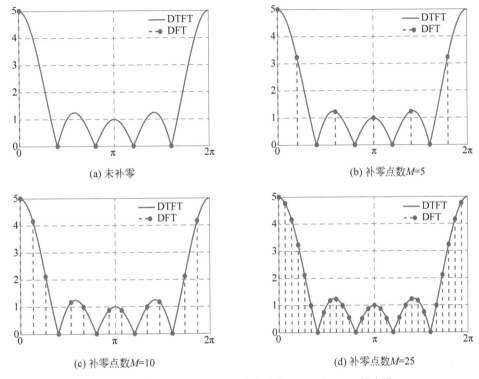

(a) 未补零

(b) 补零点数$M=5$

(c) 补零点数$M=10$

(d) 补零点数$M=25$

图 3.2.4　$N=5$ 点矩形序列补零后的 DTFT 和 DFT 幅度谱

3.2.3　圆周移位与圆周卷积

DFT 中的运算与 CTFT、DTFT 和 DFS 中的运算有所不同,根本原因就在于 DFT 具有隐含的周期特性,在此介绍 DFT 的两个典型运算,即圆周移位和圆周卷积。

1. 圆周移位

圆周移位在有的教材中也称为"循环移位",可以用"**先周期延拓,再线性移位,最后取主值序列**"来概括圆周移位。

N 点长序列 $x(n)$ 的 m 点圆周移位是指:以 N 为周期对 $x(n)$ 进行周期延拓,得到周期序列 $\tilde{x}(n)$,将周期序列 $\tilde{x}(n)$ 进行 m 点线性移位,然后取主值区间($n=0$ 到 $n=N-1$)上的序列值,即 $x((n+m))_N R_N(n)$。

圆周移位后得到的结果仍然是一个 N 点长的序列。$x((n+m))_N$ 表示周期序列 $\tilde{x}(n)$ 的 m 点线性移位,m 为正表示左移,m 为负表示右移,即

$$x((n+m))_N = \tilde{x}(n+m) \tag{3.2.13}$$

线性移位、周期移位和圆周移位这三种"移位"是有区别的。线性移位可以在时间轴上任意移动;周期移位移动的对象是周期序列 $\tilde{x}(n)$,也可以在时间轴上任意移动;圆周移位移动的对象是有限长序列 $x(n)$,最终受到主值区间的"约束"。

例 3.4　计算有限长序列 $x(n)=\{1,2,3,4,5\}_0$ 的圆周移位结果 $x((n+3))_5 R_5(n)$。

解:用图示法来分析圆周移位会更加方便。

图 3.2.5 给出了序列圆周移位的 3 个过程,即"周期延拓→线性移位→取主值序列",可以看出,$x((n+3))_5 R_5(n)$ 表示将周期序列 $\tilde{x}(n)$ 左移 3 位后的主值序列,即

$$x((n+3))_5 R_5(n) = \{4,5,1,2,3\}_0$$

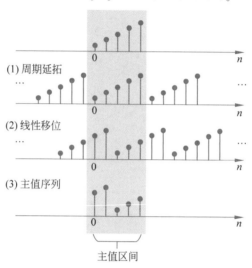

(1) 周期延拓

(2) 线性移位

(3) 主值序列

主值区间

图 3.2.5　序列的圆周移位过程

从图 3.2.5 还可以看出,当对周期序列线性移位时,从主值区间一端移出一段序列值,同时也从主值区间的另一端移进来相同的一段序列值。借用数据结构中"先进先出"的概念,可以用"左进右出,右进左出"来描述圆周移位的过程,还可以把这个过程想象成在圆周上旋转的过程,这也就是圆周移位中"圆周"二字的缘由,如图 3.2.6 所示。

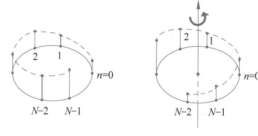

图 3.2.6　圆周移位示意图

2. 圆周卷积

设 $x_1(n)$ 为 N_1 点长序列($0 \leqslant n \leqslant N_1-1$),$x_2(n)$ 为 N_2 点长序列($0 \leqslant n \leqslant N_2-1$),则 $y(n) = x_1(n) \text{ⓛ} x_2(n)$ 表示 $x_1(n)$ 和 $x_2(n)$ 的 L 点圆周卷积,定义如下:

$$y(n) = \left[\sum_{m=0}^{L-1} x_1(m) x_2((n-m))_L \right] R_L(n)$$

$$= \left[\sum_{m=0}^{L-1} x_2(m) x_1((n-m))_L \right] R_L(n)$$

(3.2.14)

其中圆周卷积长度 $L \geqslant \max(N_1, N_2)$。一般用符号 ⓛ 表示 L 点圆周卷积,有的教材也把

圆周卷积称为"循环卷积"。

式(3.2.14)中的 $x_2((n-m))_L$ 或 $x_1((n-m))_L$ 只在主值区间取值，表明 L 点圆周卷积是以 L 为周期的周期卷积的主值序列。L 的取值不同，则延拓的周期就不同，取主值序列得到的圆周卷积结果也就不同。

圆周卷积运算中是圆周移位，线性卷积运算中是线性移位，满足一定条件时，可以用圆周卷积来计算线性卷积，这部分内容将在第 4 章进行讲解。

例 3.5 计算序列 $x_1(n)=\{1,2,3,4\}_0$ 和 $x_2(n)=\{3,2,1\}_0$ 的 L 点圆周卷积，分别取 $L=4$ 和 $L=6$。

解法一：可根据定义来计算圆周卷积，按照"翻转→周期延拓→移位→相乘→求和"的步骤。图 3.2.7 给出了 4 点圆周卷积图解法，阴影部分表示 4 点长的主值区间。

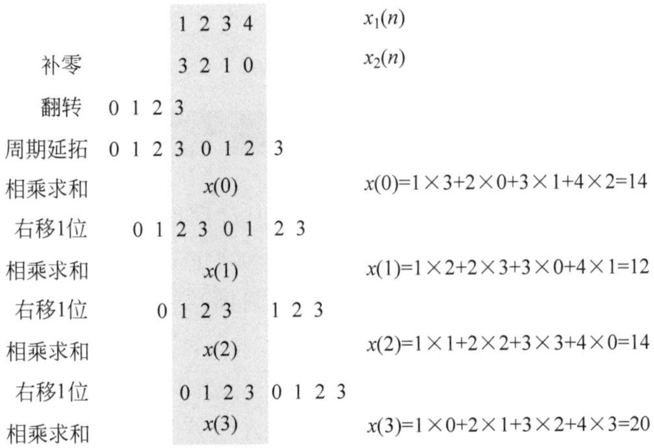

		1 2 3 4					$x_1(n)$			
补零		3 2 1 0					$x_2(n)$			
翻转	0 1 2 3									
周期延拓	0 1 2 3 0 1 2 3									
相乘求和		$x(0)$					$x(0)=1\times3+2\times0+3\times1+4\times2=14$			
右移1位	0 1 2 3 0 1 2 3									
相乘求和		$x(1)$					$x(1)=1\times2+2\times3+3\times0+4\times1=12$			
右移1位	0 1 2 3 1 2 3									
相乘求和		$x(2)$					$x(2)=1\times1+2\times2+3\times3+4\times0=14$			
右移1位	0 1 2 3 0 1 2 3									
相乘求和		$x(3)$					$x(3)=1\times0+2\times1+3\times2+4\times3=20$			

图 3.2.7 圆周卷积图解法

其中，$x(0)=1\times3+2\times0+3\times1+4\times2=14$ 表示 $x_1(n)$ 与主值区间内的 $\{3,0,1,2\}_0$ 逐位相乘求和的结果，而 $\{3,0,1,2\}_0$ 是将 $x_2(n)$ "补零→翻转→周期延拓→移位"得到的。

继续"移位→相乘→求和"，可以得到 $x(1)=12$，$x(2)=14$，$x(3)=20$。因此，$x_1(n)$ 和 $x_2(n)$ 的 4 点圆周卷积结果为

$$x_1(n)④x_2(n)=\{14,12,14,20\}_0$$

同理可得，$x_1(n)$ 和 $x_2(n)$ 的 6 点圆周卷积结果为（此时主值区间长度为 6 点）

$$x_1(n)⑥x_2(n)=\{3,8,14,20,11,4\}_0$$

此外，也可以利用 MATLAB 函数 cconv 来计算两个序列的圆周卷积。

解法二：也可以用矩阵相乘的形式来计算圆周卷积，矩阵的行数和列数取决于圆周卷积长度，不足部分补零即可。

$$\begin{bmatrix} y(0) \\ y(1) \\ y(2) \\ \vdots \\ y(L-1) \end{bmatrix} = \begin{bmatrix} x_1(0) & x_1(L-1) & x_1(L-2) & \cdots & x_1(1) \\ x_1(1) & x_1(0) & x_1(L-1) & \cdots & x_1(2) \\ x_1(2) & x_1(1) & x_1(0) & \cdots & x_1(3) \\ \vdots & \vdots & \vdots & \ddots & \vdots \\ x_1(L-1) & x_1(L-2) & x_1(L-3) & \cdots & x_1(0) \end{bmatrix} \begin{bmatrix} x_2(0) \\ x_2(1) \\ x_2(2) \\ \vdots \\ x_2(L-1) \end{bmatrix}$$

利用上述矩阵计算 4 点圆周卷积结果,

$$
\begin{bmatrix} y(0) \\ y(1) \\ y(2) \\ y(3) \end{bmatrix} = \begin{bmatrix} 1 & 4 & 3 & 2 \\ 2 & 1 & 4 & 3 \\ 3 & 2 & 1 & 4 \\ 4 & 3 & 2 & 1 \end{bmatrix} \begin{bmatrix} 3 \\ 2 \\ 1 \\ 0 \end{bmatrix} = \begin{bmatrix} 14 \\ 12 \\ 14 \\ 20 \end{bmatrix}
$$

同理,可计算 6 点圆周卷积结果,

$$
\begin{bmatrix} y(0) \\ y(1) \\ y(2) \\ y(3) \\ y(4) \\ y(5) \end{bmatrix} = \begin{bmatrix} 1 & 0 & 0 & 4 & 3 & 2 \\ 2 & 1 & 0 & 0 & 4 & 3 \\ 3 & 2 & 1 & 0 & 0 & 4 \\ 4 & 3 & 2 & 1 & 0 & 0 \\ 0 & 4 & 3 & 2 & 1 & 0 \\ 0 & 0 & 4 & 3 & 2 & 1 \end{bmatrix} \begin{bmatrix} 3 \\ 2 \\ 1 \\ 0 \\ 0 \\ 0 \end{bmatrix} = \begin{bmatrix} 3 \\ 8 \\ 14 \\ 20 \\ 11 \\ 4 \end{bmatrix}
$$

教学视频

3.3 离散傅里叶变换的性质

DFS 在时域和频域都是周期的,其性质一般加以"周期"二字强调,如"周期移位""周期卷积";DFT 在时域和频域都是有限长的,通过对 DFS 取主值序列获得,具有隐含的周期特性,其性质一般加以"圆周"二字强调,如"圆周移位""圆周卷积"等。除此之外,DFT 和 DFS 的性质是非常相似的,可以对照参考。

1. 线性

$$
\text{DFT}[ax(n)+by(n)] = aX(k)+bY(k) \tag{3.3.1}
$$

其中,$x(n)$ 和 $y(n)$ 都是 N 点长序列,各自的 DFT 分别为 $X(k)$ 和 $Y(k)$,a 和 b 为任意常数。

如果 $x(n)$ 和 $y(n)$ 的点数不相等,设 $x(n)$ 为 N_1 点($0 \leqslant n \leqslant N_1 - 1$),$y(n)$ 为 N_2 点($0 \leqslant n \leqslant N_2 - 1$),如果对 $ax(n)+by(n)$ 进行 DFT,则需要分别对 $x(n)$ 和 $y(n)$ 进行补零,补到都是 N 点长序列,且 $N \geqslant \max(N_1, N_2)$。

2. 圆周时频翻转

$$
\text{DFT}[x((-n))_N R_N(n)] = X((-k))_N R_N(k) \tag{3.3.2}
$$

证明:

$$
\begin{aligned}
\text{DFT}[x((-n))_N R_N(n)] &= \left[\sum_{n=0}^{N-1} x((-n))_N e^{-j\frac{2\pi}{N}kn}\right] R_N(k) \\
&= \left[\sum_{n=-(N-1)}^{0} x((n))_N e^{j\frac{2\pi}{N}kn}\right] R_N(k) \\
&= \left[\sum_{n=0}^{N-1} x((n))_N e^{j\frac{2\pi}{N}kn}\right] R_N(k) \\
&= X((-k))_N R_N(k)
\end{aligned}
$$

该性质表明,有限长序列在时域的圆周翻转,对应着频域的圆周翻转。圆周时域翻转是指:有限长序列由圆周对称中心在时域进行翻转后取主值序列,对称中心为 $n=0$ 或

$n=N/2$,根据定义可知,$x(n)$的圆周时域翻转序列为 $x((-n))_N R_N(n)$。

根据圆周时域翻转的定义,表达式 $x((-n))_N R_N(n)$ 和 $x(N-n)$ 是相同的(注意:两种表达式都是在主值区间上取值),故圆周时频翻转性质还可写成

$$\text{DFT}[x(N-n)]=X(N-k) \tag{3.3.3}$$

为便于读者理解,表3.3给出了有限长序列 $x(n)$ 圆周时域翻转前后对照表。

表 3.3 圆周时域翻转前后对照表

n	0	1	2	⋯	$N-2$	$N-1$
$x(n)$	$x(0)$	$x(1)$	$x(2)$	⋯	$x(N-2)$	$x(N-1)$
$x((-n))_N R_N(n)$ 或 $x(N-n)$	$x(0)$	$x(N-1)$	$x(N-2)$	⋯	$x(2)$	$x(1)$

圆周时域翻转后的序列不能写成 $x(-n)$,这是因为 DFT 中的"移位""翻转"等操作都是在圆周上进行的,观测/取值区间必须在主值区间上,$x(-n)$ 显然不在主值区间范围内。

3. 圆周时移特性

$$\text{DFT}[x((n+m))_N R_N(n)]=e^{j\frac{2\pi}{N}mk}X(k)R_N(k) \tag{3.3.4}$$

证明:

$$
\begin{aligned}
\text{DFT}[x((n+m))_N R_N(n)] &= \sum_{n=0}^{N-1} x((n+m))_N e^{-j\frac{2\pi}{N}kn} \\
&= \sum_{p=m}^{N+m-1} x((p))_N e^{-j\frac{2\pi}{N}k(p-m)} \\
&= e^{j\frac{2\pi}{N}mk} \sum_{p=m}^{N+m-1} x((p))_N e^{-j\frac{2\pi}{N}kp} \\
&= e^{j\frac{2\pi}{N}mk} \sum_{p=0}^{N-1} x((p))_N e^{-j\frac{2\pi}{N}kp} \\
&= e^{j\frac{2\pi}{N}mk} X(k)R_N(k)
\end{aligned}
$$

圆周时移特性表明,序列在时域上的圆周移位,在频域中只引入了一个与频率 $\left(\omega_k=\dfrac{2\pi}{N}k\right)$ 呈正比的线性相移因子,对幅度是没有影响的。

4. 圆周频移特性

$$\text{DFT}\left[e^{-j\frac{2\pi}{N}rn}x(n)\right]=X((k+r))_N R_N(k) \tag{3.3.5}$$

证明:

$$
\begin{aligned}
\text{DFT}\left[e^{-j\frac{2\pi}{N}rn}x(n)\right] &= \left[\sum_{n=0}^{N-1} e^{-j\frac{2\pi}{N}rn}x(n)e^{-j\frac{2\pi}{N}kn}\right]R_N(k) \\
&= \left[\sum_{n=0}^{N-1} x(n)e^{-j\frac{2\pi}{N}(k+r)n}\right]R_N(k) \\
&= X((k+r))_N R_N(k)
\end{aligned}
$$

序列的圆周频移特性和圆周时移特性是对偶的。圆周频移特性表明,序列在频域上的圆周移位,等效于在时域的调制(相乘),因此该特性也称为"调制特性"。

5. 对偶性

$$\text{DFT}[X(n)] = Nx(N-k) \tag{3.3.6}$$

证明:根据 IDFT 公式可得

$$Nx(N-n) = \left[\sum_{k=0}^{N-1} X(k) \mathrm{e}^{\mathrm{j}\frac{2\pi}{N}k(N-n)}\right] R_N(n) = \left[\sum_{k=0}^{N-1} X(k) \mathrm{e}^{-\mathrm{j}\frac{2\pi}{N}kn}\right] R_N(n)$$

上式等号右边与 DFT 变换公式相同,故将变量 n 和 k 互换,

$$Nx(N-k) = \left[\sum_{n=0}^{N-1} X(n) \mathrm{e}^{-\mathrm{j}\frac{2\pi}{N}kn}\right] R_N(k)$$

把上式与 DFT 变换关系结合起来对照,可以看出有限长序列 $X(n)$ 的 k 次谐波系数为 $Nx(N-k)$,即 $X(n)$ 和 $Nx(N-k)$ 为 DFT 变换关系对,故 $\text{DFT}[X(n)] = Nx(N-k)$。

要形成对偶关系,时频变量必须都是离散的或者都是连续的才行。故在 CTFT、DFS 和 DFT 中都存在对偶关系,在 DTFT 中无对偶关系,这是因为 DTFT 中时域变量是离散的,频域变量是连续的,无法交换变量,当然就不可能存在对偶关系。

6. 圆周共轭对称特性

$$\text{DFT}[x^*(n)] = X^*(N-k) \tag{3.3.7}$$

证明:

$$\begin{aligned}
\text{DFT}[x^*(n)] &= \sum_{n=0}^{N-1} x^*(n) \mathrm{e}^{-\mathrm{j}\frac{2\pi}{N}kn} R_N(k) \\
&= \left[\sum_{n=0}^{N-1} x(n) \mathrm{e}^{\mathrm{j}\frac{2\pi}{N}kn}\right]^* R_N(k) \\
&= X^*((-k))_N R_N(k) \\
&= X^*((N-k))_N R_N(k) \\
&= X^*(N-k)
\end{aligned}$$

结合圆周时频翻转特性,亦可证明

$$\text{DFT}[x^*(N-n)] = X^*(k)$$

进一步可证

$$\text{DFT}[\text{Re}(x(n))] = \text{DFT}\left[\frac{1}{2}(x(n) + x^*(n))\right] = \frac{1}{2}[X(k) + X^*(N-k)] = X_{\text{ep}}(k)$$

其中,把 $X_{\text{ep}}(k)$ 称为 $X(k)$ 的圆周共轭偶对称分量,与 DFS 中的共轭偶对称分量 $\widetilde{X}_{\text{e}}(k)$ 相比,多了一个下标 p(p 表示周期 peroid)。

同理可证

$$\text{DFT}[\mathrm{j}\text{Im}(x(n))] = \frac{1}{2}[X(k) - X^*(N-k)] = X_{\text{op}}(k)$$

其中,把 $X_{\text{op}}(k)$ 称为 $X(k)$ 的圆周共轭奇对称分量。

式(3.3.8)归纳了有限长序列 $x(n)$ 实(虚)部与其 DFT 的圆周共轭偶(奇)对称分量的对偶关系。

$$
\begin{array}{ccccc}
x(n) &=& \mathrm{Re}[x(n)] &+& \mathrm{jIm}[x(n)] \\
\updownarrow && \updownarrow && \updownarrow \\
X(k) &=& X_{ep}(k) &+& X_{op}(k)
\end{array}
\tag{3.3.8}
$$

式(3.3.9)归纳了有限长序列 $x(n)$ 圆周共轭偶(奇)对称分量与其 DFT 实(虚)部的对偶关系。

$$
\begin{array}{ccccc}
x(n) &=& x_{ep}(n) &+& x_{op}(n) \\
\updownarrow && \updownarrow && \updownarrow \\
X(k) &=& \mathrm{Re}[X(k)] &+& \mathrm{jIm}[X(k)]
\end{array}
\tag{3.3.9}
$$

其中，$x(n)$ 的圆周共轭偶对称分量为 $x_{ep}(n)$，圆周共轭奇对称分量为 $x_{op}(n)$，定义如下：

$$
x_{ep}(n) = \frac{1}{2}[x(n) + x^*(N-n)]
$$

$$
x_{op}(n) = \frac{1}{2}[x(n) - x^*(N-n)]
$$

7. 时域圆周卷积定理

设 $x_1(n)$ 为 N_1 点长序列($0 \leqslant n \leqslant N_1-1$)，$x_2(n)$ 为 N_2 点长序列($0 \leqslant n \leqslant N_2-1$)，取 $L \geqslant \max(N_1, N_2)$，将序列 $x_1(n)$ 和 $x_2(n)$ 分别补零到 L 点长序列，再分别做 L 点的 DFT，结果分别为 $X_1(k)$ 和 $X_2(k)$。若

$$
y(n) = x_1(n) \,\textcircled{L}\, x_2(n)
\tag{3.3.10}
$$

则

$$
Y(k) = \mathrm{DFT}[y(n)] = X_1(k)X_2(k)
\tag{3.3.11}
$$

证明：

$$
Y(k) = \mathrm{DFT}[y(n)] = \sum_{n=0}^{L-1}\left[\sum_{m=0}^{L-1} x_1(m)x_2((n-m))_L R_L(n)\right] e^{-j\frac{2\pi}{L}kn}
$$

$$
= \sum_{m=0}^{L-1} x_1(m) \sum_{n=0}^{L-1} x_2((n-m))_L e^{-j\frac{2\pi}{L}kn}
$$

$$
= \sum_{m=0}^{L-1} x_1(m) e^{-j\frac{2\pi}{L}km} X_2(k)
$$

$$
= X_1(k)X_2(k)
$$

证明的倒数第 2 步用到了圆周时移特性。该定理表明，两个有限长序列在时域的圆周卷积，等价于在频域的相乘运算。

8. 频域圆周卷积定理

有限长序列 $x_1(n)$ 和 $x_2(n)$ 的定义同上，将它们分别补零到 L 点长序列，再分别做 L 点的 DFT，结果分别为 $X_1(k)$ 和 $X_2(k)$。若

$$
y(n) = x_1(n)x_2(n)
\tag{3.3.12}
$$

则

$$Y(k) = \text{DFT}[y(n)] = \frac{1}{L} X_1(k) \, \textcircled{L} \, X_2(k) \tag{3.3.13}$$

该定理表明,两个有限长序列在时域的相乘运算,等价于在频域的圆周卷积(提醒:乘法运算中有一个比例因子)。

9. DFT 形式下的帕塞瓦尔定理

对长度 N 的有限长序列 $x(n)$ 和 $y(n)$,N 点 DFT 结果分别为 $X(k)$ 和 $Y(k)$,则

$$\sum_{n=0}^{N-1} x(n) y^*(n) = \frac{1}{N} \sum_{k=0}^{N-1} X(k) Y^*(k) \tag{3.3.14}$$

若 $x(n) = y(n)$,则有

$$\sum_{n=0}^{N-1} |x(n)|^2 = \frac{1}{N} \sum_{k=0}^{N-1} |X(k)|^2 \tag{3.3.15}$$

若 $x(n) = y(n)$ 且都是实序列,则有

$$\sum_{n=0}^{N-1} x^2(n) = \frac{1}{N} \sum_{k=0}^{N-1} X^2(k) \tag{3.3.16}$$

DFT 形式下的帕塞瓦尔定理与其他形式的帕塞瓦尔定理类似,都是表明信号能量在时域计算的结果与频域计算的结果是相等的,只不过 DFT 形式下的帕塞瓦尔定理,时域和频域都是离散且有限长的。

例 3.6 设 $x_1(n)$ 和 $x_2(n)$ 都是 N 点长实序列,试只用一次 N 点的 DFT 运算就给出各自的 DFT 结果。

解:可利用 DFT 的圆周共轭对称特性,仅用一次 N 点的 DFT 运算计算出两个 N 点实序列的 DFT 结果,从而减少运算量。在此设 $X_1(k) = \text{DFT}[x_1(n)]$,$X_2(k) = \text{DFT}[x_2(n)]$。

首先,将 $x_1(n)$ 和 $x_2(n)$ 组合为一个 N 点的复序列,即

$$y(n) = x_1(n) + j x_2(n)$$

故

$$\begin{aligned}
Y(k) = \text{DFT}[y(n)] &= \text{DFT}[x_1(n) + j x_2(n)] \\
&= \text{DFT}[x_1(n)] + j \text{DFT}[x_2(n)] \\
&= X_1(k) + j X_2(k)
\end{aligned}$$

根据式(3.3.8)可知

$$X_1(k) = Y_{\text{ep}}(k) = \frac{1}{2}[Y(k) + Y^*(N-k)]$$

同理

$$X_2(k) = \frac{1}{j} Y_{\text{op}}(k) = \frac{1}{2j}[Y(k) - Y^*(N-k)]$$

也就是说,利用一次 DFT 运算求出 N 点复序列的 DFT 结果,再按照上式即可求出两个 N 点长实序列的 DFT 结果。

例 3.7 设 $x(n)$ 为 $N=8$ 点的有限长实序列,$x(n) = \{1,2,3,-2,4,0,1,3\}_0$,$X(k)$

为 N 点 DFT 结果，试计算以下表达式的值。

(1) $X(0)$　　　　(2) $\sum\limits_{k=0}^{N-1} X(k)$　　　　(3) $\sum\limits_{k=0}^{N-1} |X(k)|^2$

解：(1) 根据 DFT 的公式可得

$$X(0) = \left[\sum_{n=0}^{N-1} x(n) e^{-j\frac{2\pi}{N}kn}\right]\bigg|_{k=0} = \sum_{n=0}^{N-1} x(n)$$

故 $X(0) = \sum\limits_{n=0}^{N-1} x(n) = 1+2+3-2+4+0+1+3 = 12$。

(2) 根据 IDFT 公式 $x(n) = \left[\dfrac{1}{N}\sum\limits_{k=0}^{N-1} X(k) e^{j\frac{2\pi}{N}kn}\right] R_N(n)$，令 $n=0$ 可得

$$x(0) = \frac{1}{N}\sum_{k=0}^{N-1} X(k)$$

故 $\sum\limits_{k=0}^{N-1} X(k) = Nx(0) = 8 \times 1 = 8$。

(3) 根据 DFT 形式下的帕塞瓦尔定理可知

$$\sum_{k=0}^{N-1} |X(k)|^2 = N\sum_{n=0}^{N-1} |x(n)|^2$$
$$= 8 \times [1^2 + 2^2 + 3^2 + (-2)^2 + 4^2 + 0^2 + 1^2 + 3^2]$$
$$= 352$$

为便于学习，表 3.4 归纳了离散傅里叶变换的性质。

表 3.4　离散傅里叶变换的性质

N 点序列	N 点 DFT	备　注
$ax(n) + by(n)$	$aX(k) + bY(k)$	线性
$x((-n))_N R_N(n)$ 或 $x(N-n)$	$X((-k))_N R_N(k)$ 或 $X(N-k)$	圆周时频翻转
$x((n+m))_N R_N(n)$	$e^{j\frac{2\pi}{N}mk} X(k)$	圆周时移特性
$e^{-j\frac{2\pi}{N}rn} x(n)$	$X((k+r))_N R_N(k)$	圆周频移特性
$X(n)$	$Nx(N-k)$	对偶性
$x^*(n)$	$X^*(N-k)$	圆周共轭对称特性
$x^*(N-n)$	$X^*(k)$	
$x_{\text{ep}}(n) = \dfrac{1}{2}[x(n) + x^*(N-n)]$	$\text{Re}[X(k)]$	
$x_{\text{op}}(n) = \dfrac{1}{2}[x(n) - x^*(N-n)]$	$j\text{Im}[X(k)]$	
$\text{Re}[x(n)]$	$X_{\text{ep}}(k) = \dfrac{1}{2}[X(k) + X^*(N-k)]$	
$j\text{Im}[x(n)]$	$X_{\text{op}}(k) = \dfrac{1}{2}[X(k) - X^*(N-k)]$	

续表

N 点序列	N 点 DFT	备　注
$x_1(n)\,Ⓛ\,x_2(n)$	$X_1(k)X_2(k)$	时域圆周卷积定理
$x_1(n)x_2(n)$	$\dfrac{1}{L}X_1(k)\,Ⓛ\,X_2(k)$	频域圆周卷积定理
$\displaystyle\sum_{n=0}^{N-1}\mid x(n)\mid^2=\dfrac{1}{N}\sum_{k=0}^{N-1}\mid X(k)\mid^2$		DFT 形式下的帕塞瓦尔定理

教学视频

3.4　频域采样定理

一个域的离散,对应另外一个域的周期延拓,这个关系是对偶的。在时域采样,频域会产生周期延拓,延拓的周期就是采样率;在频域采样,时域也会产生周期延拓,延拓的周期就是频域采样点数。

2.1节介绍了时域采样定理与插值重构,本节将学习频域采样定理与插值重构。

3.4.1　频域采样

频域采样定理:设 M 点有限长序列 $x(n)$ 的离散时间傅里叶变换为 $X(\mathrm{e}^{\mathrm{j}\omega})$,对 $X(\mathrm{e}^{\mathrm{j}\omega})$ 在区间 $[0,2\pi]$ 上作 N 点均匀采样,得到频域样本 $X_N(k)$。只有当 $N>M$ 时,才能由频域样本值无失真地重构原时域序列 $x(n)$。

可以根据 DFT 与其他变换的关系来理解频域采样定理,图 3.4.1 给出了"频域采样,时域周期延拓"的示意图。

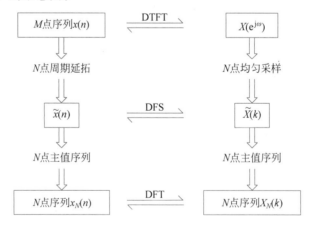

图 3.4.1　频域采样,时域周期延拓

对 $X(\mathrm{e}^{\mathrm{j}\omega})$ 在区间 $[0,2\pi]$ 上作 N 点均匀采样,对应着时域的周期延拓,延拓周期为 N,得到周期序列

$$\tilde{x}(n)=\sum_{k=-\infty}^{\infty}x(n+kN) \tag{3.4.1}$$

在主值区间$[0,N-1]$取值,可得时域序列$x_N(n)$为

$$x_N(n) = \sum_{k=-\infty}^{\infty} x(n+kN)R_N(n) \tag{3.4.2}$$

很显然,并不能保证N点的$x_N(n)$与M点的原始序列$x(n)$完全相同。只有当采样点数$N>M$时,在时域周期延拓的过程中才不会发生混叠现象,此时才能用N点的$x_N(n)$去完全(无失真)重构出M点的$x(n)$。

图 3.4.2 所示为时域周期延拓过程中未发生混叠的情况,此时频域采样点数大于原始序列长度。与原始序列$x(n)$相比,$x_N(n)$在后端多出来$(N-M)$个零。

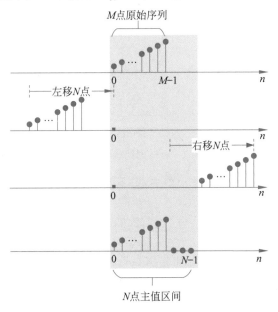

图 3.4.2　时域周期延拓(无混叠)

彩图

图 3.4.3 所示为时域周期延拓过程中发生混叠的情况,此时频域采样点数小于原始序列长度。只有在$M-N \leqslant n \leqslant N-1$范围内未发生混叠,在这个区间内,才有$x_N(n) = x(n)$。

例 3.8　设$x(n)$为$M=11$点的三角形序列,即

$$x(n) = \begin{cases} n, & 0 \leqslant n \leqslant 5 \\ -n+10, & 6 \leqslant n \leqslant 10 \end{cases}$$

若对$x(n)$的离散时间傅里叶变换结果$X(e^{j\omega})$在区间$[0,2\pi)$上作N点均匀采样,得到频域采样值$X_N(k)$,试计算序列$x_N(n) = \text{IDFT}[X_N(k)]$,分别选$N=15$和$N=8$。

解:可根据图 3.4.2 和图 3.4.3 的过程来直接计算序列$x_N(n)$。

$N=15$,频域采样点数大于原始序列长度,此时时域周期延拓的过程无混叠,在$x(n)$后面直接补$N-M=4$个零即可。

$$x_{15}(n) = \{\underbrace{0,1,2,3,4,5,4,3,2,1,0}_{\text{原始序列}}, \underbrace{0,0,0,0}_{\text{补零}}\}_0$$

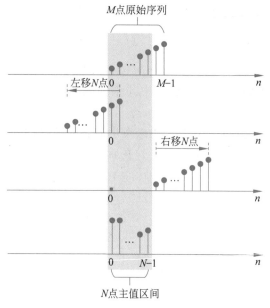

图 3.4.3　时域周期延拓(有混叠)

$N=8$，频域采样点数小于原始序列长度，在时域周期延拓时会发生混叠，且重构出来的序列长度为 8。

$$x_8(n)=\{\underbrace{2,2,2}_{\text{混叠部分}},\underbrace{3,4,5,4,3}_{\text{未混叠部分}}\}_0$$

如果严格按照题目要求，即首先计算 $X(\mathrm{e}^{\mathrm{j}\omega})$，再对 $X(\mathrm{e}^{\mathrm{j}\omega})$ 进行 N 点均匀采样得到频域样本值 $X_N(k)$，最后计算 $x_N(n)=\mathrm{IDFT}[X_N(k)]$，但这个过程过于烦琐，其实可以利用 MATLAB 来编程求解本题。MATLAB 中无 DTFT 函数(计算机不可能给出连续结果)，只能借助 DFT 函数来实现。在编程实现中，需要先对 M 点序列 $x(n)$ 进行补零操作，然后对补零序列进行 DFT 运算，从 DFT 的离散输出中均匀抽取 N 个样本值，具体实验流程如图 3.4.4 所示，序列重构结果如图 3.4.5 所示。

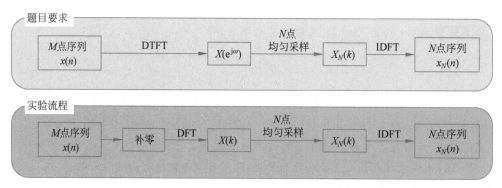

图 3.4.4　例 3.8 实验流程

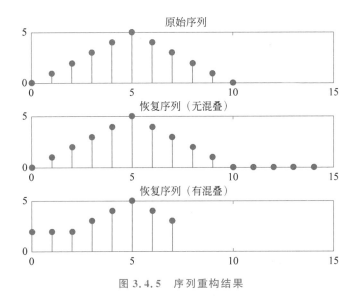

图 3.4.5 序列重构结果

3.4.2 频域插值重构

频域插值重构与时域插值重构的基本思路是一致的，都是利用有限个采样值来重构之前的连续函数。所谓频域插值重构，就是通过采样插值公式，由 N 个频域采样值 $X_N(k)$ 来重构出连续频率函数，如果频域采样过程满足频域采样定理要求，就可以无失真地重构出采样前的 $X(\mathrm{e}^{\mathrm{j}\omega})$ 或 $X(z)$。

可由 z 变换的计算过程推导频域样本值 $X_N(k)$ 与 $X(z)$ 的关系。

$$X(z) = \sum_{n=0}^{N-1} x(n) z^{-n} = \sum_{n=0}^{N-1} \left[\frac{1}{N} \sum_{k=0}^{N-1} X_N(k) \mathrm{e}^{\mathrm{j}\frac{2\pi}{N}nk} \right] z^{-n}$$

$$= \frac{1}{N} \sum_{k=0}^{N-1} X_N(k) \left[\sum_{n=0}^{N-1} \mathrm{e}^{\mathrm{j}\frac{2\pi}{N}nk} z^{-n} \right] \tag{3.4.3}$$

$$= \frac{1}{N} \sum_{k=0}^{N-1} X_N(k) \frac{1 - z^{-N}}{1 - \mathrm{e}^{\mathrm{j}\frac{2\pi}{N}k} z^{-1}}$$

将上式整理可得

$$X(z) = \sum_{k=0}^{N-1} X_N(k) \Phi_k(z) \tag{3.4.4}$$

其中，把 $\Phi_k(z)$ 称为插值函数，

$$\Phi_k(z) = \frac{1}{N} \frac{1 - z^{-N}}{1 - \mathrm{e}^{\mathrm{j}\frac{2\pi}{N}k} z^{-1}} \tag{3.4.5}$$

代入 $z = \mathrm{e}^{\mathrm{j}\omega}$，可得 $X_N(k)$ 与 $X(\mathrm{e}^{\mathrm{j}\omega})$ 的关系

$$X(\mathrm{e}^{\mathrm{j}\omega}) = \sum_{k=0}^{N-1} X_N(k) \Phi_k(\mathrm{e}^{\mathrm{j}\omega}) \tag{3.4.6}$$

此时插值函数为

$$\Phi_k(\mathrm{e}^{\mathrm{j}\omega}) = \frac{1}{N}\frac{1-\mathrm{e}^{-\mathrm{j}\omega N}}{1-\mathrm{e}^{\mathrm{j}\frac{2\pi}{N}k}\mathrm{e}^{-\mathrm{j}\omega}} = \frac{1}{N}\frac{1-\mathrm{e}^{-\mathrm{j}\omega N}}{1-\mathrm{e}^{-\mathrm{j}\left(\omega-\frac{2\pi}{N}k\right)}} \tag{3.4.7}$$

根据欧拉公式可得

$$\begin{aligned}\Phi_k(\mathrm{e}^{\mathrm{j}\omega}) &= \frac{1}{N}\frac{\sin(N\omega/2)}{\sin[(\omega-2\pi k/N)/2]}\mathrm{e}^{-\mathrm{j}[\omega(N-1)/2+k\pi/N]}\\ &= \frac{1}{N}\frac{\sin[N(\omega/2-k\pi/N)]}{\sin(\omega/2-k\pi/N)}\mathrm{e}^{\mathrm{j}k\pi(N-1)/N}\mathrm{e}^{-\mathrm{j}(N-1)\omega/2}\end{aligned} \tag{3.4.8}$$

令 $\Phi(\omega) = \dfrac{1}{N}\dfrac{\sin(\omega N/2)}{\sin(\omega/2)}\mathrm{e}^{-\mathrm{j}(N-1)\omega/2}$,可以进一步化简插值函数为

$$\Phi_k(\mathrm{e}^{\mathrm{j}\omega}) = \Phi\left(\omega-k\frac{2\pi}{N}\right) \tag{3.4.9}$$

故由频域样本值 $X_N(k)$ 插值重构 $X(\mathrm{e}^{\mathrm{j}\omega})$ 的公式为

$$X(\mathrm{e}^{\mathrm{j}\omega}) = \sum_{k=0}^{N-1}X_N(k)\Phi\left(\omega-k\frac{2\pi}{N}\right) \tag{3.4.10}$$

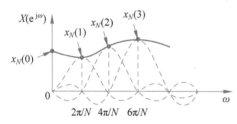

图 3.4.6 频域插值重构示意图

可以看出,频域插值重构的过程与时域插值重构的过程非常相似,如图 3.4.6 所示(可对照图 2.1.6 时域插值重构过程)。$X(\mathrm{e}^{\mathrm{j}\omega})$ 是由频域样本值 $X_N(k)$ 对各个频率采样点的插值函数 $\Phi\left(\omega-k\dfrac{2\pi}{N}\right)$ 加权后求和得到。在每个频率采样点 $\omega=2\pi k/N$ 上,插值函数取值为 1,保证了输出结果在各个频率采样点取值与采样值完全相等,即 $X(\mathrm{e}^{\mathrm{j}\omega})|_{\omega=2\pi k/N}=X_N(k)$。在频率采样点之间,输出结果的波形由各插值函数波形叠加而成。

3.5 线性调频 z 变换(CZT)

从 3.2 节可知,DFT 是 DTFT 在 $[0,2\pi)$ 区间上的均匀采样,也是 z 变换在单位圆上的均匀采样,但在许多实际应用中,对整个 $[0,2\pi)$ 区间(单位圆)进行均匀采样是没必要的。比如窄带信号,其信号特征集中在某一频段,如果采用 DFT 算法,对整个 $[0,2\pi)$ 区间均匀采样后只有短短一截数据有价值,而且为了提高计算分辨率,必须提高窄带内的采样点数,但 DFT 的运算方式决定了它必须以"撒胡椒面"的方式对整个 $[0,2\pi)$ 区间均匀采样,因此用 DFT 分析窄带信号是非常"不划算"的。此外,有时也对 z 平面上非单位圆上的采样值感兴趣,比如语音信号处理中常常需要知道极点所在处的复频率,如果极点距单位圆较远,此时 DFT 就很难计算这种极点所在处的复频率。

本节将要介绍的线性调频 z 变换(Chirp z-Transform,CZT)算法就可以克服 DFT

的上述局限性，在一个更一般的周线上求 z 变换，在 z 平面上更加灵活地采样，既不必均匀采样，也不必在单位圆上采样。

对于一个 N 点长序列 $x(n)$，z_k 表示 z 平面上任意位置，

$$z_k = AW^{-k}, \quad k = 0,1,\cdots,M-1 \tag{3.5.1}$$

这里的 M 可以是任意整数（不必和 N 相等）。

参数 A 表示起始点位置，其中 A_0 和 θ_0 分别表示采样起始点处的矢量半径和相角，

$$A = A_0 e^{j\theta_0} \tag{3.5.2}$$

参数 W 可以表示为

$$W = W_0 e^{-j\phi_0} \tag{3.5.3}$$

式中，W_0 表示螺旋线的伸展率。随着 k 的增加，$W_0 > 1$ 表示螺旋线内旋，$W_0 < 1$ 表示螺旋线外旋，$W_0 = 1$ 表示是半径为 A_0 的一段圆弧。ϕ_0 表示相邻样本点之间的角度差，$\phi_0 > 0$ 表示螺旋线是逆时针旋转，$\phi_0 < 0$ 表示螺旋线是顺时针旋转。

采样点 z_k 的轨迹如图 3.5.1 所示。如果 $M = N$，$A = A_0 e^{j\theta_0} = 1$，$W = W_0 e^{j\phi_0} = e^{-j\frac{2\pi}{N}}$，$z_k$ 均匀分布在整个单位圆上，此时的 CZT 算法就简化为 DFT 算法。

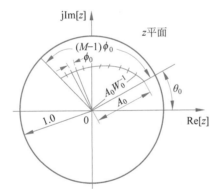

图 3.5.1　CZT 在 z 平面上采样的螺线轨迹

更一般地，$X(z)$ 在 z_k 处的采样值为

$$X(z_k) = \sum_{n=0}^{N-1} x(n) z_k^{-n}, \quad k = 0,1,\cdots,M-1 \tag{3.5.4}$$

代入 $z_k = AW^{-k}$ 可得

$$X(z_k) = \sum_{n=0}^{N-1} x(n) A^{-n} W^{nk}, \quad k = 0,1,\cdots,M-1 \tag{3.5.5}$$

根据布鲁斯坦等式

$$nk = \frac{1}{2}\left[n^2 + k^2 - (k-n)^2\right] \tag{3.5.6}$$

可知 $X(z_k)$ 可以通过求 $g(n)$ 与 $h(n)$ 的线性卷积，再乘以 $W^{\frac{k^2}{2}}$ 得到

$$X(z_k) = W^{\frac{k^2}{2}} \sum_{n=0}^{N-1} \left[x(n) A^{-n} W^{\frac{n^2}{2}} \right] W^{-\frac{(k-n)^2}{2}}$$

$$= W^{\frac{k^2}{2}} \sum_{n=0}^{N-1} g(n) h(k-n), \quad k = 0, 1, \cdots, M-1 \tag{3.5.7}$$

其中，

$$g(n) = x(n) A^{-n} W^{\frac{n^2}{2}} \tag{3.5.8}$$

$$h(n) = W^{-\frac{n^2}{2}} \tag{3.5.9}$$

CZT 算法的流程如图 3.5.2 所示，输入的是 N 点有限长序列 $x(n)$，输出的是 z 平面上的 M 个采样值 $X(z_k)$。由于 $h(n) = W^{-\frac{n^2}{2}} = (W_0 e^{j\phi_0})^{-\frac{n^2}{2}} = W_0^{-\frac{n^2}{2}} e^{-j\frac{n^2}{2}\phi_0}$，其相位为 $-\frac{n^2}{2}\phi_0 = \left(-\frac{\phi_0}{2}n\right)n$，故 $h(n)$ 的数字频率 $\left(-\frac{\phi_0}{2}n\right)$ 是随时间 n 线性变化的，在雷达系统中这种信号称为线性调频信号[*]，故这种变换称为线性调频 z 变换，常用于雷达和声呐信号的脉冲压缩处理。

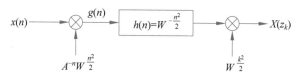

图 3.5.2　CZT 算法流程图

在图 3.5.2 中，$g(n)$ 与 $h(n)$ 线性卷积的过程可由圆周卷积实现，而圆周卷积的过程可由 DFT 算法来解决(第 4 章内容)，而 DFT 算法还可由 FFT 算法来快速实现(第 5 章内容)，因此整个 CZT 算法流程完全可以由 FFT 算法快速实现。

习题

1. 图 T3.1 中所示的序列周期为 4，请确定该序列的 DFS 系数。

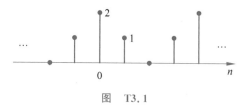

图　T3.1

2. 如果 $\tilde{x}(n)$ 是一个周期为 N 的周期序列，则它也是周期为 $2N$ 的周期序列。将 $\tilde{x}(n)$ 看作周期为 N 的周期序列，用 $\tilde{X}_1(k)$ 表示其 DFS 系数，再将 $\tilde{x}(n)$ 看作周期为 $2N$

---

[*] 注：这种信号听起来像鸟叫声，因此又称为啁啾信号(chirp signal)。

的周期序列,用 $\tilde{X}_2(k)$ 表示其 DFS 系数,试用 $\tilde{X}_1(k)$ 来表示 $\tilde{X}_2(k)$。

3. 周期序列 $\tilde{x}(n)$ 和 $\tilde{y}(n)$ 的周期分别为 N 和 M,且

$$\tilde{w}(n)\tilde{x}(n)=\tilde{y}(n)$$

(1) 试证明 $\tilde{w}(n)$ 也是周期序列,且周期为 MN。

(2) 设周期序列 $\tilde{x}(n)$、$\tilde{y}(n)$ 和 $\tilde{w}(n)$ 的 DFS 系数分别为 $\tilde{X}(k)$、$\tilde{Y}(k)$ 和 $\tilde{W}(k)$,试用 $\tilde{X}(k)$ 和 $\tilde{Y}(k)$ 来表示 $\tilde{W}(k)$。

4. 计算以下序列的 DFT。

(1) $\{1,1,-1,-1\}_0$

(2) $\{1,j,-1,-j\}_0$

(3) $x(n)=c^n R_N(n)$

(4) $x(n)=\sin\left(\dfrac{2\pi}{N}n\right)R_N(n)$

5. 请给出以下序列的 DFT 闭合表达式。

(1) $x(n)=e^{j\omega_0 n}R_N(n)$ (2) $x(n)=\cos(\omega_0 n)R_N(n)$

(3) $x(n)=\sin(\omega_0 n)R_N(n)$ (4) $x(n)=nR_N(n)$

6. 已知序列 $x(n)$ 如下所示,请计算其 10 点和 20 点的 DFT 结果。

$$x(n)=\begin{cases} a^n, & 6\leqslant n\leqslant 9 \\ 0, & \text{其他 } n \end{cases}$$

7. 已知序列 $x(n)$ 的 DFT 结果如下,求其 IDFT 结果,其中 m 为正整数,且 $0<m<N/2$。

(1) $X(k)=\begin{cases} \dfrac{N}{2}e^{j\theta}, & k=m \\ \dfrac{N}{2}e^{-j\theta}, & k=N-m \\ 0, & \text{其他 } k \end{cases}$ (2) $X(k)=\begin{cases} -\dfrac{N}{2}je^{j\theta}, & k=m \\ \dfrac{N}{2}je^{-j\theta}, & k=N-m \\ 0, & \text{其他 } k \end{cases}$

8. 已知序列 $x(n)$ 的 DFT 为 $X(k)$,请用 $X(k)$ 表示下面序列的 DFT 结果,其中 $0<m<N$。

(1) $x(n)\cos\left(\dfrac{2\pi m}{N}n\right)$ (2) $x(n)\sin\left(\dfrac{2\pi m}{N}n\right)$

9. 已知 $N=7$ 点的实序列的 DFT 在偶数时刻的取值如下所示,求该序列在奇数时刻的取值。

$$X(0)=4.8,X(2)=3.1+j2.5,X(4)=2.4+j4.2,X(6)=5.2+j3.7$$

10. 已知序列 $x(n)$ 的长度为 N,其 N 点 DFT 结果为 $X(k)$,试证明:

(1) 若 $x(n)$ 为奇对称,即 $x(n)=-x(N-1-n)$,则 $X(0)=0$;

(2) 若 $x(n)$ 为偶对称,即 $x(n)=x(N-1-n)$,设 N 为偶数,则 $X(N/2)=0$。

11. 已知序列 $x(n)=0.5^n u(n)$,该序列的 DTFT 为 $X(e^{j\omega})$。另外有一序列 $y(n)$,

在 $0 \leqslant n \leqslant 9$ 之外均有 $y(n) = 0$,且 $y(n)$ 的 10 点 DFT 等于 $X(e^{j\omega})$ 在其主值区间内等间隔取 10 个采样点,请计算 $y(n)$。

12. 已知序列 $x(n)$ 的长度为 N,其 N 点 DFT 为 $X(k)$。现将 $x(n)$ 的长度扩大 r 倍,得到长度为 rN 的有限长序列 $y(n)$,其 DFT 为 $Y(k)$,

$$y(n) = \begin{cases} x(n), & 0 \leqslant n \leqslant N-1 \\ 0, & N \leqslant n \leqslant rN-1 \end{cases}$$

请用 $X(k)$ 来表示 $Y(k)$。

13. 已知序列 $x(n)$ 的长度为 N,其 N 点 DFT 为 $X(k)$。现将 $x(n)$ 的每两点之间补 $r-1$ 个零值,得到长度为 rN 的有限长序列 $y(n)$,

$$y(n) = \begin{cases} x(n/r), & n = kr, \quad k = 0, 1, \cdots, N-1 \\ 0, & \text{其他 } n \end{cases}$$

设 $y(n)$ 的 DFT 为 $Y(k)$,请用 $X(k)$ 来表示 $Y(k)$。

14. 设 $x(n) = \{1, 2, 4, 3, 0, 5\}_0$,其 $N = 6$ 点的 DFT 为 $X(k)$,试确定以下表达式的值。

(1) $X(0)$ (2) $X(3)$ (3) $\sum\limits_{k=0}^{5} X(k)$ (4) $\sum\limits_{k=0}^{5} |X(k)|^2$

15. 已知 $X(k)$ 为实序列 $x(n)$ 的 8 点 DFT,且已知 $X(0) = 6$,$X(1) = 4+j3$,$X(2) = -3-j2$,$X(3) = 2-j$,$X(4) = 4$,试确定以下表达式的值。

(1) $x(0)$ (2) $x(4)$ (3) $\sum\limits_{n=0}^{7} x(n)$ (4) $\sum\limits_{n=0}^{7} |x(n)|^2$

16. 已知 N 点序列 $x(n)$ 的 N 点 DFT 为 $X(k)$,即 $X(k) = \text{DFT}[x(n)]$。$X(k)$ 本身也是一个 N 点长序列,如果对 $X(k)$ 继续进行 DFT 运算,得到序列 $Y(k) = \text{DFT}[X(k)]$,请给出 $x(n)$ 与 $Y(k)$ 的关系。

17. 已知 N 点序列 $x(n)$ 的 N 点 DFT 为 $X(k)$,新序列 $x_1(n)$ 是由 $x(n)$ 重复出现 M 次得到,即对 $x(n)$ 作 M 个周期延拓,$x_1(n)$ 的 DFT 为 $X_1(k)$,请用 $X(k)$ 来表示 $X_1(k)$。

18. 已知 N 点序列 $x(n)$,N 点 DFT 为 $X(k)$,请给出下列序列的 DFT。

(1) $x(N-1-n)$, $0 \leqslant n \leqslant N-1$

(2) $(-1)^n x(n)$, $0 \leqslant n \leqslant N-1$,$N$ 为偶数

(3) $x(2n)$, $0 \leqslant n < N/2$,N 为偶数

(4) $g(n) = \begin{cases} x\left(\dfrac{n}{2}\right), & n \text{ 为偶数} \\ 0, & n \text{ 为奇数} \end{cases}$, $0 \leqslant n \leqslant 2N-1$

(5) $g(n) = \begin{cases} x(n), & 0 \leqslant n \leqslant N-1 \\ 0, & N \leqslant n \leqslant 2N-1 \end{cases}$, $0 \leqslant n \leqslant 2N-1$

(6) $g(n) = \begin{cases} x(n) + x(n+N/2), & 0 \leqslant n < N/2,n \text{ 为偶数} \\ 0, & \text{其他 } n \end{cases}$

19. 已知序列 $x(n) = a^n u(n)$，$0 < a < 1$，其 z 变换为 $X(z)$，对 $X(z)$ 在单位圆上进行 N 等分采样，采样值为 $X(k) = X(z)\big|_{z = W_N^{-k}}$，请给出有限长序列 $\text{IDFT}[X(k)]$ 的表达式。

20. 请用 MATLAB 编程复现例 3.3 中图 3.2.4 的结果（提示：MATLAB 中无 DTFT 函数，可通过补零用 DFT/FFT 函数来近似）。

21. 请用 MATLAB 编程复现例 3.5 的结果（提示：可用函数 cconv 计算圆周卷积）。

22. 请用 MATLAB 编程复现例 3.8 的结果（提示：可用函数 ifft 计算 IDFT）。

23. 设线性调频信号 $x(t)$ 的模型如下：

$$x(t) = \cos\left[2\pi\left(\frac{1000 - 10}{5}t + 10\right)t\right], \quad 0 \leqslant t \leqslant 5$$

（1）请绘制该信号的时域波形。

（2）请绘制该信号频率特性随着时间变化的关系（提示：可用函数 chirp 产生线性调频信号，用函数 spectrogram 来演示频率与时间的变化关系，即短时傅里叶变换）。

24. 设信号 $x(t) = 3\cos(2\pi f_1 t) + 5\cos(2\pi f_2 t)$，其中 $f_1 = 431.1\text{Hz}$，$f_2 = 433.3\text{Hz}$，$f_s = 2048\text{Hz}$，试分别用 DFT 算法和 CZT 算法分析该信号的频谱，其中 DFT 点数取 4096，CZT 点数取 1024，$A = \exp(\text{j}2\pi \cdot 428/f_s)$，$W = \exp(-\text{j}2\pi \cdot 0.01/f_s)$（提示：可用函数 czt 计算线性调频 z 变换）。

25. 已知信号 $x(n)$ 为

$$x(n) = \begin{cases} 1, & 0 \leqslant n \leqslant 9 \\ 0, & \text{其他 } n \end{cases}$$

试用 CZT 算法计算该信号前 30 点的频谱，假设 $A_0 = 0.8$，$W_0 = 1.2$，$\theta_0 = \dfrac{\pi}{3}$，$\phi_0 = \dfrac{2\pi}{20}$。

第4章

离散傅里叶变换的应用

本章主要介绍离散傅里叶变换的应用,包括利用 DFT 来分析模拟信号的频谱,利用 DFT 来计算线性卷积等。通过第 5 章的学习,还可以了解到快速傅里叶变换(FFT)是 "加速版"的 DFT,基于 DFT 的各种应用都可以通过 FFT 算法来快速实现,即实现模拟信号频谱的"快速分析"、线性卷积的"快速计算"等。

4.1 分析模拟信号的频谱

本节主要介绍如何利用 DFT 分析非周期模拟信号的频谱。需要说明的是,利用 DFT 来分析模拟信号的频谱,可分为周期和非周期两种情况。 如果是周期模拟信号,其 频谱是离散的,此时就是对傅里叶级数的逼近过程;如果是非周期模拟信号,其频谱是连 续的,此时就是对傅里叶变换的逼近过程。

4.1.1 频谱的近似过程

教学视频

利用 DFT 分析模拟信号频谱的近似过程如图 4.1.1 所示。可以看出,对模拟信号 频谱的分析,并不是仅仅依靠 DFT 运算模块就能"一蹴而就"的,还需要前置抗混叠滤波 器、A/D 采样和时域截断等模块。

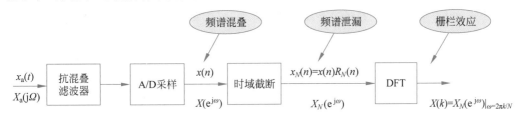

图 4.1.1　利用 DFT 分析模拟信号频谱的近似过程

从图 4.1.1 还可以看出,输入的是模拟信号 $x_a(t)$,其频谱为 $X_a(j\Omega)$,输出为频谱样本 值 $X(k)$。用有限长的样本序列 $X(k)$ 去表示无限长的连续函数 $X_a(j\Omega)$,这只能是一个近 似过程。从 $X_a(j\Omega)$ 到 $X(e^{j\omega})$,再到 $X_N(e^{j\omega})$,最后到 $X(k)$,一步步的近似伴随着真实频谱 的一次次失真,我们所能做的就是让这些失真尽可能降低,控制在我们能接受的范围之内。

在这个流程中,主要有三次近似(失真)过程,分别是 A/D 采样引起的频谱混叠、时 域截断引起的频谱泄漏、DFT 运算带来的栅栏效应,采取的应对措施分别是提高采样率、 增加数据长度、数据补零。

第一次失真是由 A/D 采样引起的。时域采样,对应频域周期延拓,根据奈奎斯特采 样定理可知,要想在频域周期延拓的过程中不发生频谱混叠,则采样率必须大于或等于 信号最高频率的 2 倍。但在很多情况下,对信号的频带范围并不能准确估计,此时只能 尽可能提高采样率来防止频谱混叠。

另外,在 A/D 采样之前可以用一个模拟低通滤波器(抗混叠滤波器),将信号的最高 频率限制在 $f_s/2$ 以下。根据模拟滤波器的特性可知,$x_a(t)$ 通过抗混叠滤波器之后,大 于 $f_s/2$ 的频率分量只是被抑制了,并不会彻底消失,因此在后续的 A/D 采样过程中或多或少还是存在频谱混叠现象,此时也只能通过提高采样率来减轻频谱混叠。下面通过一个例题来演示提高采样率和减轻频谱混叠的关系。

例 4.1 对模拟指数信号 $x_a(t) = e^{-t}u(t)$ 进行时域采样,采样率分别为 2Hz 和 5Hz,对比不同采样率下采样信号频谱和原信号频谱。

解:对于模拟指数信号 $x_a(t) = e^{-t}u(t)$,其频谱(CTFT)为

$$X_a(j\Omega) = \int_{-\infty}^{\infty} x_a(t) e^{-j\Omega t} \, dt = \int_0^{\infty} e^{-t} e^{-j\Omega t} \, dt = \frac{1}{1 + j\Omega}$$

其幅度谱为

$$|X_a(j\Omega)| = \frac{1}{\sqrt{1 + \Omega^2}}$$

设采样率为 f_s,采样周期 $T = 1/f_s$,则此时的采样信号为

$$x(n) = x_a(nT) = e^{-nT}u(n)$$

采样信号的频谱(DTFT)为

$$X(e^{j\omega}) = \sum_{n=0}^{\infty} e^{-nT} e^{-j\omega n} = \frac{1}{1 - e^{-T} e^{-j\omega}}$$

采样信号频谱 $X(e^{j\omega})$ 和原信号频谱 $X_a(j\Omega)$ 如图 4.1.2 所示。从图中可以看出,对于无限带宽的连续指数信号,频谱混叠现象始终存在,如果采样率越高,则频谱混叠效应越低。

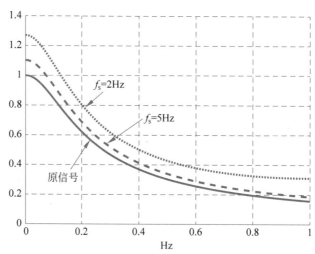

图 4.1.2 连续指数信号采样前后的幅度谱

需要说明的是,为了把 $X(e^{j\omega})$ 和 $X_a(j\Omega)$ 放在同一个坐标图中进行对比,首先,需要利用频率变换关系式 $f = \frac{\Omega}{2\pi}$ 和 $f = \frac{\omega}{2\pi T}$,将模拟角频率 Ω 和数字频率 ω 统一用模拟频率 f 来表示;其次,在编程绘图时需要对采样信号频谱 $X(e^{j\omega})$ 的幅度乘以因子 T。这是因为对信号时域采样,会引起频域的周期延拓,并且周期延拓的频谱会有一个幅度加权因子 $1/T$(见式(2.1.5)),在第 6 章介绍"脉冲响应不变法"时也会用到这个特性。

4.1.2 增加数据长度：提高频率分辨率

第二次失真是由数据在时域截断引起的。由于运算方式和存储容量的限制，计算机只能处理离散且有限长的数据，故"不得不"将无限长的采样序列在时域截断，再进行后续处理。现以余弦序列 $x(n) = \cos(\omega_0 n)$ 为对象，分析其在时域截断前后频谱的变化规律。

对于无限长的余弦序列，其频谱为(见表 2.1)

$$X(e^{j\omega}) = \pi \sum_{k=-\infty}^{\infty} \left[\delta(\omega + \omega_0 + 2k\pi) + \delta(\omega - \omega_0 + 2k\pi) \right] \tag{4.1.1}$$

现用矩形窗对余弦序列进行时域截断，得到 $x_N(n) = \cos(\omega_0 n) R_N(n)$，根据频域卷积定理(见表 2.2)可知，时域相乘对应频域的卷积运算，即

$$X_N(e^{j\omega}) = \frac{1}{2\pi} X(e^{j\omega}) * W_N(e^{j\omega}) \tag{4.1.2}$$

根据例 3.2 的结论可知，N 点矩形序列的 DTFT 结果为

$$W_N(e^{j\omega}) = \frac{1 - e^{-j\omega N}}{1 - e^{-j\omega}} = e^{-j\omega \frac{N-1}{2}} \frac{\sin(\omega N/2)}{\sin(\omega/2)} \tag{4.1.3}$$

余弦信号的频谱为冲激函数串，在此仅考虑 $[-\pi, \pi]$ 区间正频率的 DTFT 结果，可得

$$X_N(e^{j\omega}) = \frac{1}{2} W_N(e^{j(\omega-\omega_0)}) = \frac{1}{2} \frac{1 - e^{-j(\omega-\omega_0)N}}{1 - e^{-j(\omega-\omega_0)}} \tag{4.1.4}$$

图 4.1.3 给出了截断前后余弦序列的幅度谱。从图中可以看出，余弦序列幅度谱在截断前为冲激函数 $\pi\delta(\omega - \omega_0)$，截断后的幅度谱"变宽变多"了，占据了整个 $[-\pi, \pi]$ 区间，频谱出现在了不该出现的区间，"泄漏"到了 $\omega = \omega_0$ 之外。

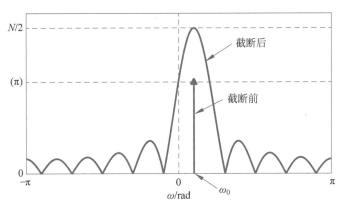

图 4.1.3 截断前后余弦序列的幅度谱

如果把窗长度 N 逐渐加大，余弦序列频谱的主瓣会变得又高又窄。当 $N \to \infty$ 时，主瓣宽度趋向于 0，高度趋向于无穷大，变化为冲激函数，如图 4.1.4 所示。

对连续时间余弦信号采样，只要满足奈奎斯特采样定理的要求就不会带来频谱的混叠失真。但是，对采样后的余弦序列进行时域截断就会引起频谱泄漏，这是无法避免的。

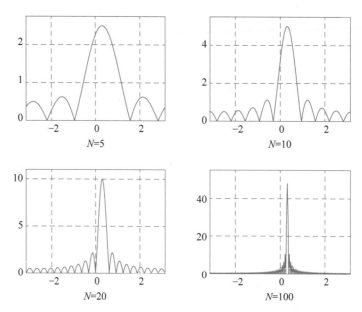

图 4.1.4　窗长与有限长余弦序列幅度谱关系

对于两个不同频率的余弦序列 $\cos(\omega_1 n)$ 和 $\cos(\omega_2 n)$，在频域上本来是"泾渭分明"的两个冲激函数，但时域截断使得它们的频谱变得"胖乎乎"的，不同余弦序列频谱的主/旁瓣相互"渗透"。

图 4.1.5 给出了 $\cos(\omega_1 n)+\cos(\omega_2 n)$ 的幅度谱(实线)，它实际由两个余弦序列频谱(虚线)叠加而成的。但在实际情况下，并不知道这两根虚线的存在，也不知道它们的确切位置，甚至不清楚有几根虚线。相比时域截断之前的冲激函数，现在的频率分辨能力下降了不少。下面介绍"频率分辨率"的概念，即能区分的最小频率间隔 $\Delta\omega = |\omega_1 - \omega_2|$。

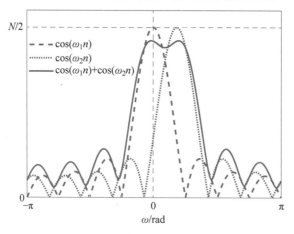

图 4.1.5　$\cos(\omega_1 n)+\cos(\omega_2 n)$ 的幅度谱

由式(4.1.4)可知，N 点余弦序列频谱的旁瓣每隔 $2\pi/N$ 出现一次零值，主瓣关于 $\omega = \omega_0$ 对称，主瓣左右部分的宽度也为 $2\pi/N$。

彩图

当两个余弦序列的频谱主瓣部分重叠超过一半时,我们认为这两个余弦序列"**无法分辨**",此时$|\omega_1-\omega_2|<2\pi/N$,如图 4.1.6 所示。

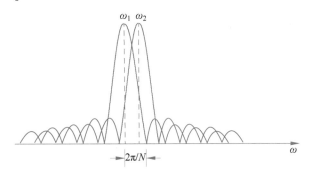

图 4.1.6　两个"无法分辨"的余弦序列幅度谱

当两个余弦序列的频谱主瓣部分重叠不足一半时,可以认为这两个余弦序列"**可以分辨**",此时$|\omega_1-\omega_2|>2\pi/N$,如图 4.1.7 所示。

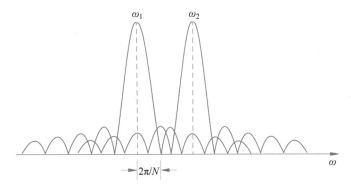

图 4.1.7　两个"可以分辨"的余弦序列幅度谱

当两个余弦序列的频谱主瓣部分重叠恰好一半时,可以认为这两个余弦序列"**刚好分辨**",此时$|\omega_1-\omega_2|=2\pi/N$,如图 4.1.8 所示。

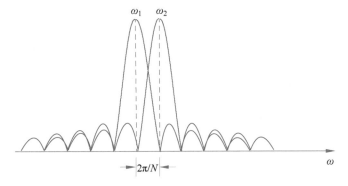

图 4.1.8　两个"刚好分辨"的余弦序列幅度谱

动图

将图 4.1.8 所示的情况视为两个频率能够区分开的极限情况,并定义此时的频率差为频率分辨率,即

$$\Delta\omega = \mid \omega_1 - \omega_2 \mid = \frac{2\pi}{N} \tag{4.1.5}$$

可以看出,频率分辨率完全由有效数据点数决定。如果想区分频率为 ω_1 和 ω_2 的两个余弦序列,有效数据的点数

$$N \geqslant \frac{2\pi}{\mid \omega_1 - \omega_2 \mid} \tag{4.1.6}$$

也可以用模拟频率来定义频率分辨率,即

$$\Delta f = \mid f_1 - f_2 \mid = \frac{f_s}{N} \tag{4.1.7}$$

如果想区分模拟频率为 f_1 和 f_2 的两个余弦序列,有效数据的时长

$$T_0 \geqslant NT = N\frac{1}{f_s} = \frac{1}{\Delta f} \tag{4.1.8}$$

从式(4.1.8)可以看出,有效数据的时长决定了系统频率分辨率,反过来频率分辨率也决定了系统开机时长(有效数据时长)。

需要注意的是,前面的讨论都是建立在对频谱(DTFT)分析的基础上,但实际上在计算机中采用的是 DFT 算法。DFT 是对 DTFT 在频域的均匀采样,对 DTFT 的分析相当于是对 DFT 算法性能在极限情况下的分析,即采样间隔无穷小的极限情况。

例 4.2 对于双频周期信号 $x_a(t) = \cos(4000\pi t) + \cos(4200\pi t)$,采样率 $f_s = 10\text{kHz}$,采样后再用长度为 N 的矩形窗进行截断得到 $x(n)$,请问需要截取多长的数据点才能利用 DFT 算法将两个频率成分区分开,并绘制 $x(n)$ 的幅度谱。

解:可知 $f_1 = 2000\text{Hz}$,$f_2 = 2100\text{Hz}$,故最小数据长度为

$$N \geqslant \frac{2\pi}{\mid \omega_1 - \omega_2 \mid} = \frac{f_s}{\mid f_1 - f_2 \mid} = \frac{10000}{\mid 2000 - 2100 \mid} = 100$$

对截断后的双频周期信号进行 DFT 运算,并对其幅度归一化处理,得到幅度谱如图 4.1.9 所示。从图 4.1.9 中"惊奇"地发现,100 点 DFT 得到的幅度谱中"竟然"没有出现两个谱峰,即使把数据长度提高到 140 点也无甚变化,在 4.1.3 节会详细分析这个现象。

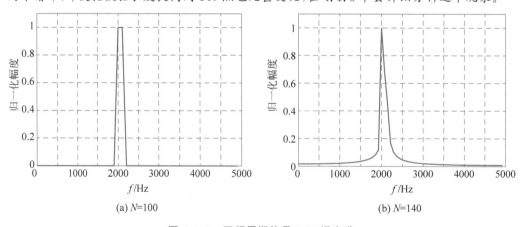

(a) N=100 　　　　　　　　　　　　(b) N=140

图 4.1.9 双频周期信号 DFT 幅度谱

4.1.3 数据补零：提高频谱采样密度

第三次失真是由于 DFT 运算引起的。对 N 点数据进行 N 点 DFT 运算，即对连续频谱（DTFT）进行了 N 次等间隔采样，但在采样点之间无法对连续频谱进行采样，造成了对频谱观测的"视觉盲区"，这也就是所谓的"栅栏效应"。

顾名思义，"栅栏效应"就是比喻在栅栏后面观测景物，如图 4.1.10 所示，只能从栅栏缝隙处（离散采样点）窥探景物（连续波形），其他地方的景物被栅栏遮挡无从观测。

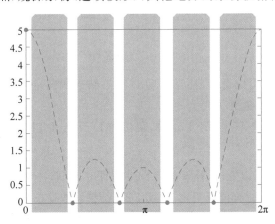

图 4.1.10　栅栏效应示意图

其实在例 3.2 中，就已经与栅栏效应"不期而遇"了。例 3.2 要求画出 N 点矩形序列的 DTFT 和 DFT 幅度谱，如图 4.1.11（a）所示，有 DTFT 幅度谱作背景，很容易看出 DFT 是对 DTFT 在频域的均匀采样。但如果撤去 DTFT 幅度谱这个"背景"，采样点之间没有任何可用的数据点，只能"硬生生"地将仅有的 N 个采样值绘制成图 4.1.11（b）的形式，该结果当然与采样前的幅度谱严重失真了。

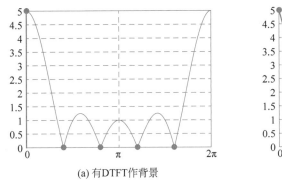
(a) 有DTFT作背景

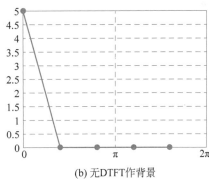
(b) 无DTFT作背景

图 4.1.11　N 点矩形序列 DFT 幅度谱

在例 3.3 中，知道在数据后面补零，可以提高 DFT 在频域的采样密集程度，也就是增多频域采样点，从而减轻栅栏效应。

对于 N 点长的数据 $x(n)$，设 $x(n)$ 的频谱（DTFT）为 $X(\mathrm{e}^{\mathrm{j}\omega})$，则

$$X(\mathrm{e}^{\mathrm{j}\omega}) = \mathrm{DTFT}[x(n)] = \sum_{n=0}^{N-1} x(n)\mathrm{e}^{-\mathrm{j}\omega n} \qquad (4.1.9)$$

对 $x(n)$ 做 N 点 DFT 运算，由 DFT 与 DTFT 的关系可知

$$X(k) = X(\mathrm{e}^{\mathrm{j}\omega})\Big|_{\omega=\frac{2\pi}{N}k}, \qquad k = 0,1,\cdots,N-1 \qquad (4.1.10)$$

如果在数据 $x(n)$ 后面补 M 个零，即 $x'(n) = \{x(n), \underbrace{0,0,\cdots,0}_{M\text{个}}\}$，补零序列的频谱为

$$X'(\mathrm{e}^{\mathrm{j}\omega}) = \mathrm{DTFT}[x'(n)] = \sum_{n=0}^{M+N-1} x'(n)\mathrm{e}^{-\mathrm{j}\omega n}$$

$$= \sum_{n=0}^{N-1} x(n)\mathrm{e}^{-\mathrm{j}\omega n} = X(\mathrm{e}^{\mathrm{j}\omega}) \qquad (4.1.11)$$

从式(4.1.11)结果可以看出，补零前后 DTFT 结果相同，说明 DTFT 结果只取决于有效数据长度，与补零点数无关。

此时对 $x'(n)$ 做 $N+M$ 点 DFT 运算，仍然由 DFT 与 DTFT 的关系可知

$$X'(k) = X'(\mathrm{e}^{\mathrm{j}\omega})\Big|_{\omega=\frac{2\pi}{N+M}k} = X(\mathrm{e}^{\mathrm{j}\omega})\Big|_{\omega=\frac{2\pi}{N+M}k}, \qquad k = 0,1,\cdots,N+M-1 \qquad (4.1.12)$$

从式(4.1.12)结果可以看出，补零前后 DFT 结果不相同，补零前采样点数为 N，补零后采样点数增加为 $N+M$，采样间隔更密，说明 DFT 结果同数据长度与补零点数都相关。

例 4.3 通过补零的方法，重新分析例 4.2，补零点数 M 分别设为 0、$0.5N$、N 和 $2N$。

解：在例 4.2 中，已知所需最小数据点数为 $N=100$，在这 N 点长数据后面补 M 个零，再进行 DFT 分析，绘制幅度谱，如图 4.1.12 所示。

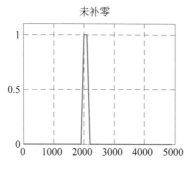

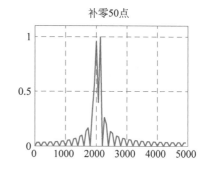

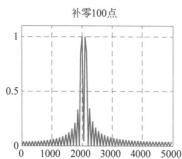

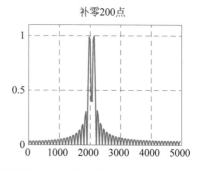

图 4.1.12　补零双频周期信号 DFT 幅度谱

从图 4.1.12 可以看出,未补零的情况与图 4.1.9(a)完全一致,随着补零点数的增加,幅度谱中逐步呈现出两个谱峰,中心频率分别为 2kHz 和 2.1kHz。其实这两个谱峰本来就存在于频谱(DTFT)中,只不过是 DFT 带来的栅栏效应把这两个谱峰"遮蔽"起来了,随着补零点数的增多,栅栏效应逐步减轻,使得本该出现的这两个谱峰逐渐清晰起来。

图 4.1.13 给出了图 4.1.9(a)的局部"特写",这就很形象地解释了两个谱峰是如何变为了一个"平顶山"。

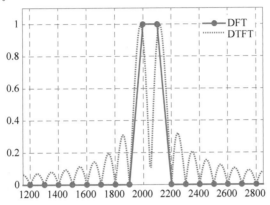

图 **4.1.13** 双频周期信号特写(图 4.1.9 局部)

例 4.4 设信号模型如下所示,信号长度为 N,采样率 $f_s = 10\text{kHz}$。

$$x_a(t) = \cos(2\pi f_1 t) + \cos(2\pi f_2 t) + \cos(2\pi f_3 t) + \cos(2\pi f_4 t)$$

其中,$f_1 = 2\text{kHz}$,$f_2 = 2.05\text{kHz}$,$f_3 = 2.055\text{kHz}$,$f_4 = 2.3\text{kHz}$,请分别给出 N 为 128 点、256 点、512 点和 1024 点的 DFT 幅度谱,假设补零长度等于数据长度。

解:从信号模型可知,最小频率间隔为 $|f_2 - f_3| = 0.005\text{kHz}$,所需要的最小数据点数应该为 2000 点。根据题目要求,不同数据长度的 DFT 幅度谱如图 4.1.14 所示。

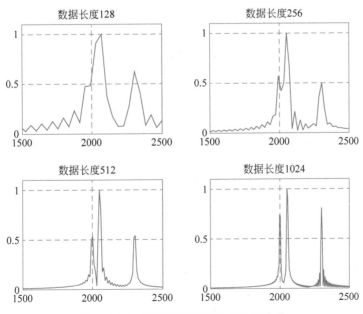

图 **4.1.14** 不同数据长度的 DFT 幅度谱

根据信号的真实模型可知,DFT 结果中应该出现 4 根谱线。但随着数据点数的逐渐增大,图 4.1.14 中最多只出现了 3 根谱线,根本原因在于数据点数 N 不够大,不能把 0.005kHz 这样的最小频率间隔区分开。实际情况下,我们无法得知信号的真实模型,到底要取多大的数据点数(或者采样时间需要多长),只能根据应用需求和系统性能去取舍和折中。

通过例 4.3 和例 4.4 可以得到以下结论:

(1)频率分辨率只取决于有效数据的点数,只有在观察或实验中取得更长的有效数据,才能给 DFT 算法提供更多"货真价实"的新信息来区分两个频率,获得"**高分辨频谱**"。

(2)补零运算只是试图充分发掘既有数据的信息,但没有增加任何新的信息,不能提高频率分辨率,只是提供了采样间隔较密的"**高密度频谱**"。因此,有的文献上也把"频率分辨率"称为"物理分辨率",把补零运算对应的采样间隔称为"频率分辨力"或"计算分辨率"。

为了帮助读者深刻理解用 DFT 分析模拟信号频谱的原理,表 4.1 总结了频谱分析(近似)过程中失真的原因及应对措施。

表 4.1　模拟信号频谱失真原因及应对措施

序号	失真描述及原因	应对措施	备注
1	频谱混叠:时域采样,对应频域周期延拓,在高频部分频谱混叠	提高采样率	
2	频谱泄漏:时域截断(加窗),对应频域(与窗函数频谱)卷积,使得信号频谱扩充(泄漏)到整个$[-\pi,\pi]$区间	增加有效数据长度	频率分辨率 高分辨频谱 物理分辨率
3	栅栏效应:N 点 DFT 是对 DTFT N 点等间隔采样所得,无法观测到采样点之间的频谱形状	对数据补零,提高 DFT 运算点数,即提高 DFT 对 DTFT 采样密集程度	频率分辨力 高密度频谱 计算分辨率

4.2　计算有限长序列的线性卷积

本节主要介绍如何利用 DFT 来计算两个有限长序列的线性卷积。首先介绍线性卷积与圆周卷积的关系,给出通过圆周卷积计算线性卷积的前提条件,随后给出利用 DFT 来计算圆周卷积的流程,最后介绍重叠相加法和重叠保留法,可有效解决参与线性卷积的两个序列长度严重不匹配带来的问题。

4.2.1　线性卷积和圆周卷积的关系

为了推导 DFT 计算两个有限长序列线性卷积的方法,首先推导线性卷积和圆周卷积的关系。设 $x_1(n)$ 为 N_1 点长序列($0 \leqslant n \leqslant N_1-1$),$x_2(n)$ 为 N_2 点长序列($0 \leqslant n \leqslant N_2-1$),则

教学视频

两个序列线性卷积结果为

$$y_l(n) = x_1(n) * x_2(n) = \sum_{m=0}^{N-1} x_1(m) x_2(n-m) \tag{4.2.1}$$

其中线性卷积结果 $y_l(n)$ 的长度为 $N = N_1 + N_2 - 1$，取值范围为 $0 \leqslant n \leqslant N_1 + N_2 - 2$。

根据式(3.2.14)，序列 $x_1(n)$ 和 $x_2(n)$ 的 L 点圆周卷积为

$$y(n) = x_1(n) \; ⓛ \; x_2(n) = \left[\sum_{m=0}^{L-1} x_1(m) x_2((n-m))_L \right] R_L(n) \tag{4.2.2}$$

其中，圆周卷积长度 $L \geqslant \max(N_1, N_2)$。则 $x_1(n)$ 需要补 $L - N_1$ 个零点，$x_2(n)$ 需要补 $L - N_2$ 个零点，$x_1(n) = \{x_1(n), \underbrace{0,0,\cdots,0}_{(L-N_1)\text{个}}\}_0$ 和 $x_2(n) = \{x_2(n), \underbrace{0,0,\cdots,0}_{(L-N_2)\text{个}}\}_0$，补零后的 $x_1(n)$ 和 $x_2(n)$ 都是 L 点长序列。

在此利用时域卷积定理(表2.2)和时域圆周卷积定理(表3.4)等关系来推导线性卷积和圆周卷积的关系。

根据时域卷积定理，线性卷积与其 DTFT 的对应关系为

$$y_l(n) = x_1(n) * x_2(n) \xleftrightarrow{\text{DTFT}} Y_l(\mathrm{e}^{\mathrm{j}\omega}) = X_1(\mathrm{e}^{\mathrm{j}\omega}) X_2(\mathrm{e}^{\mathrm{j}\omega}) \tag{4.2.3}$$

根据时域圆周卷积定理，圆周卷积与其 DFT 的对应关系为

$$y(n) = x_1(n) \; ⓛ \; x_2(n) \xleftrightarrow{\text{DFT}} Y(k) = X_1(k) X_2(k) \tag{4.2.4}$$

图4.2.1给出了线性卷积和圆周卷积的变换关系。从频域上看，DFT 是对 DTFT 在 $[0,2\pi)$ 区间的均匀采样。频域采样，对应于时域的周期延拓，可以看出，L 点的圆周卷积结果 $y(n)$ 是 N 点的线性卷积结果 $y_l(n)$ 经周期延拓后再取主值序列的结果，延拓的周期为 L，主值区间为 $0 \leqslant n \leqslant L-1$。

$$y(n) = \left[\sum_{r=-\infty}^{\infty} y_l(n+rL) \right] R_L(n) \tag{4.2.5}$$

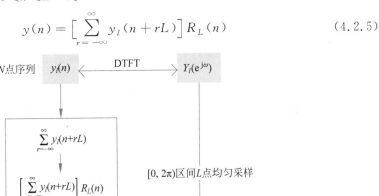

图 4.2.1　圆周卷积和线性卷积的变换关系

从 3.4 节频域采样定理的分析可知,只有当频域采样点数 $L \geq N$ 时,在时域周期延拓的过程中才不会发生混叠。也就是说,当圆周卷积长度 L 大于或等于线性卷积长度 N 时,才能用圆周卷积结果代表(计算)线性卷积结果。

进一步分析可知,当 $L > N = N_1 + N_2 - 1$ 时,即圆周卷积长度大于线性卷积长度,在时域周期延拓的过程中不会发生混叠。此时 L 点圆周卷积可"绰绰有余"地代表 N 点线性卷积的结果,即 $y(n) = \{\underbrace{y_l(n), 0, 0, \cdots, 0}_{(L-N)\uparrow}\}_0$,多出来的部分为 $(L-N)$ 个零值,如图 4.2.2 所示。

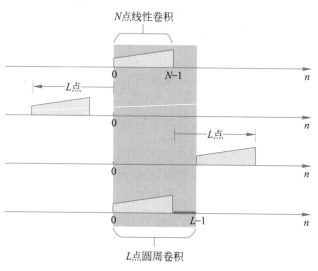

图 4.2.2　圆周卷积长度大于线性卷积长度

当 $L = N = N_1 + N_2 - 1$ 时,即圆周卷积长度等于线性卷积长度,在时域周期延拓的过程中"刚好"不会发生混叠。此时 L 点圆周卷积"不多不少"地代表 N 点线性卷积的结果,即 $y(n) = y_l(n)$,当然也就没有(不需要)零值来补充,如图 4.2.3 所示。

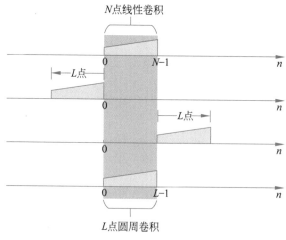

图 4.2.3　圆周卷积长度等于线性卷积长度

当 $L < N = N_1 + N_2 - 1$ 时,即圆周卷积长度小于线性卷积长度,在时域周期延拓的过程中必然会发生混叠。只有在 $N - L \leqslant n \leqslant L - 1$ 范围内未发生混叠,在这个区间里,圆周卷积的结果与线性卷积的结果相同,如图 4.2.4 所示。

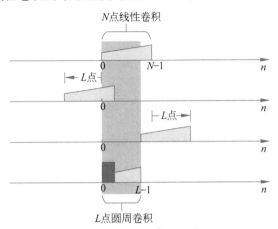

图 4.2.4　圆周卷积长度小于线性卷积长度

例 4.5 计算序列 $x_1(n) = \{1,1,1,1\}_0$ 和 $x_2(n) = \{1,1,1\}_0$ 的线性卷积结果与 L 点圆周卷积结果,分别取 $L = 4$、6 和 8。

解:可按照"翻转→移位→相乘→求和"的步骤计算 $x_1(n)$ 与 $x_2(n)$ 的线性卷积结果,也可用 MATLAB 函数 conv 计算。

下面介绍计算线性卷积的一种简便方法,即**竖式法**。竖式法与竖式乘法的格式相同,采取各点分别乘、分别加、不跨点进位的方法,卷积结果的起始序号为两序列起始序号之和。

列出竖式如下:

$$
\begin{array}{ccccccc}
 & & & 1 & 1 & 1 & 1 \\
\times & & & & 1 & 1 & 1 \\
\hline
 & & & 1 & 1 & 1 & 1 \\
 & & 1 & 1 & 1 & 1 & \\
+ & 1 & 1 & 1 & 1 & & \\
\hline
 & 1 & 2 & 3 & 3 & 2 & 1 \\
\end{array}
$$

两个序列的起始序号都为 0,因此卷积结果的起始序号也为 0,故 $x_1(n)$ 与 $x_2(n)$ 的线性卷积结果为

$$x_l(n) = x_1(n) * x_2(n) = \{1,2,3,3,2,1\}_0$$

利用线性卷积结果,可用图解法计算 L 点圆周卷积结果,因为右移的线性卷积结果总会移出主值区间,故只考虑左移 L 点的那部分即可。

如图 4.2.5 所示,$L = 4$ 点的圆周卷积结果为

$$x_1(n) ④ x_2(n) = \{3,3,3,3\}_0$$

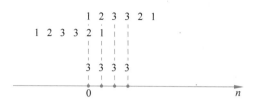

图 4.2.5　图解法计算圆周卷积（$L=4$）

如图 4.2.6 所示，$L=6$ 点的圆周卷积结果为
$$x_1(n)\,⑥\,x_2(n)=\{1,2,3,3,2,1\}_0$$

图 4.2.6　图解法计算圆周卷积（$L=6$）

如图 4.2.7 所示，$L=8$ 点的圆周卷积结果为
$$x_1(n)\,⑧\,x_2(n)=\{1,2,3,3,2,1,0,0\}_0$$

图 4.2.7　图解法计算圆周卷积（$L=8$）

　　根据前面的分析，给出利用 DFT 计算两个有限长序列线性卷积的流程图，只需要让圆周卷积长度与线性卷积长度相等即可，如图 4.2.8 所示。需要强调的是，在具体实现时，框图中的 DFT 算法（包括 IDFT 算法）都是利用 FFT 算法实现的。

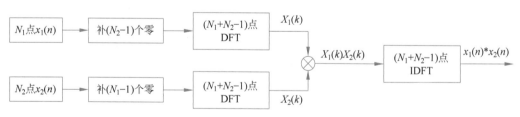

图 4.2.8　利用 DFT 计算两个有限长序列线性卷积流程图

4.2.2　重叠相加法和重叠保留法

教学视频

　　如果参与线性卷积的两个序列 $x(n)$ 和 $h(n)$ 长度严重不匹配，比如 $x(n)$ 的长度远大于 $h(n)$ 的长度，按照图 4.2.8 的流程就需要对 $h(n)$ 补很多的零，以致大量零值参与后续

的 DFT 运算,很不经济。

另外,在实际应用中,$h(n)$ 一般为系统的单位脉冲响应,$x(n)$ 为外部采集的数据。很长的 $x(n)$ 意味着占用大量的存储单元,而且不可能等 $x(n)$ 全部输入系统以后才进行处理,这样会对系统的实时性带来严重影响。

解决的思路就是先将 $x(n)$ 进行分段,分段后与 $h(n)$ 的长度相匹配,再用分段卷积的方法,最后将各段卷积结果进行合理的累加,分段处理的方法一般有重叠相加法和重叠保留法。

1. 重叠相加法

设系统单位脉冲响应 $h(n)$ 的长度为 M,输入数据 $x(n)$ 的长度很长,将 $x(n)$ 分成若干段,每段长度为 N,并且 N 与 M 有相同的数量级。

用 $x_k(n)$ 表示 $x(n)$ 的第 k 段,即 $x_k(n) = x(n) R_N(n-kN)$,则

$$x(n) = \sum_{k=-\infty}^{\infty} x_k(n) \tag{4.2.6}$$

根据卷积和的性质可知

$$y(n) = x(n) * h(n) = \left[\sum_{k=-\infty}^{\infty} x_k(n) \right] * h(n)$$

$$= \sum_{k=-\infty}^{\infty} x_k(n) * h(n) = \sum_{k=-\infty}^{\infty} y_k(n) \tag{4.2.7}$$

上式说明,计算 $x(n)$ 和 $h(n)$ 的线性卷积,可先进行分段线性卷积,再把分段线性卷积结果相加即可,这就是重叠相加法的基本思路。各分段线性卷积结果 $y_k(n)$ 实际上是由 $x_k(n)$ 和 $h(n)$ 的 $N+M-1$ 点圆周卷积计算得到的,具体实现流程如图 4.2.8 所示。

图 4.2.9 给出了重叠相加法的具体实现过程。将 $x(n)$ 以互不重叠的方式分成了三段,每段的长度都为 N。因为 $h(n)$ 的长度为 M,故每段线性卷积结果的长度都为 $N+M-1$,则系统总的输出为 $y(n) = y_0(n) + y_1(n) + y_2(n)$。

特别注意的是,需要将 $y_k(n)$ 的前 $M-1$ 个数值与 $y_{k-1}(n)$ 的后 $M-1$ 个数值(图中打 √ 部分)进行累加,才是最终的线性卷积结果输出。

例 4.6 已知序列 $x(n) = \{1,2,3,4,5,6,7,8,9,10\}_0$,$h(n) = \{1,2,-1\}_0$,请利用重叠相加法计算 $x(n)$ 和 $h(n)$ 的线性卷积结果。

解:$x(n)$ 的长度为 10,$h(n)$ 的长度为 3,可把 $x(n)$ 按 $N=4$ 进行分段,得到

$$\begin{cases} x_0(n) = \{1,2,3,4\}_0 \\ x_1(n) = \{5,6,7,8\}_4 \\ x_2(n) = \{9,10,0,0\}_8 \end{cases}$$

基于图 4.2.8 的流程来计算各段的线性卷积结果,

$$\begin{cases} y_0(n) = \{1,4,6,8,5,-4\}_0 \\ y_1(n) = \{5,16,14,16,9,-8\}_4 \\ y_2(n) = \{9,28,11,-10,0,0\}_8 \end{cases}$$

图 4.2.9 重叠相加法

如图 4.2.10 所示,将上述卷积结果进行累加后可得

$$y(n) = \{1,4,6,8,10,12,14,16,18,20,11,-10\}_0$$

$y_0(n)$	1	4	6	8	5	−4						
$y_1(n)$					5	16	14	16	9	−8		
$y_2(n)$								9	28	11	−10	
$y(n)$	1	4	6	8	10	12	14	16	18	20	11	−10

图 4.2.10 重叠相加法计算线性卷积结果($N=4$)

也可以把 $x(n)$ 按 $N=5$ 进行分段,得到

$$\begin{cases} x_0(n) = \{1,2,3,4,5\}_0 \\ x_1(n) = \{6,7,8,9,10\}_5 \end{cases}$$

各段的线性卷积结果为

$$\begin{cases} y_0(n) = \{1,4,6,8,10,6,-5\}_0 \\ y_1(n) = \{6,19,16,18,20,11,-10\}_5 \end{cases}$$

如图 4.2.11 所示,将上述卷积结果进行累加后可得

$$y(n) = \{1,4,6,8,10,12,14,16,18,20,11,-10\}_0$$

可以看出,对 $x(n)$ 按照不同的长度进行分段,最终的线性卷积结果(必然)是相同的。

$y_0(n)$	1	4	6	8	10	6	-5					
$y_1(n)$						6	19	16	18	20	11	-10
$y(n)$	1	4	6	8	10	12	14	16	18	20	11	-10

图 4.2.11 重叠相加法计算线性卷积结果($N=5$)

2. 重叠保留法

设系统单位脉冲响应 $h(n)$ 的长度为 M,将输入数据 $x(n)$ 进行分段,每段长度为 N。将 $h(n)$ 与 $x(n)$ 的第 k 段 $x_k(n)$ 做 N 点圆周卷积,得

$$y_k(n) = x_k(n) \textcircled{N} h(n) \tag{4.2.8}$$

根据线性卷积与圆周卷积的关系可知,各段圆周卷积结果中前 $M-1$ 个点都发生了混叠,只有剩下的 $N-M+1$ 个结果才与线性卷积结果相同,"干脆"在对 $x(n)$ 进行分段的过程中,让前后数据段重叠 $M-1$ 个点。此时,每段只输出 $N-M+1$ 个正确结果,将正确结果首尾连接就是总的线性卷积结果,这就是重叠保留法的基本思路。

图 4.2.12 给出了重叠保留法的具体实现过程。将 $x(n)$ 以前后重叠的方式进行分段,每段长度都为 N,重叠部分长度是 $M-1$。每段圆周卷积的结果都是 N 点长,其中前 $M-1$ 点数值发生混叠需要舍弃(图中打×部分),只有后 $N-M+1$ 点才能代表线性卷积结果。

例 4.7 同例 4.6,请利用重叠保留法计算 $x(n)$ 和 $h(n)$ 的线性卷积结果。

解:将 $x(n)$ 按 $N=6$ 进行分段,前后数据段重叠长度为 $M-1=2$,并在第一段数据 $x_0(n)$ 前补 2 个零,得到

$$\begin{cases} x_0(n) = \{0,0,1,2,3,4\}_{-2} \\ x_1(n) = \{3,4,5,6,7,8\}_2 \\ x_2(n) = \{7,8,9,10,0,0\}_6 \end{cases}$$

利用 DFT/FFT 来计算各段的 $N=6$ 点圆周卷积结果,

$$\begin{cases} y_0(n) = \{5,-4,1,4,6,8\}_{-2} \\ y_1(n) = \{12,2,10,12,14,16\}_2 \\ y_2(n) = \{7,22,18,20,11,-10\}_6 \end{cases}$$

如图 4.2.13 所示,舍弃每段圆周卷积结果前 $M-1=2$ 个数值(打×部分),将剩余数值按顺序连接起来,可得线性卷积结果为

$$y(n) = \{1,4,6,8,10,12,14,16,18,20,11,-10\}_0$$

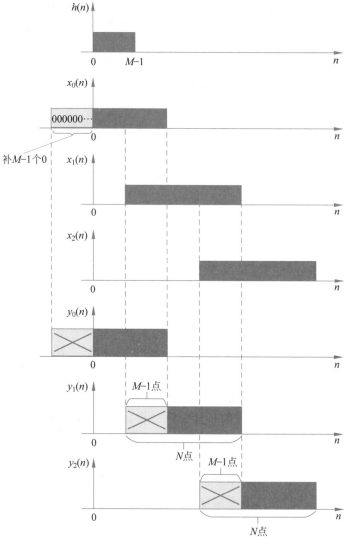

图 4.2.12　重叠保留法

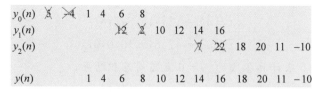

图 4.2.13　重叠保留法计算线性卷积结果($N=6$)

　　重叠相加法在分段时很简单,不"拖泥带水",但最终输出结果需要将重叠部分进行累加;重叠保留法在分段时需要前后重叠 $M-1$ 个点,最终只需要去掉各段圆周卷积结果的前 $M-1$ 个数值后首尾连接即可。这两种方法的运算量是差不多的,其中重叠相加法分段线性卷积结果是由 $N+M-1$ 点的圆周卷积结果计算得到的。

为便于读者学习和对比,表 4.2 将重叠相加法和重叠保留法的特点进行了对比。

表 4.2　重叠相加法和重叠保留法特点

	重叠相加法	重叠保留法
分段方式	分段时不重叠	分段时前后重叠 $M-1$ 个点,M 为 $h(n)$ 长度,第 1 段前面补 $M-1$ 个零
运算特点	圆周卷积结果不混叠	各段圆周卷积结果前 $M-1$ 个点混叠
结果输出	各段结果重叠相加	去掉各段圆周卷积结果前 $M-1$ 个点,剩余部分首尾连接

4.3　计算线性相关

在"随机信号分析与处理""统计信号处理"等课程中,线性相关是一个非常重要的概念,它反映了两组信号经过一段时间差后的线性相关程度。对这种关系密切程度的表征就是相关函数,一般包括互相关函数和自相关函数。

本课程讨论的线性相关,仅限于确定性信号。设有两个实序列 $x(n)$ 和 $y(n)$,定义这两个序列的互相关函数为

$$r_{xy}(m) = \sum_{n=-\infty}^{\infty} x(n)y(n-m) \tag{4.3.1}$$

从式(4.3.1)的定义可知,互相关运算的步骤为"平移→相乘→求和",与线性卷积相比缺少了"翻转"这个步骤。

根据定义,实序列 $y(n)$ 和 $x(n)$ 的互相关函数定义为

$$r_{yx}(m) = \sum_{n=-\infty}^{\infty} y(n)x(n-m) \tag{4.3.2}$$

令 $p=n-m$,因为 m 是有限值,故 p 与 n 有相同取值范围,式(4.3.2)可以改写为

$$r_{yx}(m) = \sum_{p=-\infty}^{\infty} y(p+m)x(p)$$

$$= \sum_{n=-\infty}^{\infty} x(n)y(n+m) = r_{xy}(-m) \neq r_{xy}(m) \tag{4.3.3}$$

式(4.3.3)的结论说明两个问题:①对于不同序列,互相关函数不满足交换律,即 $r_{xy}(m) \neq r_{yx}(m)$;②互相关函数不是偶对称的,即 $r_{xy}(m) \neq r_{xy}(-m)$。

设 $x(n)$ 为 N_1 点长序列,取值范围为 $0 \leqslant n \leqslant N_1-1$,$y(n)$ 为 N_2 点长序列,取值范围为 $0 \leqslant n \leqslant N_2-1$。由式(4.3.1)可知,计算 $x(n)$ 和 $y(n)$ 的互相关函数,不需要移动序列 $x(n)$,只需要对序列 $y(n)$ 进行左右平移即可。

如图 4.3.1 所示,$y(n)$ 左移的最远距离为 N_2-1 点,右移的最远距离为 N_1-1 点,超出这个移动范围,序列 $x(n)$ 和 $y(n)$ 无重叠。

左移时 m 取负值,右移时 m 取正值,所以 $r_{xy}(m)$ 中 m 的取值范围为

$$-(N_2-1) \leqslant m \leqslant N_1-1 \tag{4.3.4}$$

需要注意的是,$r_{xy}(m)$ 的取值与 $x(n)$ 和 $y(n)$ 的顺序有关(不满足交换律),故

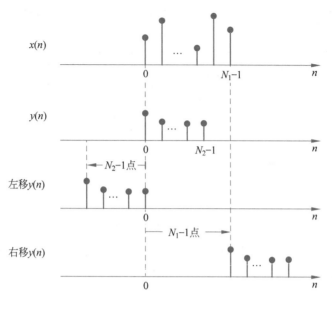

图 4.3.1 $r_{xy}(m)$ 中 $y(n)$ 的移动范围

$r_{xy}(m)$ 和 $r_{yx}(m)$ 中 m 的取值范围是不同的。

如果 $x(n) = y(n)$，则可定义序列 $x(n)$ 的自相关函数为

$$r_{xx}(m) = \sum_{n=-\infty}^{\infty} x(n)x(n-m) \tag{4.3.5}$$

易知，$r_{xx}(m) = r_{xx}(-m)$，故自相关函数是偶对称的，且 $r_{xx}(m)$ 中 m 的取值范围是关于 $m=0$ 对称的。

当 $m=0$ 时，自相关函数取最大值。这是很显然的，因为任何序列与自身的相似程度肯定是最大的。

$$r_{xx}(0) = \sum_{n=-\infty}^{\infty} x^2(n) \geqslant r_{xx}(m) \tag{4.3.6}$$

从式(4.3.6)也可知，$r_{xx}(0)$ 表示序列 $x(n)$ 的能量。

将互相关函数的计算公式改写如下：

$$r_{xy}(m) = \sum_{n=-\infty}^{\infty} x(n)y(n-m)$$

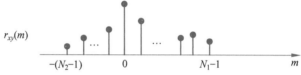

$$= \sum_{n=-\infty}^{\infty} x(n)y[-(m-n)] = x(m) * y(-m) \tag{4.3.7}$$

上式表明，互相关函数可以用线性卷积来表示。4.2 节讨论了如何用 DFT/FFT 来

计算线性卷积,以此类推,亦可用 DFT/FFT 来计算线性相关。由于要进行 DFT/FFT 运算,因此计算线性相关的两个序列必须是有限长的。

设 $x(n)$ 为 N_1 点长实数序列,取值范围为 $0 \leqslant n \leqslant N_1 - 1$,$y(n)$ 为 N_2 点长实数序列,取值范围为 $0 \leqslant n \leqslant N_2 - 1$。因为 $x(n)$ 和 $y(n)$ 都是实序列,根据圆周共轭对称特性(表 3.4),可知 $\mathrm{DFT}[y(-n)] = Y^*(k)$。

根据前面的分析,给出利用 DFT 计算两个有限长序列线性相关的流程图,如图 4.3.2 所示。与 DFT 计算线性卷积的过程(图 4.2.8)相比,图 4.3.2 只多了一个取共轭操作。

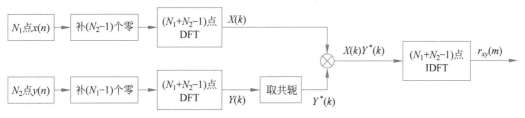

图 4.3.2　利用 DFT 计算两个有限长序列线性相关流程图

在具体实现图 4.3.2 的步骤时,需要注意:①框图中的 DFT 算法(包括 IDFT 算法)都是利用 FFT 算法实现的;②计算出 $r_{xy}(m)$ 的数值后,还需要根据式(4.3.4)确定 m 的取值范围。

相关函数和线性卷积的运算方式非常类似,但相关函数表示的是两个信号序列的线性相关程度,而线性卷积表示的是信号序列通过系统的一种变换,二者物理意义完全不同。

例 4.8　设序列 $x(n) = \{1, 2, 3, 3, 2, 1\}_0$,$y(n) = \{3, -2, 1, -1\}_0$,试计算互相关序列 $r_{xy}(m)$ 和 $r_{yx}(m)$,并绘制出互相关序列的波形。

解:有三种方法可以计算有限长序列 $x(n)$ 和 $y(n)$ 的互相关函数:第一种方法是按照式(4.3.1),根据互相关函数的定义来计算;第二种方法是利用 DFT 来计算互相关,即图 4.3.2 的步骤;第三种是直接利用 MATLAB 函数 xcorr 来计算互相关,结果如图 4.3.3 所示。

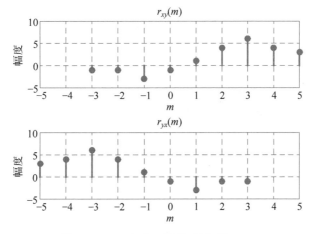

图 4.3.3　互相关函数波形图(例 4.8)

对于 $r_{xy}(m)$，用这三种方法都可计算出如下序列：

$$\{-1,-1,-3,-1,1,4,6,4,3\}$$

根据式(4.3.4)确定 m 的取值范围，可得

$$r_{xy}(m) = \{-1,-1,-3,-1,1,4,6,4,3\}_{-3}$$

同理，可得 $y(n)$ 和 $x(n)$ 的互相关函数为

$$r_{yx}(m) = \{3,4,6,4,1,-1,-3,-1,-1\}_{-5}$$

可以看出，交换 $x(n)$ 和 $y(n)$ 的顺序，互相关函数结果并不相同，但 $r_{xy}(m)$ 和 $r_{yx}(m)$ 关于 $m=0$ 互为偶对称关系，即 $r_{xy}(m) = r_{yx}(-m)$。

例 4.9 设序列 $x(n) = \{1,2,3,3,2,1\}_0$，试计算自相关序列 $r_{xx}(m)$，并绘制出自相关序列的波形。

解：与例 4.8 的计算类似，可计算出 $x(n)$ 的自相关函数为

$$r_{xx}(m) = \{1,4,10,18,25,28,25,18,10,4,1\}_{-5}$$

从图 4.3.4 可以看出，自相关函数 $r_{xx}(m)$ 关于 $m=0$ 偶对称，并且最大值出现在 $m=0$ 处。

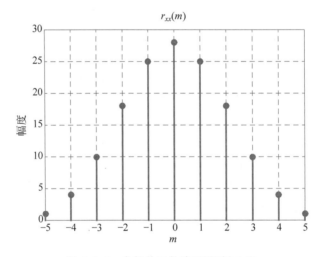

图 4.3.4　自相关函数波形图(例 4.9)

习题

1. 模拟信号以 8kHz 的速率被采样，计算了 512 个采样点的 DFT，试确定频谱采样点之间的频率间隔。

2. 设有一谱分析用的信号处理器，采样点数必须为 2 的整数次幂，假设没有采用任何特殊的数据处理措施，要求频率分辨率不大于 10Hz。如果采样间隔为 0.1ms，试确定：

(1) 数据最小记录长度；

(2) 所允许处理的信号最高频率；

(3) 在一个记录中的最少数据点数。

3. 连续波测速雷达(图 T4.1)的解调回波可表示如下：

$$s(t) = \sum_{i=1}^{N} \sigma_i e^{j2\pi f_i t}$$

其中，f_i 为第 i 个目标的多普勒频率，N 为目标数目，σ_i 为第 i 个目标的散射系数(假设为常量)。

彩图

图 T4.1 连续波测速雷达

通过对解调回波进行采样和频谱分析，依据谱峰得到多普勒频率，再利用多普勒频率与径向速度的关系计算目标径向速度，实现连续波雷达测速。目标朝雷达运动时为正，否则为负。多普勒频率正比于目标径向速度，反比于雷达波长，数学上表示为 $f_i = 2v_i/\lambda$。假设测速雷达载频为 1GHz，试求解以下问题：

(1) 对解调回波进行时域采样，若不满足采样定理则会出现频谱混叠现象。对于多普勒频率超出折叠频率的目标，仅通过谱分析不能准确确定其多普勒频率，因此也就无法准确给出该目标的径向速度，此种情况称为速度模糊。要使雷达不模糊测速区间至少包含 $[-120, 120]$(m/s)，请问对回波的采样速率有何要求？

(2) 假设雷达探测到两个径向速度分别为 -60m/s 和 90m/s 的目标，散射系数都为 2，请给出解调回波 $s(t)$ 的数学表达式，以及以 1.5kHz 采样率得到的序列 $s(n)$ 的表达式。

(3) 假设以 1.024kHz 采样率获取 2048 个采样点，试求速度分辨率。

(4) 对采样数据做 2048 点的 FFT，分别在第 513 根和第 1181 根谱线检测到谱峰，试确定雷达探测到的目标数及各目标的速度。

4. 太赫兹雷达(图 T4.2)通过发射高载频、大带宽线性调频信号获得高分辨距离像。高分辨距离像是用宽带雷达信号获取的目标散射点回波在雷达视线上投影的向量和。

彩图

图 T4.2 太赫兹雷达

假设太赫兹雷达中心频率为 220GHz,带宽为 10GHz,频域采样点数为 1024,试求解以下问题:

(1) 对雷达接收到的回波信号进行脉冲压缩可以得到目标距离像,距离像可视为矩形包络的频域信号的傅里叶反变换。已知带宽为 B 的线性调频信号脉冲压缩后理想形式为 $\mathrm{Sa}(\pi Bt)$,分辨率就是 $-3\mathrm{dB}$ 宽度,一般也可近似为从函数顶点到第一零点横坐标之间的距离,如图 T4.3 所示。试求此时距离维时延的分辨率。

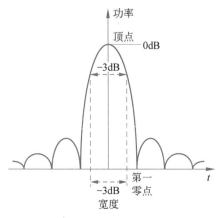

图 T4.3 距离维时延分辨率技术示意图

(2) 雷达距离分辨率是指雷达在距离上区分邻近目标的能力,通常以最小可分辨的距离间隔来度量。成像过程中雷达向目标发射线性调频信号,目标后向散射的回波信号被雷达接收。在第(1)问的基础上,请计算此时雷达的距离分辨率。

5. 利用一个单位脉冲响应长度为 50 的数字滤波器对一串较长的数据进行滤波处理,采用重叠保留法通过 DFT 来实现该系统。要求:(1)输入各段必须重叠 V 个采样值;(2)必须从每段产生的输出中取出 M 个数据,把这些数据连在一起,得到的即为所要求的输出序列。假设各段输入数据长度为 100,DFT 的长度为 128,圆周卷积的输出序列标号为 0~127,试求:

(1) V 的取值;

(2) M 的取值;

(3) 求取出来的 M 个数据点的起始位置和终止位置,即确定从圆周卷积的 128 个点要取出哪些点与前一段的点连接起来。

6. 4.3 节介绍了计算实序列 $x(n)$ 和 $y(n)$ 的互相关函数 $r_{xy}(m)$,并给出了 m 的取值范围,其中图 4.3.1 给出的是 $x(n)$ 和 $y(n)$ 都从 $n=0$ 开始的情况。试讨论以下三种情况 m 的取值范围:

(1) 序列 $x(n)$ 完全在 $y(n)$ 的左侧;

(2) 序列 $x(n)$ 完全在 $y(n)$ 的右侧;

(3) 序列 $x(n)$ 和 $y(n)$ 的起始时刻不同,但有部分重叠。

7. 与圆周卷积类似，给出圆周相关定义如下：

$$\bar{r}_{xy}(m) = \sum_{n=0}^{N-1} x(n) y((n-m))_N R_N(m)$$

请证明圆周相关定理，即

$$R_{xy}(k) = X(k)Y(N-k) = \text{DFT}[\bar{r}_{xy}(m)]$$

8. 请用 MATLAB 编程复现例 4.2 中图 4.1.9 的结果。

9. 请用 MATLAB 编程复现例 4.3 中图 4.1.12 的结果(提示：对于补零和不补零的情况，编写的程序应该可以通用)。

10. 请用 MATLAB 编程复现例 4.4 中图 4.1.14 的结果。

11. 计算序列 $x(n) = \{1,2,3,4\}_0$ 与 $h(n) = \{-1,2,5,4\}_0$ 的线性卷积结果与 L 点圆周卷积结果，分别取 $L=6$、7 和 10，并用 MATLAB 编程验证。

12. 已知序列 $x(n) = \{1,-1,1,5,3,7,6,8,-6,3,3,-4\}_0$，$h(n) = \{3,-2,5\}_0$，请分别利用重叠相加法和重叠保留法计算 $x(n)$ 与 $h(n)$ 的线性卷积结果，并用 MATLAB 编程验证。

13. 请用 MATLAB 编程复现例 4.5 的所有结果。

14. 请用 MATLAB 编程复现例 4.8 中图 4.3.3 的结果(提示：函数 xcorr 可以用来计算互相关和自相关)。

第 5 章

快速傅里叶变换(FFT)

DFT 在信号的频谱分析,系统的分析、设计与实现方面起着非常重要的作用,一个关键的原因就是计算 DFT 有许多高效快速的算法,快速傅里叶变换（Fast Fourier Transform,FFT）算法就是其中之一。需要强调的是,FFT 并不是一种新的变换算法,只是 DFT 的一种快速实现算法。

由于直接计算 DFT 的运算量太大,很多年一直没有得到实际应用。直到 1965 年,库利(J. W. Cooley)和图基(J. W. Tukey)在论文 *An Algorithm for the Machine Calculation of Complex Fourier Series* 中提出快速算法 FFT,使得 DFT 的运算大为简化,从而使 DFT 真正得到广泛应用。FFT 算法的横空出世,破解了 DFT 运算量偏大的历史性难题,促进了数字信号处理突飞猛进的发展,因此往往把 1965 年视作数字信号处理元年。

本章首先对 DFT 运算复杂度进行分析,找出 DFT 运算的瓶颈所在和提速的可能性,随后介绍将 DFT 在时域逐渐分解为较小点数 DFT 运算的方法,即按时间抽取（Decimation in Time）的 DIT-FFT 算法,在 DIT-FFT 算法的基础上介绍按频率抽取（Decimation in Frequency）的 DIF-FFT 算法,最后介绍 FFT 算法在工程实现中的一些经验技巧。

5.1 DFT 运算复杂度分析

本节主要用乘法和加法次数来衡量 DFT 的运算复杂度,这是因为在计算机或者 DSP 芯片中,乘法和加法次数直接决定了算法执行效率和速度。

5.1.1 DFT 的运算瓶颈

设 $x(n)$ 为 N 点有限长序列,其 N 点的 DFT 正变换为

$$X(k) = \sum_{n=0}^{N-1} x(n) W_N^{nk}, \quad k = 0, 1, \cdots, N-1 \tag{5.1.1}$$

式中,$W_N^{nk} \triangleq e^{-j\frac{2\pi}{N}nk}$ 表示旋转因子。

DFT 反变换为

$$x(n) = \frac{1}{N} \sum_{k=0}^{N-1} X(k) W_N^{-nk}, \quad n = 0, 1, \cdots, N-1 \tag{5.1.2}$$

从 DFT 正变换和反变换公式可以看出,二者差别在于旋转因子指数符号相反,以及差一个常数因子 $1/N$。因此 DFT 正变换和反变换运算量是完全相同的,只需讨论 DFT 正变换的运算量即可。

从 DFT 正变换公式可以看出,每计算一个 $X(k)$,需要进行 N 次复数乘法和 $N-1$ 次复数加法。一共有 N 个 $X(k)$ 需要计算,就需要 N^2 次复数乘法和 $N(N-1)$ 次复数加法,这就是完成整个 DFT 正变换需要的计算量。

当 $N \gg 1$ 时,直接计算 DFT,复数乘法次数和复数加法次数都与 N^2 成正比。随着 N 的增大,运算次数会急剧增加。例如,当 $N = 8$ 时,需要 64 次复数乘法,当 $N = 1024$ 时,就需要 1048576 次复数乘法,复数乘法次数达到了百万量级。如果信号要求实时处理,对运算速度的要求实在太高了。

5.1.2 DFT 的运算特点

为了提高 DFT 的运算效率,研究人员对其进行了大量研究,发现在式(5.1.1)中其实存在大量的冗余运算,并且这些冗余运算主要来自于旋转因子的反复相乘。

假定 $x(n)$ 为 4 点的有限长序列,其 4 点的 DFT 结果可以写为

$$X(0) = x(0)W_4^0 + x(1)W_4^0 + x(2)W_4^0 + x(3)W_4^0$$
$$X(1) = x(0)W_4^0 + x(1)W_4^1 + x(2)W_4^2 + x(3)W_4^3$$
$$X(2) = x(0)W_4^0 + x(1)W_4^2 + x(2)W_4^4 + x(3)W_4^6 \qquad (5.1.3)$$
$$X(3) = x(0)W_4^0 + x(1)W_4^3 + x(2)W_4^6 + x(3)W_4^9$$

如果严格按照式(5.1.1)的定义进行运算,则需要 16 次复数乘法和 12 次复数加法。

旋转因子 W_N^{nk} 具有以下 4 个特性:

共轭对称性 $\qquad\qquad (W_N^{nk})^* = W_N^{-nk} \qquad\qquad (5.1.4)$

周期性 $\qquad\qquad W_N^{nk} = W_N^{(N+n)k} = W_N^{n(N+k)} \qquad\qquad (5.1.5)$

可约性 $\qquad\qquad W_N^{nk} = W_{mN}^{mnk} = W_{N/m}^{nk/m} \qquad\qquad (5.1.6)$

特殊值 $\quad W_N^0 = 1, \quad W_N^{N/2} = -1, \quad W_N^{N/4} = -j, \quad W_N^{k+N/2} = -W_N^k \qquad (5.1.7)$

如果充分利用旋转因子的这 4 个特性,则式(5.1.3)可化解为

$$X(0) = [x(0) + x(2)] + [x(1) + x(3)]$$
$$X(1) = [x(0) - x(2)] + [x(1) - x(3)]W_4^1$$
$$X(2) = [x(0) + x(2)] - [x(1) + x(3)] \qquad (5.1.8)$$
$$X(3) = [x(0) - x(2)] - [x(1) - x(3)]W_4^1$$

从式(5.1.8)可以看出,计算 4 点的 DFT 结果,此时仅需要 1 次复数乘法和 8 次复数加法,相比按照定义计算的运算量明显降低。

根据式(5.1.1)的定义,DFT 的运算量与 N^2 呈正比,显然 N 越小越有利,因此很自然就希望将大点数的 DFT 分解为若干小点数的 DFT 来计算。在这种分解过程中,充分利用旋转因子的 4 个特性,为提高 DFT 运算速度提供了可能性,FFT 算法就是基于这种基本思路发展起来的。

为了能够不断地进行分解,FFT 算法可以让 DFT 的运算点数 $N = 2^L$,L 为正整数。这种 N 为 2 的整数次幂的 FFT 算法,称为基-2 FFT 算法。按照运算特点,基-2 FFT 算法可分为按时间抽取(DIT)和按频率抽取(DIF)两种方案。

5.2 按时间抽取(DIT)的 FFT 算法

教学视频

5.2.1 算法原理

设 $x(n)$ 为 N 点长序列,$N = 2^L$,L 为正整数。按照 n 的奇偶取值将 $x(n)$ 分为两组:

$$\begin{cases} x_0(r) = x(2r) \\ x_1(r) = x(2r+1) \end{cases} \tag{5.2.1}$$

其中 $r = 0, 1, \cdots, N/2 - 1$。

则序列 $x(n)$ 的 N 点 DFT 结果为

$$\begin{aligned} X(k) &= \sum_{n=0}^{N-1} x(n) W_N^{nk} \\ &= \sum_{r=0}^{\frac{N}{2}-1} x(2r) W_N^{2rk} + \sum_{r=0}^{\frac{N}{2}-1} x(2r+1) W_N^{(2r+1)k} \\ &= \sum_{r=0}^{\frac{N}{2}-1} x_0(r) W_N^{2rk} + W_N^k \sum_{r=0}^{\frac{N}{2}-1} x_1(r) W_N^{2rk} \end{aligned} \tag{5.2.2}$$

根据旋转因子的可约性，即 $W_N^{2rk} = W_{N/2}^{rk}$，可得

$$\begin{aligned} X(k) &= \sum_{r=0}^{\frac{N}{2}-1} x_0(r) W_{N/2}^{rk} + W_N^k \sum_{r=0}^{\frac{N}{2}-1} x_1(r) W_{N/2}^{rk} \\ &= X_0(k) + W_N^k X_1(k) \end{aligned} \tag{5.2.3}$$

其中，$0 \leqslant k \leqslant N/2 - 1$，$X_0(k)$ 和 $X_1(k)$ 分别是 $x_0(r)$ 和 $x_1(r)$ 的 $N/2$ 点 DFT 结果。

从式(5.2.3)的结果可以看出，一个 N 点的 DFT 可以由两个 $N/2$ 点的 DFT 结果组合得到，但这种方法只得到 $X(k)$ 的前一半结果。要想得到 $X(k)$ 的后一半结果，还需用到旋转因子的周期特性，即 $W_{N/2}^{rk} = W_{N/2}^{r(k+N/2)}$，这样可以得到

$$X_0\left(k + \frac{N}{2}\right) = \sum_{r=0}^{\frac{N}{2}-1} x_0(r) W_{N/2}^{r(k+N/2)} = \sum_{r=0}^{\frac{N}{2}-1} x_0(r) W_{N/2}^{rk} = X_0(k) \tag{5.2.4}$$

同理可得

$$X_1\left(k + \frac{N}{2}\right) = X_1(k) \tag{5.2.5}$$

式(5.2.4)和式(5.2.5)说明，后半部分 k 值（$N/2 \leqslant k + N/2 \leqslant N - 1$）对应的 $X_0(k)$ 和 $X_1(k)$，分别与前半部分 k 值（$0 \leqslant k \leqslant N/2 - 1$）对应的 $X_0(k)$ 和 $X_1(k)$ 相等。

结合式(5.2.3)、式(5.2.4)和式(5.2.5)的结论，再利用旋转因子的特殊值，即 $W_N^{k+N/2} = W_N^{N/2} W_N^k = -W_N^k$，就可得出后半部分的 $X(k)$，即

$$X\left(k + \frac{N}{2}\right) = X_0(k) - W_N^k X_1(k) \tag{5.2.6}$$

从式(5.2.3)和式(5.2.6)可以看出，只需要计算前半部分的 $X_0(k)$ 和 $X_1(k)$，就可以得到全部范围内的 $X(k)$，这样就大大降低了运算量。

可用图 5.2.1 来表示式(5.2.3)和式(5.2.6)的运算流图，因为该流图形如蝴蝶，故常称为"蝶形运算"。一个蝶形运算单元需要 1 次复数乘法和 2 次复数加法。如果支路上没有标出系数，则该支路系数默认为 1。

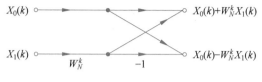

图 5.2.1　蝶形运算单元

图 5.2.2 给出了将 N 点 DFT 分解为两个 $N/2$ 点 DFT 的蝶形运算流图,以 $N=8$ 为例。

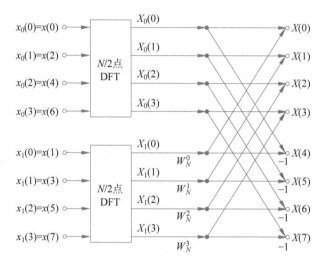

图 5.2.2　按时间抽取,将 N 点 DFT 分解为两个 $N/2$ 点 DFT($N=8$)

由 5.1.1 节的分析可知,直接计算一个 $N/2$ 点的 DFT 运算,需要 $\left(\dfrac{N}{2}\right)^2$ 次复数乘法和 $\dfrac{N}{2}\left(\dfrac{N}{2}-1\right)$ 次复数加法,那么计算两个 $N/2$ 点的 DFT 运算,则需要 $2\times\left(\dfrac{N}{2}\right)^2=\dfrac{N^2}{2}$ 次复数乘法和 $N\left(\dfrac{N}{2}-1\right)$ 次复数加法。此外,根据图 5.2.2,把两个 $N/2$ 点的 DFT 结果合成一个 N 点的 DFT 结果,还需要 $\dfrac{N}{2}$ 次蝶形运算,即还需要 $\dfrac{N}{2}$ 次复数乘法和 $2\times\dfrac{N}{2}=N$ 次复数加法。因此,按照图 5.2.2 的分解方式,总共需要 $\dfrac{N^2}{2}+\dfrac{N}{2}$ 次复数乘法和 $N\left(\dfrac{N}{2}-1\right)+N=\dfrac{N^2}{2}$ 次复数加法,运算量相比直接计算 N 点 DFT 减少将近一半。

因为 $N=2^L$,故 $N/2$ 仍是偶数,很自然地就想到还可以把每个 $N/2$ 点 DFT 分解为两个 $N/4$ 点 DFT 来计算,分解和组合的方式与前面介绍的思路完全一致。

按照 r 的奇偶取值将 $x_0(r)$ 分为两组:

$$\begin{cases} x_2(m)=x_0(2m) \\ x_3(m)=x_0(2m+1) \end{cases} \tag{5.2.7}$$

其中 $m=0,1,\cdots,N/4-1$。

同样可以得到

$$
\begin{aligned}
X_0(k) &= \sum_{m=0}^{\frac{N}{4}-1} x_0(2m)W_{N/2}^{2mk} + \sum_{m=0}^{\frac{N}{4}-1} x_0(2m+1)W_{N/2}^{(2m+1)k} \\
&= \sum_{m=0}^{\frac{N}{4}-1} x_2(m)W_{N/4}^{mk} + W_{N/2}^{k}\sum_{m=0}^{\frac{N}{4}-1} x_3(m)W_{N/4}^{mk} \qquad (5.2.8)\\
&= X_2(k) + W_{N/2}^{k}X_3(k)
\end{aligned}
$$

其中，$0 \leqslant k \leqslant N/4-1$，$X_2(k)$ 和 $X_3(k)$ 分别是 $x_2(m)$ 和 $x_3(m)$ 的 $N/4$ 点 DFT 结果。

同理可得后半部分的 $X_0(k)$，即 $N/4 \leqslant k+N/4 \leqslant N/2-1$，

$$
X_0\left(k+\frac{N}{4}\right) = X_2(k) - W_{N/2}^{k}X_3(k) \qquad (5.2.9)
$$

图 5.2.3 给出 $N=8$ 时，将一个 $N/2$ 点 DFT 分解为两个 $N/4$ 点 DFT 的蝶形运算流图。

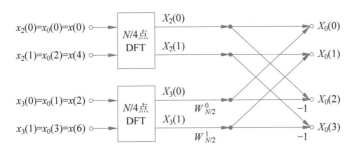

图 5.2.3　按时间抽取，将 $N/2$ 点 DFT 分解为两个 $N/4$ 点 DFT（$N=8$）

对 $x_1(r)$ 也按照 r 的奇偶取值分为两组，

$$
\begin{cases}
x_4(m) = x_1(2m) \\
x_5(m) = x_1(2m+1)
\end{cases} \qquad (5.2.10)
$$

同理得到

$$
X_1(k) = X_4(k) + W_{N/2}^{k}X_5(k) \qquad (5.2.11)
$$

$$
X_1\left(k+\frac{N}{4}\right) = X_4(k) - W_{N/2}^{k}X_5(k) \qquad (5.2.12)
$$

其中，$0 \leqslant k \leqslant N/4-1$，$X_4(k)$ 和 $X_5(k)$ 分别是 $x_4(m)$ 和 $x_5(m)$ 的 $N/4$ 点 DFT 结果。

根据旋转因子的可约性，将系数统一为 $W_{N/2}^{k}=W_N^{2k}$，则 $N=8$ 点的 DFT 可分解为 4 个 $N/4$ 点的 DFT，如图 5.2.4 所示。

同理可知，用 4 个 $N/4$ 点的 DFT 来计算 N 点的 DFT，相比分解成两个 $N/2$ 点 DFT 的方式，运算量又减少将近一半。

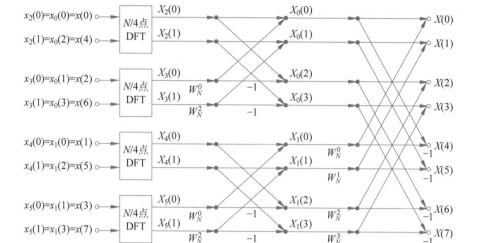

图 5.2.4　按时间抽取,将 N 点 DFT 分解为 4 个 N/4 点 DFT(N=8)

如此不断分解下去,一直分解到基本运算单元为 2 点 DFT 为止。对于 N=8,图 5.2.4 已经是"分解到底"的情况,此时将"N/4 点 DFT"模块用蝶形运算单元来代替(图 5.2.1),可得完整的 8 点 DIT-FFT 流图,如图 5.2.5 所示。

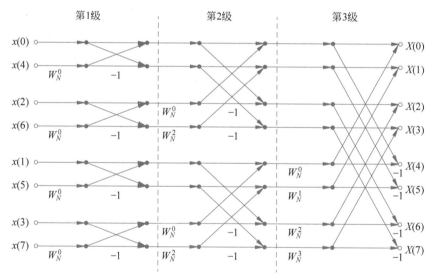

图 5.2.5　N=8 点的基-2 DIT-FFT 流图

由于每一步分解都是按照输入序列的奇偶顺序进行分组的,这就是该方法称为"按时间抽取"的原因。

5.2.2　算法特点

从前面的分析可以看出,基-2 DIT-FFT 算法的推导过程虽然看起来有些复杂,但实现起来却非常有规律,主要有以下这些特点。

1. 同址运算

同址运算也称为原位运算,是指输入和输出在运算过程中占用相同的存储地址,从而可以节约存储空间,降低硬件成本,FFT 运算就是典型的同址运算。

从图 5.2.5 可以看出,FFT 运算由多级蝶形运算构成。若最初的输入数据保存在 $A_0 \sim A_{N-1}$ 的 N 个存储单元中,第 1 级运算完成之后的结果仍可以保存在 $A_0 \sim A_{N-1}$ 存储单元,原来保存在同样位置的输入数据被覆盖,相当于对数据进行了迭代更新。第 1 级的输出为第 2 级的输入,以此类推,最终的 FFT 结果也保存在 $A_0 \sim A_{N-1}$ 存储单元。也就是说,中间过程的所有结果都没有(不需要)被保存,存储数据空间始终为 N 个存储单元。

此外,还需要 $N/2$ 个存储单元用于存放蝶形运算支路的系数,这些系数随着蝶形运算的迭代更新即可,也不需要额外的存储单元。

2. 输入倒序,输出顺序

从图 5.2.5 可以看出,输入数据是按照 $x(0)$、$x(4)$、$x(2)$、$x(6)$、$x(1)$、$x(5)$、$x(3)$、$x(7)$ 送入 DIT-FFT 流图进行后续运算的。乍一看,这一顺序杂乱无章,其实是很有规律的,对应关系就是二进制的倒位序关系。比如十进制数 $n=6$,用二进制表示为 110,将二进制的 110 高低位顺序反转得到 011,二进制的 011 转换为十进制为 $n=3$,这意味着 $x(6)$ 需要调整到 $x(3)$ 的位置上去。通过这种变换关系,$x(3)$ 也需要调整到 $x(6)$ 的位置上去,因此调整输入数据位置的过程是成对互换,并不需要额外的存储单元。

这种位置互换关系的根本原因在于"每一步分解都是按照输入序列的奇偶顺序进行分组的",每次分组都是将二进制最低位进行了移动,分到最后刚好将所有位置全部进行了反转。按位反转在计算机中很容易实现,这也是基-2 FFT 算法受到广泛欢迎的重要原因之一。

表 5.1 以 $N=8$ 为例,给出了输入数据调整位置前后的对应关系。对于一般情况 $N=2^L$,调整位置的过程是完全一致的。

表 5.1 自然顺序与倒位序的对应关系($N=8$)

自然顺序（十进制）	自然顺序（二进制）	倒位序（二进制）	倒位序（十进制）
0	000	000	0
1	001	100	4
2	010	010	2
3	011	110	6
4	100	001	1
5	101	101	5
6	110	011	3
7	111	111	7

3. 蝶形运算

从图 5.2.5 可以看出，对于 $N=2^L$ 点长序列，其 DIT-FFT 流图中共有 L 级蝶形运算，每级中都有 $N/2$ 个蝶形运算单元。如果序列长度不是 2 的整数次幂，就补零达到这个要求。

在 DIT-FFT 流图中，蝶形运算类型（即支路系数和节点间隔）随着迭代级数成倍增加。以 $N=8$ 为例，在第 1 级蝶形运算中，只有一种支路系数，即 W_8^0，并且参与蝶形运算的两个数据点间隔为 1。在第 2 级蝶形运算中，有两种支路系数，即 W_8^0 和 W_8^2，并且参与蝶形运算的两个数据点间隔为 2。在第 3 级蝶形运算中，有四种支路系数，即 W_8^0、W_8^1、W_8^2 和 W_8^3，并且参与蝶形运算的两个数据点间隔为 4。

每一级蝶形运算的上半部分没有旋转因子，只有下半部分有旋转因子，并且这些旋转因子的取值也是非常有规律的。旋转因子 W_N^r 完全由变量 r 决定，而 r 的个数和取值完全由蝶形运算的级数 i 决定，其中 $i=1,2,\cdots,L,N=2^L$。r 的个数为 2^{i-1}，取值为 $r=\dfrac{N}{2^i}p,p=0,1,\cdots,(2^{i-1}-1)$，每级旋转因子的具体取值如表 5.2 所示。

表 5.2　DIT-FFT 流图中旋转因子 W_N^r 的取值规律

第 i 级	r 个数	r 取值	旋转因子作用
$i=1$	1 个	$r=0$	2 点 DFT
$i=2$	2 个	$r=0,\dfrac{N}{4}$	4 点→2 点
$i=3$	4 个	$r=0,\dfrac{N}{8},\dfrac{2N}{8},\dfrac{3N}{8}$	8 点→4 点
…	…	…	…
$i=L$	2^{L-1} 个	$r=0,\dfrac{N}{2^L},\cdots,\dfrac{(2^{L-1}-2)N}{2^L},\dfrac{(2^{L-1}-1)N}{2^L}$	N 点→$N/2$ 点

5.2.3　运算量分析

对于 $N=2^L$ 点长序列，共有 L 级蝶形运算，每级中都有 $N/2$ 个蝶形运算单元，故 DIT-FFT 流图中共有 $\dfrac{N}{2}L$ 个蝶形运算单元。每个蝶形运算单元需要 1 次复数乘法和 2 次复数加法，因此，实现全部 N 点的 FFT 需要 $\dfrac{N}{2}L=\dfrac{N}{2}\log_2 N$ 次复数乘法和 $2\dfrac{N}{2}L=N\log_2 N$ 次复数加法。

从 5.1.1 节的分析可知，直接计算 N 点的 DFT，需要 N^2 次复数乘法和 $N(N-1)$ 次复数加法。由于计算机中，乘法运算更耗时间，因此主要考虑复数乘法次数，表 5.3 将直接计算 DFT 和 FFT 的运算量进行了对比。可以看出，与直接计算 DFT 相比，FFT 算法在运算量上有数量级的下降，并且 N 越大，FFT 算法优势越明显。

表 5.3　直接计算 DFT 和 FFT 算法的复数乘法次数对比

N	直接计算 DFT	FFT 算法
2	4	1
4	16	4
32	1024	80
128	16384	448
256	65536	1024
512	262144	2304
1024	1048576	5120
2048	4194304	11264
4096	16777216	24576

例 5.1　利用 DIT-FFT 流图，计算 $x(n)=\{1,3,5,2\}_0$ 的 DFT 结果。

解：$N=4$ 点的 DIT-FFT 运算流图如图 5.2.6 所示。

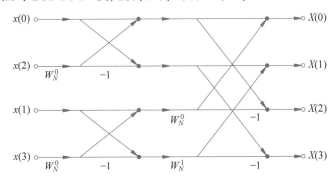

图 5.2.6　$N=4$ 点 DIT-FFT 流图

代入 $x(n)=\{1,3,5,2\}_0$，以及 $W_N^0=1, W_N^1=W_4^1=-\mathrm{j}$，可得运算过程如图 5.2.7 所示。

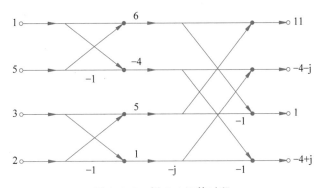

图 5.2.7　例 5.1 运算过程

从图 5.2.7 的输出结果可以看出，DFT 结果为 $X(k)=\{11,-4-\mathrm{j},1,-4+\mathrm{j}\}_0$。

5.3 按频率抽取(DIF)的 FFT 算法

对于 $N = 2^L$ 的情况,另一种常用的 FFT 算法是按照输出序列 $X(k)$ 的奇偶顺序进行分解的,称为按频率抽取(Decimation in Frequency)的 FFT 算法。

先把输入序列 $x(n)$ 按照前后对半分开,则 N 点的 DFT 可以写成前后两部分,

$$
\begin{aligned}
X(k) &= \sum_{n=0}^{N-1} x(n) W_N^{nk} \\
&= \sum_{n=0}^{\frac{N}{2}-1} x(n) W_N^{nk} + \sum_{n=\frac{N}{2}}^{N-1} x(n) W_N^{nk} \\
&= \sum_{n=0}^{\frac{N}{2}-1} x(n) W_N^{nk} + \sum_{n=0}^{\frac{N}{2}-1} x\left(n+\frac{N}{2}\right) W_N^{\left(n+\frac{N}{2}\right) k} \\
&= \sum_{n=0}^{\frac{N}{2}-1} x(n) W_N^{nk} + W_N^{\frac{N}{2}k} \sum_{n=0}^{\frac{N}{2}-1} x\left(n+\frac{N}{2}\right) W_N^{nk}
\end{aligned}
\tag{5.3.1}
$$

其中,$0 \leqslant k \leqslant N-1$,且 $W_N^{\frac{N}{2}k} = (W_N^{\frac{N}{2}})^k = (-1)^k$。

式(5.3.1)右边并不是两个 $N/2$ 点 DFT 之和的形式,因为旋转因子是 W_N^{nk},而不是 $W_{N/2}^{nk}$,继续整理可得

$$
X(k) = \sum_{n=0}^{\frac{N}{2}-1} \left[x(n) + (-1)^k x\left(n+\frac{N}{2}\right) \right] W_N^{nk}
\tag{5.3.2}
$$

根据 k 的奇偶取值,可以把 $X(k)$ 分成两部分,

$$
\begin{aligned}
X(2r) &= \sum_{n=0}^{\frac{N}{2}-1} \left[x(n) + x\left(n+\frac{N}{2}\right) \right] W_N^{2rn} \\
&= \sum_{n=0}^{\frac{N}{2}-1} \left[x(n) + x\left(n+\frac{N}{2}\right) \right] W_{N/2}^{nr}
\end{aligned}
\tag{5.3.3}
$$

$$
\begin{aligned}
X(2r+1) &= \sum_{n=0}^{\frac{N}{2}-1} \left[x(n) - x\left(n+\frac{N}{2}\right) \right] W_N^{(2r+1)n} \\
&= \sum_{n=0}^{\frac{N}{2}-1} \left\{ \left[x(n) - x\left(n+\frac{N}{2}\right) \right] W_N^{n} \right\} W_{N/2}^{nr}
\end{aligned}
\tag{5.3.4}
$$

其中,$0 \leqslant r \leqslant N/2 - 1$。

在此设

$$\begin{cases} x_0(n) = x(n) + x\left(n + \dfrac{N}{2}\right) \\ x_1(n) = \left[x(n) - x\left(n + \dfrac{N}{2}\right)\right] W_N^n \end{cases} \tag{5.3.5}$$

则式(5.3.3)和式(5.3.4)分别表示 $x_0(n)$ 和 $x_1(n)$ 的 $N/2$ 点 DFT 结果,即

$$X(2r) = \mathrm{DFT}[x_0(n)] = \sum_{n=0}^{\frac{N}{2}-1} x_0(n) W_{N/2}^{nr} \tag{5.3.6}$$

$$X(2r+1) = \mathrm{DFT}[x_1(n)] = \sum_{n=0}^{\frac{N}{2}-1} x_1(n) W_{N/2}^{nr} \tag{5.3.7}$$

此时,N 点 DFT 结果 $X(k)$ 按照 k 的奇偶取值分成了两个 $N/2$ 点的 DFT 来计算。图 5.3.1 给出了将 N 点 DFT 按频率抽取分解为两个 $N/2$ 点 DFT 的蝶形运算流图。

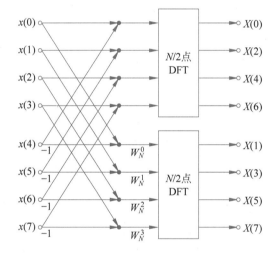

图 5.3.1 按频率抽取,将 N 点 DFT 分解为两个 $N/2$ 点 DFT($N=8$)

与按时间抽取的思路类似,还可以把 $N/2$ 点的 DFT 分解为两个 $N/4$ 点的 DFT,分解依据仍然按照频率顺序的奇偶取值,一直分解到基本运算单元为 2 点 DFT 为止。$N=8$ 点的完整 DIF-FFT 流图,如图 5.3.2 所示。

从前面的分析可知,基-2 DIT-FFT 算法是根据输入序列的奇偶顺序不断进行分组,基-2 DIF-FFT 算法是根据输出序列的奇偶顺序不断进行分组,这两种计算 DFT 的算法思路和运算流图非常相似,主要有以下特点。

(1) DIF-FFT 算法与 DIT-FFT 算法运算量相同。

如果把 FFT 算法看作一个系统,那么只需要把 DIT-FFT 流图中输入和输出进行交换,再把所有箭头反向,所有数据就会反向"流动",新的流动方式即 DIF-FFT 流图。DIF-FFT 流图与 DIT-FFT 流图的这种转置关系,意味着二者运算量完全相同,即都是 $\dfrac{N}{2}\log_2 N$ 次复数乘法和 $N\log_2 N$ 次复数加法。

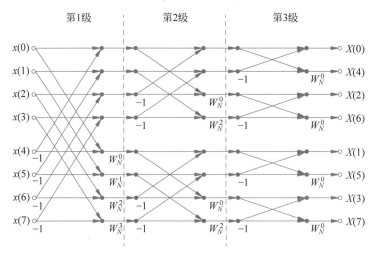

图 5.3.2　$N=8$ 点的基-2 DIF-FFT 流图

（2）同址运算。

与 DIT-FFT 算法类似，DIF-FFT 运算也满足同址运算的特点，即每一级运算数据都可以保存在同样地址的 N 个存储单元中，且蝶形运算支路的系数也只需要 $N/2$ 个存储单元即可。

（3）输入顺序，输出倒序。

DIF-FFT 流图与 DIT-FFT 流图呈转置关系，二者的输入和输出进行了交换，当然输入和输出位置关系的特点也进行了交换。

（4）蝶形运算。

与 DIT-FFT 算法类似，DIF-FFT 运算也满足蝶形运算的特点。区别在于：DIT-FFT 流图中蝶形运算类型随着迭代级数成倍增加，DIF-FFT 流图中蝶形运算类型随着迭代级数成倍减少。DIF-FFT 流图的这个特点从图 5.3.2 中也很容易看出来。

因为 DIF-FFT 流图与 DIT-FFT 流图呈转置关系，即将 DIT-FFT 流图中输入和输出进行交换，再把所有箭头反向就可得到 DIF-FFT 流图，而旋转因子的位置和取值并不会发生变化，因此不用专门去考虑 DIF-FFT 流图中的旋转因子。

为便于读者学习掌握 DIT-FFT 算法与 DIF-FFT 算法，表 5.4 对它们的特点进行了总结。

表 5.4　DIT-FFT 算法与 DIF-FFT 算法特点

DIT-FFT 算法	DIF-FFT 算法
同址运算	同址运算
输入倒序，输出顺序	输入顺序，输出倒序
蝶形运算	蝶形运算

例 5.2　请利用 DIF-FFT 流图重做例 5.1。

解：$N=4$ 点的 DIF-FFT 运算流图如图 5.3.3 所示。

代入 $x(n)=\{1,3,5,2\}_0$，以及 $W_N^0=1,W_N^1=W_4^1=-\mathrm{j}$，可得运算过程如图 5.3.4 所示。

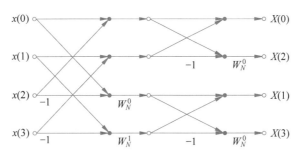

图 5.3.3　$N=4$ 点 DIF-FFT 流图

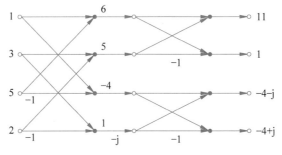

图 5.3.4　例 5.2 运算过程

从图 5.3.4 的输出结果可以看出，DFT 结果为 $X(k)=\{11,-4-j,1,-4+j\}_0$，注意此时需要将输出结果进行倒序排列。

5.4　FFT 算法的应用技巧

前面主要以数学公式和流图的形式介绍了基-2 DIT-FFT 算法和基-2 DIF-FFT 算法，但在 FFT 算法的硬件和软件实现中还有一些实际问题需要考虑。此外，在实际应用中如果能够充分利用 FFT 算法的特点，还可以进一步提高处理效率。

1. 查表法计算旋转因子

根据定义，旋转因子 $W_N^r=e^{-j\frac{2\pi}{N}r}$ 需要通过指数函数计算得到。如果在 FFT 运算中旋转因子是实时产生的，就会对 FFT 算法的运算速度产生较大影响。因为在计算机中指数运算耗时较多，并且在 FFT 流图中旋转因子会反复参与运算，使得指数运算反复进行。

一个有效的解决方案就是通过查表法来计算旋转因子，即事先将所有 $N/2$ 个旋转因子计算出来，存储在特定位置成为一个旋转因子表。在 FFT 算法运行时，通过查表来得到所需的旋转因子取值，这样就可使运算速度大为提高。

2. 悄无声息的倒序操作

以 DIT-FFT 算法为例，"输入倒序，输出顺序"为该算法的特点之一，但如果需要事先将输入数据 $x(n)$ 进行倒序操作，这是非常不方便的。

在实际的 FFT 函数或处理器中，不必考虑倒序操作，计算机会通过变址寻址的方式

教学视频

去寻找相应位置的输入数据。因此对于 FFT 函数或处理器而言,都是"输入顺序,输出顺序"的,使用者不必理会内部采用的是 DIT-FFT 流图还是 DIF-FFT 流图,只需要按照自然顺序将时域序列 $x(n)$ 输入即可,输出的也是按照自然顺序排列的频域样本序列 $X(k)$。

3. 用 FFT 实现 IFFT

DFT 算法可以通过 FFT 算法快速实现,其反变换 IDFT 算法也有相应的 IFFT 算法来快速实现。并不需要专门去推导和研究 IFFT 算法,因为用 FFT 算法就可以实现 IFFT 算法。

由式(3.2.7)可知,IDFT 的定义为

$$x(n) = \frac{1}{N} \sum_{k=0}^{N-1} X(k) e^{j\frac{2\pi}{N}kn} \tag{5.4.1}$$

其中,$0 \leqslant n \leqslant N-1$。

仔细观察 DFT 和 IDFT 公式,二者的最大区别在于旋转因子指数符号相反,互为共轭关系。因此,对式(5.4.1)两边取共轭,可得

$$x^*(n) = \frac{1}{N} \sum_{k=0}^{N-1} X^*(k) e^{-j\frac{2\pi}{N}kn} = \frac{1}{N} \text{DFT}[X^*(k)] \tag{5.4.2}$$

DFT 运算可由 FFT 运算快速实现,对式(5.4.2)两边再次取共轭可得 $x(n)$,即可用 FFT 算法实现 IFFT 算法,

$$x(n) = \frac{1}{N} \{\text{FFT}[X^*(k)]\}^* \tag{5.4.3}$$

4. 实序列的 FFT

FFT 流图中的旋转因子都为复数,因此无论输入的 $x(n)$ 是复数还是实数,蝶形运算之后都是复数运算。现实世界中的许多信号都是实信号,如果按照前面介绍的方法进行 FFT 运算,相当于把实信号看作虚部为零的复信号,这样就会"浪费" $x(n)$ 的虚部信息,降低了运算效率。

提高运算效率的基本思路就是把虚部信息利用起来。对于两个实序列,可以把其中一个实序列作为实部,另外一个实序列作为虚部来进行 FFT 运算;对于一个较长的实序列,可以参照 DIT-FFT 的思想,把偶数序号部分作为实部,奇数序号部分作为虚部来进行 FFT 运算。

第一种情况,在例 3.6 中就已经得到解决。对于实序列 $x_1(n)$ 和 $x_2(n)$,长度都是 N,将 $x_1(n)$ 和 $x_2(n)$ 组合成一个 N 点的复序列 $y(n) = x_1(n) + jx_2(n)$。

根据例 3.6 的结论可知,$x_1(n)$ 和 $x_2(n)$ 的 N 点 FFT 结果为

$$X_1(k) = \frac{1}{2}[Y(k) + Y^*(N-k)]$$

$$X_2(k) = \frac{1}{2j}[Y(k) - Y^*(N-k)] \tag{5.4.4}$$

其中,$0 \leqslant k \leqslant N-1$,$Y(k)$ 表示复序列 $y(n)$ 的 FFT 结果。为了能利用基-2 FFT 算法,要求序列长度 $N = 2^L$,L 为正整数。如果不满足,则补零满足这个条件。

下面分析用组合复数的方法所需的运算量(仅讨论复数乘法次数)。$X_1(k)$ 和 $X_2(k)$

可以通过式(5.4.4)由蝶形运算实现，1 次蝶形运算需要 1 次复数乘法，故 N 点的 $X_1(k)$ 和 $X_2(k)$ 需要 N 次复数乘法。此外，计算 N 点长复序列 $y(n)$ 的 FFT 需要 $\dfrac{N}{2}\log_2 N$ 次复数乘法，故组合复数的方法总共需要 $\dfrac{N}{2}\log_2 N + N$ 次复数乘法。如果直接计算实序列 $x_1(n)$ 和 $x_2(n)$ 的 N 点 FFT 结果，则需要 $2\times\dfrac{N}{2}\log_2 N = N\log_2 N$ 次复数乘法。表 5.5 给出了直接法和组合复数法计算两个 N 点长实序列的 FFT 所需复数乘法次数。

表 5.5 计算两个 N 点长实序列的 FFT 所需复数乘法次数

N	直 接 法	组合复数法
128	896	576
256	2048	1280
512	4608	2816
1024	10240	6144
2048	22528	13312
4096	49152	28672

第二种情况，对于一个较长的实序列，同样可以利用组合复数法来降低运算量。

对于 $N=2^L$ 点的实序列 $x(n)$，按照 n 的奇偶取值拆分成两个短序列，即

$$\begin{cases} x_0(r)=x(2r) \\ x_1(r)=x(2r+1) \end{cases} \tag{5.4.5}$$

其中，r 的取值范围为 $0\leqslant r\leqslant N/2-1$。

将 $x_0(r)$ 和 $x_1(r)$ 组合成一个复序列 $y(r)=x_0(r)+\mathrm{j}x_1(r)$，该复序列的长度为 $N/2$。根据前面结论可知，$x_0(r)$ 和 $x_1(r)$ 的 FFT 结果为

$$X_0(k)=\frac{1}{2}\left[Y(k)+Y^*\left(\frac{N}{2}-k\right)\right]$$
$$X_1(k)=\frac{1}{2\mathrm{j}}\left[Y(k)-Y^*\left(\frac{N}{2}-k\right)\right] \tag{5.4.6}$$

参照 DIT-FFT 的思想，通过蝶形运算可将 $X_0(k)$ 和 $X_1(k)$ 组合得到 $X(k)$，即

$$X(k)=X_0(k)+W_N^k X_1(k)$$
$$X\left(k+\frac{N}{2}\right)=X_0(k)-W_N^k X_1(k) \tag{5.4.7}$$

其中，k 的取值范围为 $0\leqslant k\leqslant N/2-1$。

下面分析把长实数序列拆开组合成短复数序列，再进行 FFT 运算需要的复数乘法次数。$X(k)$ 可以通过式(5.4.7)由蝶形运算实现，$N/2$ 点长的 $X(k)$ 只需要 $N/2$ 次蝶形运算，故计算 $X(k)$ 需要 $N/2$ 次复数乘法。根据式(5.4.6)，$X_0(k)$ 和 $X_1(k)$ 也可通过蝶形运算实现，$N/2$ 点长的 $X_0(k)$ 和 $X_1(k)$ 需要 $N/2$ 次蝶形运算，即 $N/2$ 次复数乘法。此外，计算 $N/2$ 点长复数序列 $y(n)$ 需要 $\dfrac{N/2}{2}\log_2\dfrac{N}{2}=\dfrac{N}{4}(\log_2 N-1)$ 次复数乘法，故总

共需要 $\frac{N}{4}(\log_2 N - 1) + \frac{N}{2} + \frac{N}{2}$ 次复数乘法。直接计算 N 点长实序列 $x(n)$ 的 FFT,需要

$\frac{N}{2}\log_2 N$ 次复数乘法。表 5.6 对这两种方法的运算量进行了对比。

表 5.6　计算一个 N 点长实序列的 FFT 所需复数乘法次数

N	直　接　法	拆分组合复数法
128	448	320
256	1024	704
512	2304	1536
1024	5120	3328
2048	11264	7168
4096	24576	15360

5. N 为复合数的 FFT

按照基-2 FFT 算法的特点,要求数据长度 N 为 2 的整数次幂;否则,就需要补零,将数据长度凑到最邻近的 2 的整数次幂。但是,有时这种"凑"是不划算的。比如,假设 $N=1000$,只需要补 24 个零就可以凑成 2^{10},但如果 $N=1030$,就需要补 1018 个零才能凑成 2^{11}。

很显然,后面这种"硬凑"的方法是不太划算的。为了避免这种情况发生,进一步提高 FFT 运算效率,可以对 N 进行合理拆分,将 N 表示为多个因子的乘积,也就是 N 为复合数的情况。

通过 DFT 运算来推导 N 为复合数的 FFT 算法,并且假设 $N=N_1 N_2$,DFT 中的下标 n 和 k 用下面的公式来表示,

$$n = N_2 n_1 + n_2, \quad \begin{cases} 0 \leqslant n_1 \leqslant N_1 - 1 \\ 0 \leqslant n_2 \leqslant N_2 - 1 \end{cases} \tag{5.4.8}$$

$$k = k_1 + N_1 k_2, \quad \begin{cases} 0 \leqslant k_1 \leqslant N_1 - 1 \\ 0 \leqslant k_2 \leqslant N_2 - 1 \end{cases} \tag{5.4.9}$$

根据上面的公式可知,$0 \leqslant n \leqslant N-1, 0 \leqslant k \leqslant N-1$。

将 n 和 k 代入 DFT 正变换公式,

$$\begin{aligned} X(k) &= X(k_1 + N_1 k_2) \\ &= \sum_{n_2=0}^{N_2-1} \sum_{n_1=0}^{N_1-1} x(N_2 n_1 + n_2) W_N^{(N_2 n_1 + n_2)(k_1 + N_1 k_2)} \\ &= \sum_{n_2=0}^{N_2-1} \sum_{n_1=0}^{N_1-1} x(N_2 n_1 + n_2) W_N^{N_2 n_1 k_1} W_N^{N_2 n_1 N_1 k_2} W_N^{n_2 k_1} W_N^{n_2 N_1 k_2} \end{aligned} \tag{5.4.10}$$

根据旋转因子周期特性,$W_N^{N_2 n_1 k_1} = W_{N_1}^{n_1 k_1}, W_N^{N_2 n_1 N_1 k_2} = 1, W_N^{n_2 N_1 k_2} = W_{N_2}^{n_2 k_2}$,可得

$$X(k) = \sum_{n_2=0}^{N_2-1} \sum_{n_1=0}^{N_1-1} x(N_2 n_1 + n_2) W_{N_1}^{n_1 k_1} W_N^{n_2 k_1} W_{N_2}^{n_2 k_2} \tag{5.4.11}$$

整理后,可得

$$X(k) = \sum_{n_2=0}^{N_2-1} \left\{ \left[\sum_{n_1=0}^{N_1-1} x(N_2 n_1 + n_2) W_{N_1}^{k_1 n_1} \right] W_N^{k_1 n_2} \right\} W_{N_2}^{k_2 n_2} \qquad (5.4.12)$$

对于式(5.4.12),可以从以下 3 步来理解:

第 1 步,是对 N_1 点的数据 $x(N_2 n_1 + n_2)$ 进行 N_1 点的 DFT 运算,用 $X(n_2, k_1)$ 来表示这个 N_1 点长的中间结果,即 $X(n_2, k_1) = \sum_{n_1=0}^{N_1-1} x(N_2 n_1 + n_2) W_{N_1}^{k_1 n_1}$。

第 2 步,对中间结果 $X(n_2, k_1)$ 乘以旋转因子 $W_N^{k_1 n_2}$,得到 $X(n_2, k_1) W_N^{k_1 n_2}$。

第 3 步,对 $X(n_2, k_1) W_N^{k_1 n_2}$ 做 N_2 点的 DFT 运算,最终得到 N 点长的 $X(k)$。

需要注意的是,数据 $x(n) = x(N_2 n_1 + n_2)$ 始终是 N 点长的。在第 1 步中,求和区间变量为 n_1,表示以 N_2 为间隔对 $x(n)$ 进行抽取,故此时数据长度为 N_1。在第 3 步中,求和区间变量为 n_2,表示以 N_1 为间隔对 $x(n)$ 进行抽取,故此时数据长度为 N_2。

习题

1. 如果通用计算机计算一次复数乘法需要 40ns,计算一次复数加法需要 5ns,用它来计算 512 点的 DFT,请问直接计算需要多少时间? 用 FFT 算法来计算需要多少时间?

2. 已知序列 $x(n)$ 和 $y(n)$ 都为 100 点长,用 FFT 来计算这两个序列的线性卷积,假设计算机性能同第 1 题,请问需要多少时间? 如果 $x(n)$ 和 $y(n)$ 是实序列,有无更高效的方法?

3. 已知 1024 点序列 $x(n)$ 的 DFT 结果为 $X(k)$,假设计算机性能同第 1 题,请问用 FFT 来计算 IDFT 结果需要多少时间?

4. 一个实时卷积器是用 FFT 的重叠保留法分段处理的,假定系统的单位脉冲响应长度为 128,每段 1024 点 FFT 的运算时间为 0.2s,一次复数乘法的时间为 $200\mu s$,不计数据采集、存储和加法的运算时间,请问:

(1) 该系统的采样频率最高可以达到多少?

(2) 若两路实时信号同时卷积,则采样频率最高是多少?

5. 设序列 $x(n)$ 是一个 M 点的有限长序列,$0 \leq n \leq M-1$,$x(n)$ 的 z 变换为 $X(z)$。现将 $X(z)$ 在单位圆上进行 N 点的等间隔采样,试分别针对 $N \leq M$ 和 $N > M$ 这两种情况,找出只用一个 N 点 FFT 就能计算 $X(z)$ 的 N 个采样值的方法。

6. 已知序列 $x(n) = \{1, 5, 3, 4\}_0$。

(1) 试给出 DIT-FFT 的信号流图,注意标出节点系数;

(2) 利用流图计算输出结果 $X(k)$;

(3) 计算 $X(k)$ 的幅度谱和相位谱。

7. 已知 $X(k) = \{11, -4-j, 1, -4+j\}_0$(例 5.1),请用 DIT-FFT 的信号流图来计算 $x(n)$。

8. 用重叠保留法来完成以下滤波功能,其中 $h(n)$ 长度为 31,信号 $x(n)$ 的长度为 19000,请利用 512 点的 FFT 算法来实现滤波运算。

9. 同题 8 的数据,请采用重叠相加法来实现滤波运算。

10. 请编写重叠相加法的 MATLAB 函数,并用来验证例 4.6 的结果。

11. 请编写重叠保留法的 MATLAB 函数,并用来验证例 4.7 的结果。

12. 请编写利用 FFT 实现 IFFT 运算的 MATLAB 函数,并与 MATLAB 函数 ifft 进行比较,验证 $X(k)=\{11,-4-j,1,-4+j\}$ 的 IFFT 结果。

第

6

章

无限长单位脉冲响应（IIR）数字滤波器的设计

本章主要介绍间接法设计 IIR 数字滤波器。间接法设计 IIR 数字滤波器从模拟滤波器的设计出发，因为模拟滤波器的设计理论和方法都非常成熟，本章重点介绍如何将满足指标要求的模拟滤波器系统函数 $H_a(s)$ 映射为数字滤波器系统函数 $H(z)$，包括脉冲响应不变法和双线性变换法。

教学视频

6.1 数字滤波器的基本概念

数字滤波器是指输入、输出均为数字信号的离散时间系统，通过一定运算关系改变输入信号所含频率成分的相对比例，或者对输入信号某些频率成分进行抑制或放大。

将数字信号处理系统基本框架（图 1.2.1）中的核心模块"数字信号处理算法"替换为"数字滤波器"，即体现出数字滤波器在数字信号处理系统中的位置和作用，如图 6.1.1 所示。

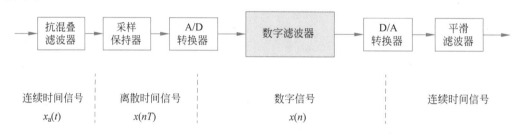

图 6.1.1　数字信号处理系统中的数字滤波器

按照输入信号中有用频率成分与待抑制频率成分频带是否重叠，可以划分为经典滤波器和现代滤波器。经典滤波器也称选频滤波器、成形滤波器，要求输入信号中有用的频率成分和希望抑制的频率成分各占有不同的频带。现代滤波器按照随机信号内部的一些统计分布规律，可以从频带重叠的干扰中有效提取信号，如维纳滤波器、卡尔曼滤波器、自适应滤波器等。"数字信号处理"课程仅涉及经典滤波器，现代滤波器属于"现代信号处理""统计信号处理"等课程的内容。

设数字滤波器的输入为 $x(n)$，输出为 $y(n)$，由于数字滤波器本身就是一个离散时间系统，因此也可以从时域、频域和 z 域进行描述。

常系数线性差分方程（时域描述）：

$$y(n) = \sum_{i=0}^{M} b_i x(n-i) - \sum_{i=1}^{N} a_i y(n-i) \tag{6.1.1}$$

单位脉冲响应（时域描述）：

$$y(n) = x(n) * h(n) \tag{6.1.2}$$

频率响应（频域描述）：

$$H(e^{j\omega}) = \text{DTFT}[h(n)] = \frac{Y(e^{j\omega})}{X(e^{j\omega})} \tag{6.1.3}$$

系统函数（z 域描述）：

$$H(z) = Z[h(n)] = \frac{Y(z)}{X(z)} \tag{6.1.4}$$

其中 $Z[\cdot]$ 表示 z 变换。

6.1.1　数字滤波器的分类

根据单位脉冲响应长度，可分为无限长单位脉冲响应（Infinite Impulse Response，IIR）和有限长单位脉冲响应（Finite Impulse Response，FIR）数字滤波器。

IIR 数字滤波器单位脉冲响应 $h(n)$ 的长度为无限长，在 z 平面中存在原点之外的极点，因此不一定是稳定系统。IIR 数字滤波器存在反馈支路，当前时刻的输出不仅由当前及以前时刻的输入决定，还取决于之前时刻的输出，其差分方程和系统函数（$M \leqslant N$）分别为

$$y(n) = \sum_{i=0}^{M} b_i x(n-i) - \sum_{i=1}^{N} a_i y(n-i) \tag{6.1.5}$$

$$H(z) = \frac{\displaystyle\sum_{i=0}^{M} b_i z^{-i}}{1 + \displaystyle\sum_{i=1}^{N} a_i z^{-i}} \tag{6.1.6}$$

FIR 数字滤波器单位脉冲响应 $h(n)$ 的长度为有限长，在 z 平面中只有 $z=0$ 这个极点，因此一定是稳定系统。FIR 数字滤波器可以不存在反馈支路，当前时刻的输出仅由当前及以前时刻的输入决定，其差分方程和系统函数分别为

$$y(n) = \sum_{i=0}^{M} b_i x(n-i) \tag{6.1.7}$$

$$H(z) = \sum_{i=0}^{M} b_i z^{-i} \tag{6.1.8}$$

根据**幅频响应**特性，可分为低通、高通、带通和带阻四种类型的数字滤波器，如图 6.1.2 所示。为便于比较，图 6.1.3 给出了对应的四种类型的模拟滤波器。

从图 6.1.2 和图 6.1.3 可以看出，数字滤波器的幅频响应是以 2π 为周期的周期函数，而模拟滤波器的幅频响应是非周期的。如果只考虑 $0 \sim \pi$ 区间（阴影部分），那么 $\omega = \pi$ 就是数字滤波器的最高频率，而模拟滤波器的频率可以延伸到无穷大。由于数字滤波器的周期特性，使得模拟滤波器往数字滤波器的映射是一对多的映射，这将在 6.4 节进行介绍。

根据**相频响应**特性，可分为线性相位和非线性相位两种类型的数字滤波器。如果相频响应为 ω 的线性函数表达式，则为线性相位数字滤波器，否则为非线性相位数字滤波器。

例 6.1　已知系统的差分方程表达式为

$$y(n) - ry(n-1) = x(n) - r^6 x(n-6)$$

试判断该系统为 FIR 数字滤波器还是 IIR 数字滤波器。

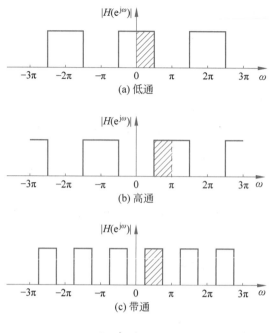

图 6.1.2　数字滤波器的幅频响应

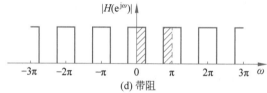

图 6.1.3　模拟滤波器的幅频响应

解：根据系统差分方程，可得系统函数为

$$H(z) = \frac{1-r^6 z^{-6}}{1-rz^{-1}} = \frac{1}{1-rz^{-1}} - \frac{r^6 z^{-6}}{1-rz^{-1}}$$

故系统单位脉冲响应为

$$h(n)=r^n\left[u(n)-u(n-6)\right]=r^n R_6(n)$$

可知,该系统为 FIR 数字滤波器。需要注意的是,判断系统是 FIR 还是 IIR,唯一的判据就是单位脉冲响应 $h(n)$ 为有限长还是无限长。系统函数 $H(z)$ 的表达式中存在分母并不意味着存在反馈支路,比如本题中 $H(z)$ 的分母是可以消去的,即

$$H(z)=1+rz^{-1}+r^2 z^{-2}+r^3 z^{-3}+r^4 z^{-4}+r^5 z^{-5}$$

6.1.2 数字滤波器的技术指标

图 6.1.2 给出的是理想数字滤波器的幅频响应,这种"横平竖直"的幅频响应是不可实现的,这意味着非因果的、无限长的单位脉冲响应。在实际数字滤波器的幅频响应中,通带和阻带总是在一定误差范围内抖动,并且通带和阻带之间存在一个缓慢下降的过渡带。

以理想低通数字滤波器为例,图 6.1.4 通过逼近的误差容限图给出数字滤波器各项技术指标的定义。

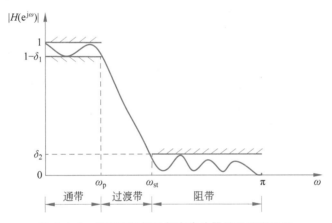

图 6.1.4 逼近理想低通数字滤波器的误差容限图

从图 6.1.4 可以看出,实际的低通数字滤波器存在通带、过渡带和阻带。通带和过渡带的"分界线"即通带截止频率,一般用 ω_p 表示(p 表示 pass),阻带和过渡带的"分界线"即阻带截止频率,一般用 ω_{st} 表示(st 表示 stop)。

通带和阻带可以在允许的范围内抖动,这个"允许的范围"常用通带最大衰减 R_p 和阻带最小衰减 A_s 来规定,单位为分贝(dB),定义如下:

$$R_p=20\lg\frac{1}{\mid H(e^{j\omega_p})\mid}=-20\lg\mid H(e^{j\omega_p})\mid=-20\lg(1-\delta_1)\quad\text{(dB)}\qquad(6.1.9)$$

$$A_s=20\lg\frac{1}{\mid H(e^{j\omega_{st}})\mid}=-20\lg\mid H(e^{j\omega_{st}})\mid=-20\lg\delta_2\quad\text{(dB)}\qquad(6.1.10)$$

其中,δ_1 表示通带波纹,δ_2 表示阻带波纹,并且对低通滤波器的幅频响应进行了归一化处理。

为了尽可能逼近理想低通数字滤波器,肯定希望抖动的范围越小越好,因此用 δ_1 规定了通带往下波动的最大范围,δ_2 规定了阻带往上波动的最大范围,这也是希望 R_p 越

小越好和 A_s 越大越好的原因。

如果是理想低通数字滤波器,则过渡带宽度为零,通带截止频率 ω_p 和阻带截止频率 ω_{st} 相等,通带和阻带都不再抖动(即 $\delta_1 = \delta_2 = 0$),通带最大衰减 $R_p = 0$,阻带最小衰减 $A_s \to \infty$。

6.1.3 数字滤波器的设计概述

数字滤波器的设计与实现,是指根据应用需求来确定数字滤波器技术指标,设计一个因果、稳定的线性时不变系统来逼近给定的技术指标,最终利用有限精度的算法或硬件来实现数字滤波器系统函数。大致包括以下五个步骤:

> 第 1 步,根据具体的应用背景和要求,确定待设计数字滤波器的技术指标;
> 第 2 步,选择滤波器类型,即选择 IIR 数字滤波器还是 FIR 数字滤波器;
> 第 3 步,设计数字滤波器,即计算滤波器的系统函数;
> 第 4 步,选择滤波器的实现结构;
> 第 5 步,用软件或硬件来实现数字滤波器。

数字滤波器设计的本质就是数学上的逼近,理想滤波器都是非因果系统,实际中需要设计对应的因果滤波器去逼近理想滤波器的性能,同时也要考虑系统的复杂度和成本问题。

本章主要介绍 IIR 数字滤波器的设计。设计 IIR 数字滤波器就是计算式(6.1.6)中的所有系数 a_i 和 b_i,使得在一定准则下达到最优逼近,设计方法可分为直接法和间接法两大类,如图 6.1.5 所示。

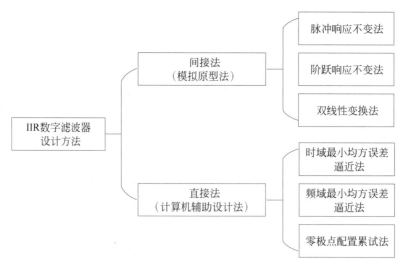

图 6.1.5　IIR 数字滤波器设计方法

间接法也称作模拟原型法,因为首先需要设计一个满足(模拟滤波器)技术指标的归一化模拟原型低通滤波器系统函数 $H_{aL}(\overline{s})$。

本章主要介绍间接法设计 IIR 数字滤波器,间接法一般有三种方案,如图 6.1.6 所示。

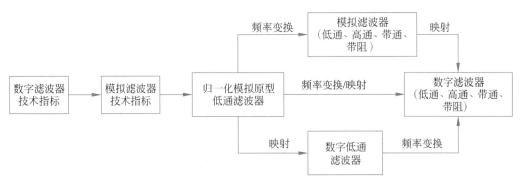

图 6.1.6　间接法设计 IIR 数字滤波器的三种方案

第一种方案先在模拟域进行频率变换,将设计好的 $H_{aL}(\bar{s})$ 转换为模拟滤波器(低通、高通、带通、带阻)系统函数 $H_a(s)$,再将 $H_a(s)$ 转换为对应的数字滤波器系统函数 $H(z)$。$H_a(s)$ 到 $H(z)$ 的转换,归根到底是 s 平面到 z 平面的映射,因此一般把这个转换过程称为"模拟滤波器映射为数字滤波器"。

第二种方案将模拟域频率转换和滤波器映射两个步骤合二为一。

第三种方案首先将 $H_{aL}(\bar{s})$ 映射为对应的数字低通滤波器系统函数,随后在数字域进行频率变换,得到需要的数字滤波器系统函数。

间接法设计 IIR 数字滤波器中有两个关键词,分别是"归一化"和"低通"。①"归一化"是因为模拟滤波器的设计手册不可能包罗万象,只能给出几种典型的滤波器系统函数 $H_{aL}(\bar{s})$,即系统函数的多项式系数,并且事先约定查询表提供的只是通带截止频率和幅度都为 1 的低通滤波器,即"归一化模拟原型低通滤波器"。②"低通"是指 $H_{aL}(\bar{s})$ 是设计任何类型模拟滤波器的起点,通过模拟域的频率变换,得到模拟低通、模拟高通、模拟带通和模拟带阻滤波器系统函数 $H_a(s)$,同时也对 $H_{aL}(\bar{s})$ 进行了"去归一化"操作。

直接法也称为计算机辅助设计法,即借助计算机进行反复的迭代运算,在某种最优化准则下逼近所需要的频率响应。事实上,输入预先给定的数字滤波器技术指标,利用 MATLAB 等软件就可以"一蹴而就"地得到数字滤波器系统函数 $H(z)$,不必从 $H_{aL}(\bar{s})$ 一步一步转换,也不必考虑频率变换、滤波器映射等操作。会利用计算机设计数字滤波器仅仅是"知其然",但深入理解数字滤波器的来龙去脉则是"知其所以然",它能启发我们的思维,更有助于我们掌握和改进滤波器设计方法。

6.2 模拟原型低通滤波器的设计

教学视频

模拟滤波器的设计不属于本课程的内容,为方便大家学习,在此仅做简要介绍。模拟低通滤波器一般有巴特沃斯、切比雪夫Ⅰ型和Ⅱ型、椭圆滤波器。其他类型的低通、高通、带通和带阻模拟滤波器,可以利用设计好的模拟原型低通滤波器,在模拟域进行频率变换得到。

设计模拟滤波器,最重要的是寻求一个稳定、因果的系统函数去逼近理想滤波器特性。稳定且因果的模拟滤波器系统函数 $H_a(s)$ 必须满足以下 3 个条件：

(1) 滤波器的单位冲激响应 $h_a(t)$ 必须是实函数，即 $H_a(s)$ 为实系数的有理函数。

(2) $H_a(s)$ 的极点必须全部分布在 s 平面的左半平面。

(3) $H_a(s)$ 的分母多项式阶数必须大于或等于分子多项式阶数。

模拟滤波器的幅频响应一般用"幅度平方函数"来描述，即

$$| H_a(j\Omega) |^2 = H_a(j\Omega) H_a^*(j\Omega) \tag{6.2.1}$$

由于 $h_a(t)$ 为实函数，因此 $H_a^*(j\Omega) = H_a(-j\Omega)$，可得

$$| H_a(j\Omega) |^2 = H_a(j\Omega) H_a(-j\Omega) = H_a(s) H_a(-s) |_{s=j\Omega} \tag{6.2.2}$$

式中，$H_a(s)$ 表示模拟滤波器的系统函数，$H_a(j\Omega)$ 表示模拟滤波器的频率响应，$|H_a(j\Omega)|$ 表示模拟滤波器的幅频响应。

下面介绍如何从幅度平方函数 $|H_a(j\Omega)|^2$ 来确定系统函数 $H_a(s)$。

根据式(6.2.2)可知，如果 $H_a(s)$ 有一个极点(或零点)位于 $s = s_0$ 处，则 $H_a(-s)$ 必然也有一个极点(或零点)位于 $s = -s_0$ 处与之对应。因为 $H_a(s)$ 为实系数的有理函数，故 $H_a(s)$ 的极点(或零点)一定会以共轭对的形式出现，也就是说如果 $H_a(s)$ 有一对极点(或零点)位于 $s = a \pm jb$ 处，则 $H_a(-s)$ 必然也有一对极点(或零点)位于 $s = -a \mp jb$ 处与之对应。

因此，根据 $|H_a(j\Omega)|^2$ 来设计 $H_a(s)$ 时，把 s 左半平面所有的极点"划分"给 $H_a(s)$ 即可，s 右半平面的极点就"剩下"给了 $H_a(-s)$，这种极点分配方式就确保了系统函数 $H_a(s)$ 的稳定。

至于零点，则取决于待设计的滤波器是否要求最小相位[*]。如果要求最小相位，则应该把所有 s 左半平面以及虚轴上的零点"划分"给 $H_a(s)$。如果无最小相位的要求，则把所有的零点平分给 $H_a(s)$ 和 $H_a(-s)$ 即可，因为零点位置与系统稳定性无关。

例 6.2 已知幅度平方函数为

$$| H_a(j\Omega) |^2 = \frac{4(16 - \Omega^2)^2}{(25 + \Omega^2)(4 + \Omega^2)}$$

试设计对应的系统函数 $H_a(s)$。

解：给出的幅度平方函数可写为

$$| H_a(j\Omega) |^2 = \frac{4[16 + (j\Omega)^2]^2}{[25 - (j\Omega)^2][4 - (j\Omega)^2]}$$

代入 $s = j\Omega$ 可得

$$| H_a(j\Omega) |^2 |_{j\Omega = s} = \frac{4(16 + s^2)^2}{(25 - s^2)(4 - s^2)} = H_a(s) H_a(-s)$$

可求出上式的极点为 $s = \pm 5$ 和 $s = \pm 2$，(二阶)零点为 $s = \pm j4$。将 s 左半平面的极点 $s = -5$ 和 $s = -2$，以及虚轴上的共轭零点 $s = \pm j4$ 分配给 $H_a(s)$，可得

$$H_a(s) = \frac{2(s^2 + 16)}{(s + 5)(s + 2)}$$

其中，$H_a(s)$ 的增益可利用 $H_a(s)|_{s=0} = H_a(j\Omega)|_{\Omega=0}$ 求解。

---

[*] 注：最小相位系统是指零点和极点都在单位圆内的离散时间系统，最小相位系统及其逆系统都是因果稳定系统。

6.2.1 模拟低通巴特沃斯滤波器

模拟低通巴特沃斯滤波器在通带和阻带都单调下降,其幅度平方函数为

$$|H_a(j\Omega)|^2 = \frac{1}{1+\left(\dfrac{\Omega}{\Omega_c}\right)^{2N}} \tag{6.2.3}$$

其中,正整数 N 称为滤波器阶数,Ω_c 称为 3dB 截止频率。

模拟低通巴特沃斯滤波器的特点主要包括:

(1) 幅频响应 $|H_a(j\Omega)|$ 随着 Ω 增大单调下降。

(2) 巴特沃斯滤波器具有最平坦的通带和阻带幅度特性,滤波器阶数 N 越大,通带增益越平坦,过渡带越窄,越接近理想低通性能。

(3) 巴特沃斯滤波器无零点,故也称为全极点型滤波器。

(4) 3dB 带宽不变特性。这是因为 $\Omega = \Omega_c$ 时,$|H_a(j\Omega)|^2 = 0.5$,也就是说,Ω_c 是巴特沃斯滤波器半功率点(3dB)处的频率值,与滤波器阶数 N 无关,如图 6.2.1 所示。

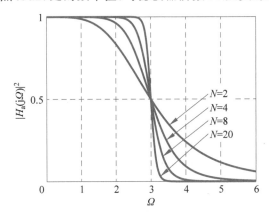

图 6.2.1 3dB 带宽不变特性($\Omega_c = 3\text{rad/s}$)

接下来介绍如何根据技术指标确定巴特沃斯滤波器的两个参数:N 和 Ω_c。通常在设计模拟滤波器时需要事先给定的技术指标包括通带截止频率 Ω_p、阻带截止频率 Ω_{st}、通带最大衰减 R_p(dB),阻带最小衰减 A_s(dB)。

由通带最大衰减的定义可知

$$-20\lg|H_a(j\Omega_p)| = R_p \tag{6.2.4}$$

代入式(6.2.3)可知

$$-20\lg\left|\sqrt{\frac{1}{1+\left(\dfrac{\Omega_p}{\Omega_c}\right)^{2N}}}\right| = 10\lg\left[1+\left(\frac{\Omega_p}{\Omega_c}\right)^{2N}\right] = R_p \tag{6.2.5}$$

可得

$$(\Omega_p/\Omega_c)^{2N} = 10^{0.1R_p} - 1 \tag{6.2.6}$$

同理,根据阻带最小衰减的定义可得

$$(\Omega_{st}/\Omega_c)^{2N} = 10^{0.1A_s} - 1 \tag{6.2.7}$$

故可得

$$\frac{10^{0.1A_s} - 1}{10^{0.1R_p} - 1} = \left(\frac{\Omega_{st}}{\Omega_p}\right)^{2N} \tag{6.2.8}$$

由此得出巴特沃斯滤波器的阶数 N 为

$$N = \frac{\lg\left(\dfrac{10^{0.1A_s} - 1}{10^{0.1R_p} - 1}\right)}{2\lg\left(\dfrac{\Omega_{st}}{\Omega_p}\right)} \tag{6.2.9}$$

求出阶数 N 后,根据式(6.2.6)和式(6.2.7),可得到 Ω_c 的一个取值范围,为方便计算,一般可取 Ω_c 为

$$\Omega_c = \frac{1}{2}(\Omega_p + \Omega_{st}) \tag{6.2.10}$$

当参数 N 和 Ω_c 都确定以后,即得到了巴特沃斯滤波器幅度平方函数表达式,此时再按照例 6.2 的方法,把 s 左半平面所有的极点"划分"给 $H_a(s)$ 即可。

例 6.3 待设计的模拟滤波器技术指标为 $f_p = 2000\text{Hz}$, $f_{st} = 5000\text{Hz}$, $R_p = 5\text{dB}$, $A_s = 40\text{dB}$,请给出满足指标的模拟低通巴特沃斯滤波器系统函数 $H_a(s)$。

解:可用 MATLAB 函数 buttord 计算得到巴特沃斯滤波器的两个参数 N 和 Ω_c,再利用函数 butter 计算得到系统函数 $H_a(s)$ 的分子分母系数,即

$$H_a(s) = \frac{3.06 \times 10^{20}}{s^5 + 4.05 \times 10^4 s^4 + 8.19 \times 10^8 s^3 + 1.02 \times 10^{13} s^2 + 7.92 \times 10^{16} s + 3.06 \times 10^{20}}$$

该滤波器的幅频响应如图 6.2.2 所示。

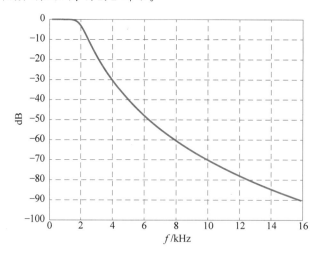

图 6.2.2　巴特沃斯滤波器幅频响应

本题直接采用 MATLAB 函数,"一步到位"设计出满足技术指标的巴特沃斯模拟低通滤波器系统函数 $H_a(s)$。根据 MATLAB 函数要求,需要将题目给出的模拟频率指标转换为模拟角频率指标输入。同时,滤波器幅频响应的纵坐标一般不再采用 $|H_a(s)|$,而是采用分贝(dB)表示,即 $20\lg|H_a(s)|$(dB)。

6.2.2　模拟低通切比雪夫Ⅰ型、Ⅱ型滤波器

模拟低通切比雪夫Ⅰ型滤波器在通带内具有等波纹特性,在通带之外单调下降,其幅度平方函数为

$$|H_a(j\Omega)|^2 = \frac{1}{1+\varepsilon^2 C_N^2\left(\dfrac{\Omega}{\Omega_c}\right)} \tag{6.2.11}$$

其中,$0<\varepsilon<1$ 为通带波纹参数,ε 越大,波纹越大。$C_N(x)$ 表示 N 阶切比雪夫多项式,定义如下:

$$C_N(x) = \begin{cases} \cos(N\arccos x), & |x|\leqslant 1 \\ \cosh(N\text{arccosh}x), & |x|>1 \end{cases} \tag{6.2.12}$$

模拟低通切比雪夫Ⅱ型滤波器在阻带内具有等波纹特性,在阻带之外单调下降,其幅度平方函数为

$$|H_a(j\Omega)|^2 = \frac{1}{1+\left[\varepsilon^2 C_N^2\left(\dfrac{\Omega_c}{\Omega}\right)\right]^{-1}} \tag{6.2.13}$$

从式(6.2.11)和式(6.2.13)可以看出,将切比雪夫Ⅰ型滤波器中的 $\varepsilon^2 C_N^2(\Omega/\Omega_c)$ 用它的倒数来代替,并把变量 Ω/Ω_c 也取倒数,即可得到切比雪夫Ⅱ型滤波器。

切比雪夫滤波器的两个参数 N 和 Ω_c,以及系统函数 $H_a(s)$ 都可以通过一系列理论公式计算得到,在此不再详细讨论。

例 6.4　待设计的模拟滤波器技术指标同例 6.3,请给出满足指标的模拟低通切比雪夫Ⅰ型和Ⅱ型滤波器系统函数 $H_a(s)$。

解:可用 MATLAB 函数 cheb1ord 计算得到切比雪夫Ⅰ型滤波器的两个参数 N 和 Ω_c,再利用函数 cheby1 计算得到系统函数 $H_a(s)$ 的分子分母系数,即

$$H_a(s) = \frac{2.12\times10^{15}}{s^4+5.25\times10^3 s^3+1.72\times10^8 s^2+5.57\times10^{11}s+3.77\times10^{15}}$$

该滤波器的幅频响应如图 6.2.3 所示。

类似地,可用函数 cheb2ord 计算得到切比雪夫Ⅱ型滤波器的两个参数 N 和 Ω_c,再利用函数 cheby2 计算得到系统函数 $H_a(s)$ 的分子分母系数,即

$$H_a(s) = \frac{4.34\times10^7 s^2+2.36\times10^{16}}{s^4+3.15\times10^4 s^3+4.96\times10^8 s^2+4.62\times10^{12}s+2.36\times10^{16}}$$

该滤波器的幅频响应如图 6.2.4 所示。

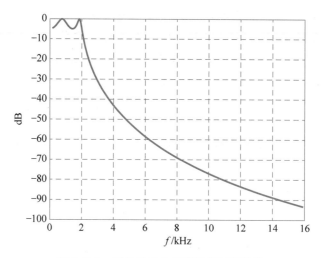

图 6.2.3 切比雪夫Ⅰ型滤波器幅频响应

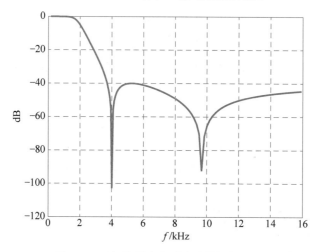

图 6.2.4 切比雪夫Ⅱ型滤波器幅频响应

6.2.3 模拟低通椭圆滤波器

椭圆滤波器在通带和阻带内都具有等波纹特性,对于给定的技术指标要求,椭圆滤波器需要的阶数较低。由于其极点位置与经典场论中的椭圆函数有关,故称为"椭圆滤波器",又因考尔于1931年首先对这种滤波器进行了理论证明,故又称为"考尔滤波器"。

椭圆滤波器的幅度平方函数为

$$| H_a(j\Omega) |^2 = \frac{1}{1 + \varepsilon^2 J_N^2 \left(\frac{\Omega}{\Omega_c} \right)} \tag{6.2.14}$$

其中,$J_N(x)$表示N阶雅可比椭圆函数。雅可比椭圆函数涉及相当复杂的数学知识,在此不再介绍。

例 6.5 待设计的模拟滤波器技术指标同例 6.3,请给出满足指标的模拟低通椭圆滤波器系统函数 $H_a(s)$。

解:可用 MATLAB 函数 ellipord 计算得到椭圆滤波器的两个参数 N 和 Ω_c,再利用函数 ellip 计算得到系统函数 $H_a(s)$ 的分子分母系数,即

$$H_a(s) = \frac{610.02s^2 + 3.87 \times 10^{11}}{s^3 + 5310.18s^2 + 1.38 \times 10^8 s + 3.87 \times 10^{11}}$$

该滤波器的幅频响应如图 6.2.5 所示。

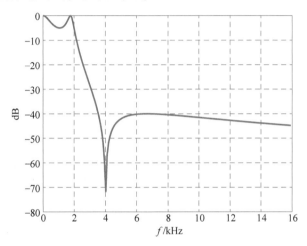

图 6.2.5 椭圆滤波器幅频响应

为便于读者学习掌握这几种模拟低通滤波器的性能,表 6.1 对它们的特点进行了总结。

表 6.1 各种模拟低通滤波器性能对比

类 型	通 带	阻 带	相同指标过渡带宽	相同指标阶数	极点位置灵敏度*
巴特沃斯	单调下降	单调下降	宽	高	低(好)
切比雪夫Ⅰ型	等波纹	单调下降	中	中	中
切比雪夫Ⅱ型	单调下降	等波纹	中	中	中
椭圆	等波纹	等波纹	窄	低	高(差)

6.3 模拟域频率变换

动图

在模拟域进行频率变换,可把设计好的归一化模拟原型低通滤波器变换为任意截止频率的其他类型模拟滤波器(低通、高通、带通、带阻)。

---

* 注:极点位置灵敏度是指系数量化对极点位置的影响程度,见 8.5 节。

6.3.1 归一化低通→低通

设计好的归一化模拟原型低通滤波器频率响应为 $H_{aL}(j\bar{\Omega})$,其通带截止频率 $\bar{\Omega}_p=1$。欲将其变换为任意截止频率 Ω_p 的低通模拟滤波器,只需要把模拟角频率变量 $\bar{\Omega}$ 替换为 $\bar{\Omega}\Omega_p$ 即可:当 $\bar{\Omega}$ 从 $0\to1$ 时,$\bar{\Omega}\Omega_p$ 从 $0\to\Omega_p$,$\bar{\Omega}$ 从 $1\to\infty$ 时,$\bar{\Omega}\Omega_p$ 从 $\Omega_p\to\infty$。这种频率变换只是对幅频特性的横坐标进行变换,对纵坐标的起伏变化规律无任何影响,因此就把通带截止频率为1的模拟低通变换为任意截止频率的模拟低通。

设变量 $\Omega=\bar{\Omega}\Omega_p$,则通带截止频率为 Ω_p 的低通模拟滤波器频率响应 $H_a(j\Omega)$ 为

$$H_a(j\Omega) = H_{aL}(j\bar{\Omega})\Big|_{\bar{\Omega}=\frac{\Omega}{\Omega_p}} \tag{6.3.1}$$

对于系统函数,只需要将复变量 $\bar{s}$ 替换为 $\bar{s}\Omega_p$,即

$$H_a(s) = H_{aL}(\bar{s})\Big|_{\bar{s}=\frac{s}{\Omega_p}} \tag{6.3.2}$$

将归一化低通变换为任意截止频率的低通,也就是前面介绍的"去归一化"操作,其频率变换关系如图 6.3.1 所示。

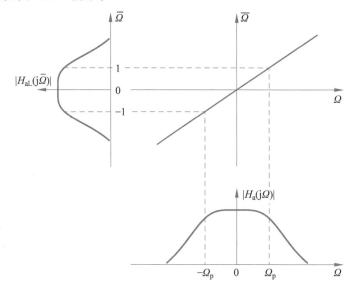

图 6.3.1 "归一化低通→低通"的频率变换关系

6.3.2 归一化低通→高通

将设计好的 $H_{aL}(j\bar{\Omega})$ 变换为任意截止频率 Ω_p 的高通模拟滤波器,只需要把模拟角频率变量 $\bar{\Omega}$ 替换为 $-\Omega_p/\bar{\Omega}$ 即可。当 $\bar{\Omega}$ 从 $0\to1$ 时,$-\Omega_p/\bar{\Omega}$ 从 $-\infty\to-\Omega_p$,当 $\bar{\Omega}$ 从 $1\to\infty$ 时,$-\Omega_p/\bar{\Omega}$ 从 $-\Omega_p\to0^-$。

设变量 $\Omega=-\Omega_p/\bar{\Omega}$,则通带截止频率为 Ω_p 的高通模拟滤波器频率响应 $H_a(j\Omega)$ 为

$$H_a(j\Omega) = H_{aL}(j\bar{\Omega})\Big|_{\bar{\Omega}=-\frac{\Omega_p}{\Omega}} \tag{6.3.3}$$

对于系统函数,只需要将复变量 $\bar{s}$ 替换为 $\Omega_p/\bar{s}$ 即可

$$H_a(s) = H_{aL}(\bar{s})\Big|_{\bar{s}=\frac{\Omega_p}{s}} \tag{6.3.4}$$

把归一化低通滤波器变换为高通滤波器,其频率变换关系如图 6.3.2 所示。

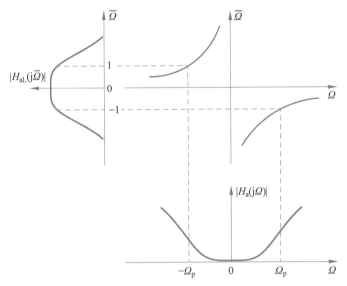

图 6.3.2 "归一化低通→高通"的频率变换关系

6.3.3 归一化低通→带通

归一化低通到带通的频率变量替换关系为

$$\bar{\Omega} = \frac{\Omega^2 - \Omega_L \Omega_H}{\Omega(\Omega_H - \Omega_L)} \tag{6.3.5}$$

其中,Ω_L 和 Ω_H 表示带通滤波器的通带下截止频率和上截止频率。通过式(6.3.5)的变换,可将设计好的 $H_{aL}(j\bar{\Omega})$ 变换为带通模拟滤波器。

对于系统函数,只需要将复变量 $\bar{s}$ 也进行类似的替换($s = j\Omega$,$\bar{s} = j\bar{\Omega}$)

$$\bar{s} = \frac{s^2 + \Omega_L \Omega_H}{s(\Omega_H - \Omega_L)} \tag{6.3.6}$$

从整个频率区间进行观察,模拟低通滤波器形如一个倒扣的"铁锅",在正频率区间呈现"低频通过、高频抑制"的低通特性。式(6.3.5)是关于变量 Ω 的二次函数,可将这个"铁锅"进行"复制→左右平移→粘贴",在正频率区间成为"真正的"模拟带通滤波器,具体频率变换关系如图 6.3.3 所示。

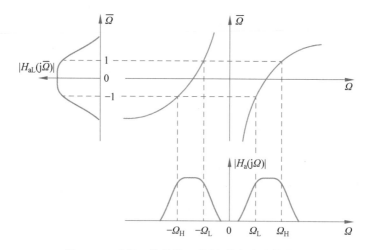

图 6.3.3 "归一化低通→带通"的频率变换关系

6.3.4 归一化低通→带阻

在归一化低通滤波器变换为带通滤波器的分析基础上,归一化低通滤波器到带阻滤波器的变换就相对容易理解,其频率变量替换关系为

$$\bar{\Omega} = \frac{\Omega(\Omega_H - \Omega_L)}{\Omega_L \Omega_H - \Omega^2} \tag{6.3.7}$$

其中,Ω_L 和 Ω_H 表示带阻滤波器的阻带下截止频率和上截止频率。通过式(6.3.7)的变换,可将设计好的 $H_{aL}(j\bar{\Omega})$ 变换为带阻模拟滤波器。

对于系统函数,只需要将复变量 $\bar{s}$ 也进行类似的替换:

$$\bar{s} = \frac{s(\Omega_H - \Omega_L)}{s^2 + \Omega_L \Omega_H} \tag{6.3.8}$$

把归一化低通滤波器变换为带阻滤波器,其频率变换关系如图 6.3.4 所示。

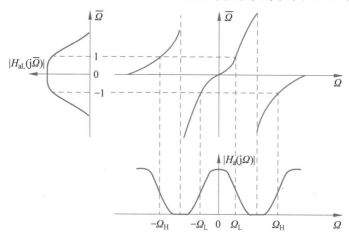

图 6.3.4 "归一化低通→带阻"的频率变换关系

为便于读者学习掌握由归一化模拟原型低通滤波器变换为各种实际所需的模拟滤波器,表 6.2 对所有变换关系进行了总结。

表 6.2 归一化低通到实际滤波器的变换

变 换 类 型	变量替换关系	实际滤波器参数
归一化低通→低通	$\bar{s}=\dfrac{s}{\Omega_p}$	Ω_p:通带截止频率
归一化低通→高通	$\bar{s}=\dfrac{\Omega_p}{s}$	Ω_p:通带截止频率
归一化低通→带通	$\bar{s}=\dfrac{s^2+\Omega_L\Omega_H}{s(\Omega_H-\Omega_L)}$	Ω_L:通带下截止频率 Ω_H:通带上截止频率
归一化低通→带阻	$\bar{s}=\dfrac{s(\Omega_H-\Omega_L)}{s^2+\Omega_L\Omega_H}$	Ω_L:阻带下截止频率 Ω_H:阻带上截止频率

前面介绍的频率变换方法,只关注了 $\bar{\Omega}_p=1$ 的前后对应关系,但在实际情况下还需要考虑阶数、通带最大衰减、阻带最小衰减等设计指标,下面通过一个具体的例题来学习。

例 6.6 设计一个 $N=12$ 阶的归一化模拟低通切比雪夫Ⅱ型滤波器 $H_{aL}(\bar{s})$,通带最大衰减 $R_p=5\text{dB}$,阻带最小衰减 $A_s=40\text{dB}$。

(1)试将 $H_{aL}(\bar{s})$ 变换为模拟低通滤波器,通带截止频率 $\Omega_p=2\text{rad/s}$。

(2)试将 $H_{aL}(\bar{s})$ 变换为模拟高通滤波器,通带截止频率 $\Omega_p=2\text{rad/s}$。

(3)试将 $H_{aL}(\bar{s})$ 变换为模拟带通滤波器,通带上截止频率 $\Omega_H=3\text{rad/s}$,通带下截止频率 $\Omega_L=1\text{rad/s}$。

(4)将归一化模拟低通滤波器改为椭圆滤波器,阶数 $N=5$,再重复以上步骤。

解:MATLAB 工具箱提供了模拟频率变换的函数,可把归一化模拟原型低通滤波器变换为各种实际的模拟滤波器,如 lp2lp 表示归一化低通转低通,lp2hp 表示归一化低通转高通,有兴趣的读者可查阅相关文献。图 6.3.5 和图 6.3.6 给出了不同类型滤波器的变换结果。

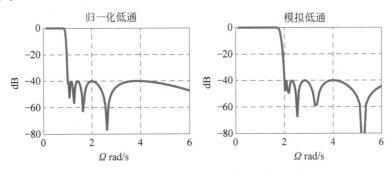

图 6.3.5 变换为不同类型的切比雪夫Ⅱ型滤波器($N=12$)

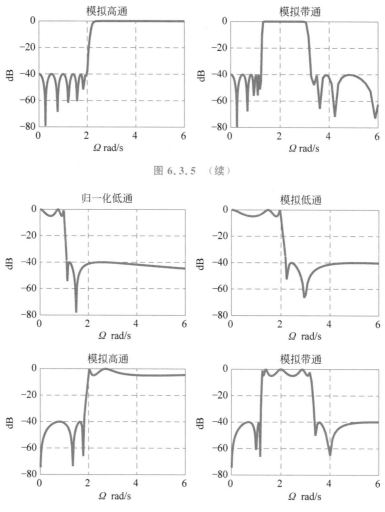

图 6.3.5 （续）

图 6.3.6 变换为不同类型的椭圆滤波器($N=5$)

6.4 模拟滤波器映射为数字滤波器

通过前面介绍的模拟原型低通滤波器设计以及模拟域频率变换，已经设计好满足指标要求的模拟滤波器系统函数 $H_a(s)$，将 $H_a(s)$ 映射为对应的数字滤波器系统函数 $H(z)$，是间接法设计 IIR 数字滤波器的最后一个步骤，也是最关键的一个步骤。这种映射归根到底是 s 平面到 z 平面的映射，该映射必须满足以下两个基本条件：

（1）$H(z)$ 与 $H_a(s)$ 的频率响应需要保持一致，也就是 s 平面的虚轴必须映射到 z 平面的单位圆上。

（2）因果稳定的 $H_a(s)$ 应该能够映射为因果稳定的 $H(z)$，也就是 s 平面的左半平面应该映射到 z 平面的单位圆内。

有两种常用的方法将 $H_a(s)$ 映射为 $H(z)$，即脉冲响应不变法和双线性变换法。

6.4.1 脉冲响应不变法

脉冲响应不变法是在滤波器的时间特性上逼近,也就是使数字滤波器的单位脉冲响应 $h(n)$ 逼近模拟滤波器的单位冲激响应 $h_a(t)$,即

$$h(n) = h_a(t)\big|_{t=nT} \tag{6.4.1}$$

其中,$h(n)$ 为 $H(z)$ 的 z 反变换,$h_a(t)$ 为 $H_a(s)$ 的拉普拉斯反变换,T 为采样周期。

根据式(2.4.14)可知,z 变换与拉普拉斯变换的关系为

$$H(z)\big|_{z=e^{sT}} = \frac{1}{T}\sum_{k=-\infty}^{\infty} H_a\left(s - j\frac{2\pi}{T}k\right) \tag{6.4.2}$$

可以看出,利用脉冲响应不变法将 $H_a(s)$ 映射为 $H(z)$,首先是将 $H_a(s)$ 以 $2\pi/T$ 为周期进行周期延拓,再经过 $z=e^{sT}$ 的映射变换得到 $H(z)$。

从 2.4.3 节 z 变换与拉普拉斯变换的关系可知,s 平面往 z 平面的映射是多值映射关系,s 平面上的虚轴全都映射到 z 平面的单位圆上,s 平面的左半平面全都映射到 z 平面的单位圆内,如图 6.4.1 所示。因此,脉冲响应不变法的映射关系满足本节开始提出的两个基本条件。

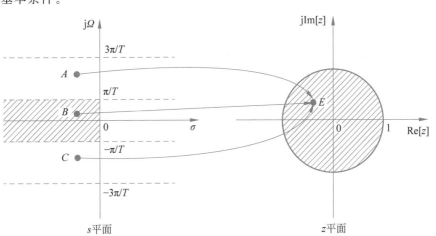

图 6.4.1 脉冲响应不变法的映射关系

还可以看出,s 平面上每一条宽度为 $2\pi/T$ 的横带左半部分都重叠映射到 z 平面单位圆内部,这种重叠映射正好反映了 s 平面往 z 平面多对一的映射关系。这种映射关系也反映了 $H_a(s)$ 的周期延拓与 $H(z)$ 的关系,而不是单个 $H_a(s)$ 与 $H(z)$ 的关系。

对 $H_a(s)$ 在虚轴上取值(令 $s=j\Omega$),同时对 $H(z)$ 在单位圆上取值(令 $z=e^{j\omega}$),再利用式(6.4.2),可得模拟滤波器频率响应 $H_a(j\Omega)$ 和数字滤波器频率响应 $H(e^{j\omega})$ 的关系如下:

$$H(e^{j\omega}) = \frac{1}{T}\sum_{k=-\infty}^{\infty} H_a\left(j\Omega - j\frac{2\pi}{T}k\right) \tag{6.4.3}$$

可见,$H(e^{j\omega})$ 也是 $H_a(j\Omega)$ 周期延拓的结果。实际的模拟滤波器,其频率响应 $H_a(j\Omega)$ 不可能是真正带限的,因此在周期延拓的过程中不可避免地会出现频谱混叠现

象,如图 6.4.2 所示。因此,通过脉冲响应不变法设计得到的数字滤波器系统函数 $H(z)$ 在高频部分会出现混叠失真,这就是脉冲响应不变法不能用来设计高通数字滤波器和带阻数字滤波器的原因。

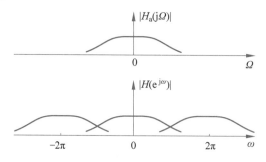

图 6.4.2 $H(e^{j\omega})$ 与 $H_a(j\Omega)$(脉冲响应不变法)

在实际应用中,为了避免频谱混叠需要尽可能提高采样频率,这样就会导致式(6.4.3)中数字滤波器的增益 $1/T$ 很大。为了使数字滤波器的增益不受采样频率的影响,可将式(6.4.1)改写为如下形式:

$$h(n) = Th_a(t) \mid_{t=nT} \tag{6.4.4}$$

式(6.4.4)给出的是利用脉冲响应不变法将 $H_a(s)$ 映射为 $H(z)$ 的一般步骤。现介绍脉冲响应不变法的一个特例,即 $H_a(s)$ 可分解为部分分式之和的情况,

$$H_a(s) = \sum_{k=1}^{N} \frac{A_k}{s - s_k} \tag{6.4.5}$$

单位冲激响应 $h_a(t)$ 为 $H_a(s)$ 的拉普拉斯反变换,可得

$$h_a(t) = \sum_{k=1}^{N} A_k e^{s_k t} u(t) \tag{6.4.6}$$

再根据式(6.4.4)对 $h_a(t)$ 进行采样,得到数字滤波器的单位脉冲响应

$$h(n) = Th_a(t) \mid_{t=nT} = \sum_{k=1}^{N} TA_k e^{s_k nT} u(nT) = \sum_{k=1}^{N} TA_k (e^{s_k T})^n u(n) \tag{6.4.7}$$

对 $h(n)$ 进行 z 变换,即得到数字滤波器的系统函数

$$H(z) = \sum_{k=1}^{N} \frac{TA_k}{1 - e^{s_k T} z^{-1}} \tag{6.4.8}$$

例 6.7 已知模拟滤波器的系统函数为

$$H_a(s) = \frac{2}{s^2 + 4s + 3}$$

试用脉冲响应不变法将其变换为数字滤波器系统函数,采样周期 $T = 0.2s$,比较和分析转换前后的频谱。

解: $H_a(s)$ 可展开为部分分式之和的形式

$$H_a(s) = \frac{2}{s^2 + 4s + 3} = \frac{1}{s+1} - \frac{1}{s+3}$$

利用式(6.4.8),可知数字滤波器系统函数为

$$H(z) = \frac{T}{1-e^{-T}z^{-1}} - \frac{T}{1-e^{-3T}z^{-1}}$$

代入 $T=0.2s$ 可得

$$H(z)\mid_{T=0.2} = \frac{0.2}{1-e^{-0.2}z^{-1}} - \frac{0.2}{1-e^{-0.6}z^{-1}}$$

图 6.4.3 给出了 $H_a(s)$ 变换为 $H(z)$ 后幅频响应的对比情况。从图中可以看出,模拟滤波器为一个低通滤波器,利用脉冲响应不变法变换后的数字滤波器仍然为一个低通滤波器,但由于频谱混叠导致数字滤波器在高频部分失真。

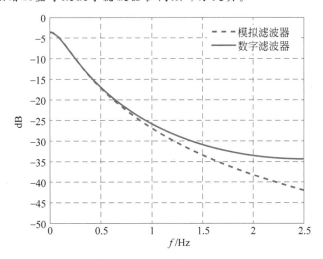

图 6.4.3 模拟滤波器和数字滤波器的幅频响应(脉冲响应不变法,$T=0.2s$)

图 6.4.3 中实际对比的是模拟滤波器 $H_a(j\Omega)$ 和数字滤波器 $H(e^{j\omega})$ 的幅频响应,为了让二者的幅频特性能在同一个图中进行对比,利用频率变换关系 $f = \frac{\Omega}{2\pi}$ 和 $f = \omega \frac{f_s}{2\pi}$,横坐标统一采用模拟频率。

6.4.2 双线性变换法

脉冲响应不变法是使数字滤波器的单位脉冲响应在时域上逼近模拟滤波器的单位冲激响应,但由于 s 平面到 z 平面的映射不是一一映射,导致映射得到的数字滤波器出现频谱混叠失真。为了克服这个缺点,可以采用双线性变换法。

双线性变换法的基本思路如图 6.4.4 所示。既然脉冲响应不变法是将 s 平面上若干条横带都同时映射到了整个 z 平面上,可设法先将整个 s 平面压缩映射到中介 s_1 平面的一条横带里,再通过标准变换关系 $z=e^{s_1 T}$,将这个中介平面里的横带映射到整个 z 平面上,这样就形成了 s 平面到 z 平面的一一映射关系,消除了多值变换特性。

s 平面压缩映射到中介 s_1 平面,将无限带宽的 $H_a(j\Omega)$ 压缩为有限带宽的 $H_a(j\Omega_1)$,在随后进行的 s_1 平面到 z 平面的映射过程中,也就不会产生频谱混叠,如图 6.4.5 所示。

教学视频

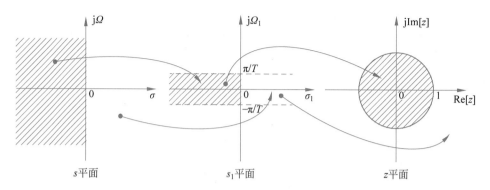

图 6.4.4　双线性变换法的映射关系

为将整个 $j\Omega$ 轴压缩映射到 $j\Omega_1$ 轴上 $-\pi/T \sim \pi/T$ 的一段,可用正切变换关系实现,

$$\Omega = k \tan \frac{\Omega_1 T}{2} \tag{6.4.9}$$

式中 k 为一个待计算的常数。根据正切函数特点可知,当 Ω_1 从 $-\pi/T$ 变到 π/T 时,Ω 便由 $-\infty$ 变到 ∞,如图 6.4.6 所示。因此,通过式(6.4.9),实现了"s 平面整个 $j\Omega$ 轴压缩映射到 s_1 平面 $j\Omega_1$ 轴上 $-\pi/T \sim \pi/T$ 的一段"。

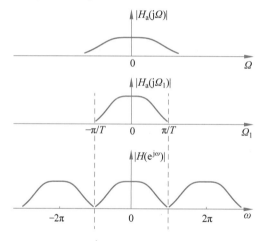

图 6.4.5　$H(e^{j\omega})$ 与 $H_a(j\Omega)$(双线性变换法)

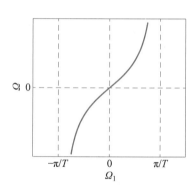

图 6.4.6　Ω_1 到 Ω 的正切变换关系

利用欧拉公式,可将式(6.4.9)改写为

$$j\Omega = jk \frac{\sin \dfrac{\Omega_1 T}{2}}{\cos \dfrac{\Omega_1 T}{2}} = k \frac{e^{j\frac{\Omega_1 T}{2}} - e^{-j\frac{\Omega_1 T}{2}}}{e^{j\frac{\Omega_1 T}{2}} + e^{-j\frac{\Omega_1 T}{2}}} \tag{6.4.10}$$

令 $s = j\Omega$, $s_1 = j\Omega_1$,将上式解析延拓到整个 s 平面和 s_1 平面,

$$s = k \frac{e^{\frac{s_1 T}{2}} - e^{-\frac{s_1 T}{2}}}{e^{\frac{s_1 T}{2}} + e^{-\frac{s_1 T}{2}}} = k \frac{1 - e^{-s_1 T}}{1 + e^{-s_1 T}} \tag{6.4.11}$$

式(6.4.11)即为 s 平面与 s_1 平面间的映射关系。

s_1 平面到 z 平面的映射为标准变换关系,即

$$z = e^{s_1 T} \tag{6.4.12}$$

从式(6.4.12)可以看出,s_1 平面虚轴上 $-\pi/T \sim \pi/T$ 的一段映射到了 z 平面的单位圆上,而 s_1 平面上这条宽度为 $2\pi/T$ 的横带左半部分都映射到 z 平面单位圆内部,并且这些映射都是一一映射关系,这说明稳定的模拟滤波器,通过双线性变换法映射得到的数字滤波器仍然是稳定的。

将式(6.4.12)代入式(6.4.11),得到 s 平面与 z 平面的一一映射关系,即

$$s = k \frac{1 - z^{-1}}{1 + z^{-1}} \tag{6.4.13}$$

式(6.4.13)形式上是两个线性函数之比的关系,这即"双线性变换法"名称的由来。

从图 6.4.6 可以看出,在低频处,正切变换引起的频率非线性效应可以忽略不计,此时 $\Omega_1 \approx \Omega$,代入式(6.4.9),可得

$$\Omega_1 \approx \Omega = k \tan \frac{\Omega_1 T}{2} \approx k \frac{\Omega_1 T}{2} \tag{6.4.14}$$

根据上式可得常数 $k = \dfrac{2}{T}$。

因此,可将设计好的模拟滤波器系统函数 $H_a(s)$ 映射为对应的数字滤波器系统函数 $H(z)$,并且这种映射是一一映射,即

$$H(z) = H_a(s) \Big|_{s = \frac{2}{T} \frac{1-z^{-1}}{1+z^{-1}}} = H_a\left(\frac{2}{T} \frac{1-z^{-1}}{1+z^{-1}}\right) \tag{6.4.15}$$

频率响应间的映射关系为

$$H(e^{j\omega}) = H_a(j\Omega) \Big|_{\Omega = \frac{2}{T} \tan \frac{\omega}{2}} = H_a\left(j\frac{2}{T} \tan \frac{\omega}{2}\right) \tag{6.4.16}$$

与脉冲响应不变法相比,双线性变换法消除了频谱混叠现象,并且不需要对模拟滤波器的系统函数 $H_a(s)$ 进行分解,直接将复频率变量 s 替换为 $\dfrac{2}{T} \dfrac{1-z^{-1}}{1+z^{-1}}$,就可以得到数字滤波器的系统函数 $H(z)$,非常简单和方便。

通过式(6.4.9),双线性变换法将无限带宽的 $H_a(j\Omega)$ 压缩为有限带宽的 $H_a(j\Omega_1)$,为此付出的代价是模拟角频率 Ω 与数字频率 ω 之间的非线性失真,也就是模拟滤波器和数字滤波器在频率响应与频率的对应关系上发生了非线性畸变。

设 ω_d 为数字滤波器某个设计指标(如 A_s、R_p 等)所对应的频率点,通过双线性变换法的诸多流程后,要求设计出来的数字滤波器仍然是在 ω_d 这个频率点处体现对应的设计指标。为了消除频率上的畸变,需要在数字滤波器指标往模拟滤波器指标变换的过程中进行频率预畸,设预畸函数关系为 $\Omega_d = f(\omega_d)$。

从式(6.4.9)可知,从 Ω_1 到 Ω 是正切变换,从 Ω 到 Ω_1 就是反正切变换,非线性映射关系就是从这里引入的,即

$$\Omega_1 = \frac{2}{T}\arctan\frac{T}{2}\Omega \tag{6.4.17}$$

通过式(6.4.17)的变换,频率点 ω_d 变为

$$\Omega_{1d} = \frac{2}{T}\arctan\left[\frac{T}{2}f(\omega_d)\right] \tag{6.4.18}$$

由中介平面 s_1 往 z 平面的映射过程中,Ω_{1d} 与频率点 ω_d 是线性映射关系,即 $\omega_d = \Omega_{1d}T$,代入式(6.4.18)整理后,可得

$$\frac{\omega_d}{2} = \arctan\left[\frac{T}{2}f(\omega_d)\right] \tag{6.4.19}$$

对上式两边同时进行正切变换,整理后可得

$$\Omega_d = f(\omega_d) = \frac{2}{T}\tan\frac{\omega_d}{2} \tag{6.4.20}$$

式(6.4.20)即为预畸函数的映射关系。将频率点 ω_d 扩展到所有频率,即可得到数字滤波器指标变换为模拟滤波器指标的一般关系,即

$$\Omega = \frac{2}{T}\tan\frac{\omega}{2} \tag{6.4.21}$$

为便于读者比较,图6.4.7给出了脉冲响应不变法和双线性变换法的流程图。需要注意的是,频率预畸是在设计模拟滤波器之前完成的,也就是说,双线性变换法中数字滤波器技术指标变换为模拟滤波器技术指标是按照式(6.4.21)进行的,而脉冲响应不变法的指标变换是按照常规的 $\Omega = \omega/T$ 进行的。

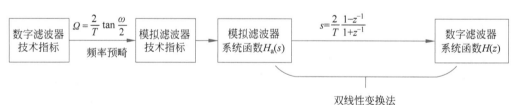

图6.4.7 脉冲响应不变法和双线性变换法流程图

脉冲响应不变法是在滤波器的时间特性上逼近,双线性变换法是在滤波器的频率特性上逼近,因此这两种方法有着不同的特点和应用。在IIR数字滤波器的设计中,如果设计需求强调逼近模拟滤波器的瞬态响应时,采用脉冲响应不变法比较合适,在其余情况下,一般都采用双线性变换法。

例6.8 模拟滤波器的系统函数同例6.7,试用双线性变换法将其变换为数字滤波器系统函数,采样周期 $T = 0.2$s,比较和分析变换前后的频谱。

解:直接应用式(6.4.15)的结论可得

$$H(z) = H_a(s)\Big|_{s=\frac{2}{T}\frac{1-z^{-1}}{1+z^{-1}}} = \frac{2}{\left(\frac{2}{T}\frac{1-z^{-1}}{1+z^{-1}}\right)^2 + 4\left(\frac{2}{T}\frac{1-z^{-1}}{1+z^{-1}}\right) + 3} = \frac{2 + 4z^{-1} + 2z^{-2}}{143 - 194z^{-1} + 63z^{-2}}$$

变换前后的频谱如图 6.4.8 所示,可以看出,模拟滤波器和数字滤波器的幅频响应"渐行渐远"。导致这个差异产生的原因不是频谱混叠,而是双线性变换法中的频率预畸操作。频率预畸操作是在数字滤波器技术指标变换为模拟滤波器技术指标时完成的,也就是说,设计出来的 $H_a(s)$ 满足的是模拟滤波器技术指标。

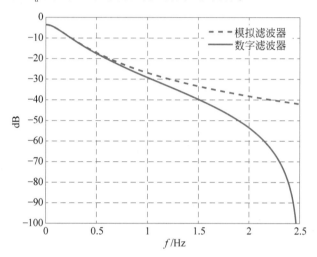

图 6.4.8 模拟滤波器和数字滤波器的幅频响应(双线性变换法,$T=0.2s$)

从图 6.4.7 可知,利用双线性变换法设计 IIR 数字滤波器,起点是数字滤波器技术指标,终点是数字滤波器系统函数 $H(z)$,并且 $H(z)$ 需要满足最初给定的数字滤波器技术指标。在双线性变换法中,模拟滤波器技术指标和数字滤波器技术指标不是线性变换关系,即相同衰减处对应的频率不同,当然 $H_a(s)$ 和 $H(z)$ 的幅频响应曲线就会有较大偏差。

例 6.9 请分别采用脉冲响应不变法和双线性变换法设计一个 IIR 低通数字滤波器,采样率为 1000Hz,设计指标如下:

$$\omega_p = 0.2\pi, \quad R_p = 5\text{dB}$$
$$\omega_{st} = 0.4\pi, \quad A_s = 40\text{dB}$$

滤波器类型选择巴特沃斯和切比雪夫Ⅱ型,分析比较两种方法设计的数字滤波器频谱。

解:当采用脉冲响应不变法时,按照 $\Omega = \frac{\omega}{T}$ 将数字滤波器技术指标变换为模拟滤波器的技术指标,即

$$\Omega_p = 628.32\text{rad/s}, \quad R_p = 5\text{dB}$$
$$\Omega_{st} = 1256.64\text{rad/s}, \quad A_s = 40\text{dB}$$

当采用双线性变换法时,按照 $\Omega = \frac{2}{T}\tan\frac{\omega}{2}$ 将数字滤波器技术指标变换为模拟滤波

器的技术指标,即

$$\Omega_p = 649.84\mathrm{rad/s}, \qquad R_p = 5\mathrm{dB}$$
$$\Omega_{st} = 1453.09\mathrm{rad/s}, \qquad A_s = 40\mathrm{dB}$$

可以看出,采用脉冲响应不变法和双线性变换法时,相同衰减指标处(如 $A_s = 40\mathrm{dB}$)对应的模拟角频率是不同的。

从图6.4.9可以看出,脉冲响应不变法和双线性变换法设计的数字滤波器都满足设计指标,主要原因是模拟滤波器采用的是单调下降的巴特沃斯滤波器,即使脉冲响应不变法有频谱混叠缺陷,但还没有影响关键频率点处的技术指标,如 0.4π 处衰减在 $40\mathrm{dB}$ 以上。

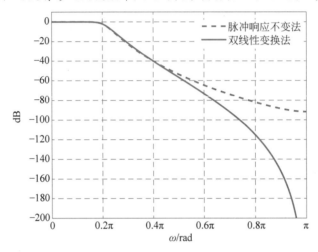

图 6.4.9　两种方法设计的数字滤波器幅频特性(巴特沃斯型)

从图6.4.10可以看出,采用脉冲响应不变法设计的数字滤波器不满足设计指标,主要原因是模拟滤波器采用的是阻带等波纹的切比雪夫Ⅱ型滤波器,频谱混叠使得阻带抖动叠加,导致关键频率点处的技术指标未达标,如 0.4π 处的衰减只有 $30\mathrm{dB}$。

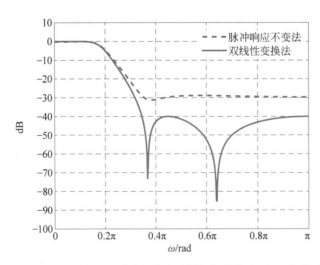

图 6.4.10　两种方法设计的数字滤波器幅频特性(切比雪夫Ⅱ型)

习题

1. 已知模拟滤波器系统函数为

$$H_a(s) = \frac{3}{(s+1)(s+3)}$$

试用脉冲响应不变法和双线性变换法将其变换为数字滤波器系统函数,采样周期 $T = 0.5\mathrm{s}$。

2. 模拟滤波器系统函数为

$$H_a(s) = \frac{1}{s^2 + s + 1}$$

采样周期 $T = 2\mathrm{s}$,重复上一题。

3. 试用脉冲响应不变法将以下 $H_a(s)$ 变换为 $H(z)$,采样周期为 T。

(1) $H_a(s) = \dfrac{s+a}{(s+a)^2 + b^2}$;

(2) $H_a(s) = \dfrac{A}{(s-s_0)^2}$;

(3) $H_a(s) = \dfrac{A}{(s-s_0)^m}$,$m$ 为任意正整数。

4. 假设 $H_a(s)$ 在 $s = s_0$ 处有一个 r 阶极点,则 $H_a(s)$ 可以表示为

$$H_a(s) = \sum_{k=1}^{r} \frac{A_k}{(s-s_0)^k} + G_a(s)$$

其中,$G_a(s)$ 只有一阶极点。

(1) 请给出 A_k 的表达式;

(2) 请利用 s_0 和 $g_a(t)$ 来表示系统的单位冲激响应 $h_a(t)$,其中 $g_a(t)$ 为 $G_a(s)$ 的拉普拉斯反变换;

(3) 请用脉冲响应不变法计算数字滤波器的系统函数 $H(z)$。

5. 令 $h_a(t)$、$s_a(t)$ 和 $H_a(s)$ 分别表示时域连续 LTI 系统的单位冲激响应、单位阶跃响应和系统函数,同时令 $h(n)$、$s(n)$ 和 $H(z)$ 分别表示时域离散 LTI 系统的单位脉冲响应、单位阶跃响应和系统函数。

(1) 如果 $h(n) = h_a(nT)$,是否 $s(n) = \sum\limits_{k=-\infty}^{\infty} h_a(kT)$?

(2) 如果 $s(n) = s_a(nT)$,是否 $h(n) = h_a(nT)$?

6. 已知模拟滤波器的幅度平方函数为 $|H(j\Omega)|^2 = \dfrac{9}{\Omega^4 + 5\Omega^2 + 1}$。

(1) 请计算对应的模拟滤波器系统函数 $H_a(s)$;

(2) 请分别采用脉冲响应不变法和双线性变换法,将 $H_a(s)$ 变换为数字滤波器系统函数 $H(z)$,采样周期为 T;

（3）将幅度平方函数改为 $|H(j\Omega)|^2 = \dfrac{\Omega^2+1}{2\Omega^4+10\Omega^2+2}$，请重复前面两问。

7. 请证明，利用脉冲响应不变法设计数字滤波器，设计结果与采样周期 T 的取值无关。

8. 试设计一个数字低通滤波器，要求 $f \leqslant 5\mathrm{Hz}$ 时，$R_\mathrm{p} \leqslant 1\mathrm{dB}$；$f > 10\mathrm{Hz}$ 时，$A_\mathrm{s} \geqslant 40\mathrm{dB}$，$f_\mathrm{s} = 200\mathrm{Hz}$，模拟滤波器采用切比雪夫 I 型滤波器。

（1）请给出 $H_\mathrm{a}(s)$ 表达式，并利用 MATLAB 绘制其幅频响应；

（2）利用双线性变化法将 $H_\mathrm{a}(s)$ 变换为 $H(z)$，并利用 MATLAB 绘制其幅频响应。

9. 试设计一个数字带通滤波器，要求 $200\mathrm{Hz} \leqslant f \leqslant 400\mathrm{Hz}$ 时，$R_\mathrm{p} \leqslant 2\mathrm{dB}$，$f \geqslant 600\mathrm{Hz}$ 和 $f \leqslant 100\mathrm{Hz}$ 时，$A_\mathrm{s} \geqslant 20\mathrm{dB}$，$f_\mathrm{s} = 2\mathrm{kHz}$，模拟滤波器采用切比雪夫 I 型滤波器。

（1）请给出 $H_\mathrm{a}(s)$ 表达式，并利用 MATLAB 绘制其幅频响应；

（2）利用双线性变化法将 $H_\mathrm{a}(s)$ 变换为 $H(z)$，并利用 MATLAB 绘制其幅频响应。

10. 试设计一个数字高通滤波器，要求 $f \leqslant 3\mathrm{kHz}$ 时，$A_\mathrm{s} \geqslant 30\mathrm{dB}$，$f \geqslant 5\mathrm{kHz}$ 时，$R_\mathrm{p} \leqslant 3\mathrm{dB}$，$f_\mathrm{s} = 20\mathrm{kHz}$，模拟滤波器采用巴特沃斯滤波器。

（1）请给出 $H_\mathrm{a}(s)$ 表达式，并利用 MATLAB 绘制其幅频响应；

（2）利用双线性变化法将 $H_\mathrm{a}(s)$ 变换为 $H(z)$，并利用 MATLAB 绘制其幅频响应。

11. 请用 MATLAB 编程复现例 6.3 中图 6.2.2 的结果（提示：可用函数 buttord 计算巴特沃斯滤波器的阶数和截止频率）。

12. 请用 MATLAB 编程复现例 6.4 中图 6.2.3 和图 6.2.4 的结果（提示：可用函数 cheb1ord 计算切比雪夫 I 型滤波器的阶数和截止频率，函数 cheb2ord 与之类似）。

13. 请用 MATLAB 编程复现例 6.5 中图 6.2.5 的结果（提示：可用函数 ellipord 计算椭圆滤波器的阶数和截止频率）。

14. 请用 MATLAB 编程复现例 6.6 中图 6.3.5 和图 6.3.6 的结果（提示：函数 lp2lp 表示归一化低通转低通，函数 lp2hp 表示归一化低通转高通）。

15. 请用 MATLAB 编程复现例 6.9 的所有结果（提示：函数 impinvar 实现脉冲响应不变法，函数 bilinear 实现双线性变换法）。

第 7 章

有限长单位脉冲响应（FIR）数字滤波器的设计

本章首先介绍线性相位 FIR 数字滤波器的特点及约束条件,随后介绍 FIR 数字滤波器的两种设计方法:窗函数设计法和频率采样设计法,最后对 IIR 和 FIR 数字滤波器的特点和发展应用情况进行比较。

教学视频

7.1 线性相位 FIR 数字滤波器的特点

第 6 章介绍了 IIR 数字滤波器的设计,由于设计得到的 IIR 数字滤波器能够保留模拟滤波器的一些优良特性,并且可以借鉴模拟滤波器的设计方法,因此得到了广泛的应用。但这些便利的获得是以牺牲相频特性为代价的。比如,采用巴特沃斯、切比雪夫、椭圆等函数逼近理想的幅频特性,导致相位上都是非线性的逼近。

在很多需要携带波形信息的电子系统中,如通信数据传输系统、图像处理系统,既要求得到满意的幅频特性,也要求系统具有线性相位特性。在这方面,FIR 数字滤波器具有独特的优势,它可以在设计任意幅频特性的同时,保证精确、严格的线性相位特性。

由于 FIR 数字滤波器总是稳定的,总能够通过适当的移位得到因果的单位脉冲响应,因此 FIR 数字滤波器总是可以实现的。另外,如果满足一定的约束条件,FIR 数字滤波器可以实现严格的线性相位。由于线性相位特性在工程应用中具有非常重要的意义,因此线性相位的 FIR 数字滤波器得到了非常广泛的应用。

7.1.1 线性相位的约束条件

FIR 数字滤波器的单位脉冲响应 $h(n)$ 是有限长的,其频率响应可写成幅频响应和相频响应相乘的形式,

$$H(e^{j\omega}) = \mid H(e^{j\omega}) \mid e^{j\arg[H(e^{j\omega})]} \tag{7.1.1}$$

其中,$\mid H(e^{j\omega}) \mid$ 称为滤波器的幅频响应,$\arg[H(e^{j\omega})]$ 称为滤波器的相频响应。

在讨论线性相位 FIR 数字滤波器的设计时,一般把频率响应写成幅度函数和相位函数相乘的形式,

$$H(e^{j\omega}) = H(\omega)e^{j\theta(\omega)} \tag{7.1.2}$$

其中,$H(\omega)$ 称为滤波器的幅度函数,$\theta(\omega)$ 称为滤波器的相位函数。

可以看出,幅度函数不等于幅频响应,幅度函数 $H(\omega)$ 可正可负,相位函数也不等于相频响应,二者之间存在 0 或 π 的相位差。

如果 $\theta(\omega)$ 为过原点的直线,则称为第一类线性相位,即

$$\theta(\omega) = -\tau\omega \tag{7.1.3}$$

如果 $\theta(\omega)$ 为不经过原点的直线,则称为第二类线性相位,即

$$\theta(\omega) = -\tau\omega + \beta \tag{7.1.4}$$

其中,τ 表示滤波器的群延时,β 为常数。

如果相位函数 $\theta(\omega)$ 与频率 ω 呈线性关系,则群延迟 τ 为常数,且 τ 的取值与 ω 无关。这种线性关系意味着信号通过系统之后,各谐波分量的延时是相同的,如图 7.1.1(a)

所示,信号的波形只会整体延时,不会出现"变形走样",如图 7.1.1(b)所示。

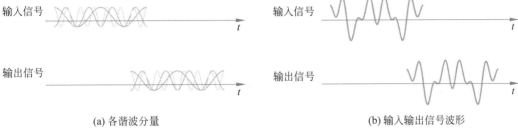

(a) 各谐波分量   (b) 输入输出信号波形

图 7.1.1 线性相位系统

如果 $\theta(\omega)$ 与 ω 呈非线性关系,意味着各谐波分量的延时与 ω 的取值有关系。在这种情况下,各谐波分量就会出现先后到达的情况,如图 7.1.2(a)所示。先后到达的谐波分量叠加后,导致信号波形"变形走样",如图 7.1.2(b)所示。

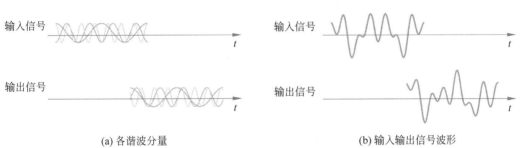

(a) 各谐波分量   (b) 输入输出信号波形

图 7.1.2 非线性相位系统

对线性相位特性的通俗理解,就是指信号在通过系统之后波形不会失真[*]。这种"不失真"的特性,在很多应用场合是非常重要的。比如,在雷达成像中,波形的失真会引起匹配滤波器的失配处理,导致成像质量下降,成像模糊;在通信系统中,具有非线性相位的信道会引起通信波形失真,导致接收机的均衡器复杂度增加;在卫星导航中,具有非线性相位的信道会引起信号波形失真,导致基于信号自相关的时延测量值产生偏差。

下面分别讨论在这两类线性相位约束条件下,对 FIR 数字滤波器单位脉冲响应的要求。

1. 第一类线性相位情况

$$H(e^{j\omega}) = \sum_{n=0}^{N-1} h(n)e^{-j\omega n} = H(\omega)e^{j\theta(\omega)} = H(\omega)e^{-j\tau\omega} \tag{7.1.5}$$

则有

$$\sum_{n=0}^{N-1} h(n)(\cos n\omega - j\sin n\omega) = H(\omega)(\cos\tau\omega - j\sin\tau\omega) \tag{7.1.6}$$

---

[*] 不考虑信号能量在传输过程中的频率选择性衰减。

式中,等号两边实部与实部相等,虚部与虚部相等,可得

$$\sum_{n=0}^{N-1} h(n)\cos n\omega = H(\omega)\cos\tau\omega \qquad (7.1.7)$$

$$\sum_{n=0}^{N-1} h(n)\sin n\omega = H(\omega)\sin\tau\omega \qquad (7.1.8)$$

将式(7.1.8)与式(7.1.7)相除,可得

$$\frac{\displaystyle\sum_{n=0}^{N-1} h(n)\sin n\omega}{\displaystyle\sum_{n=0}^{N-1} h(n)\cos n\omega} = \frac{\sin\tau\omega}{\cos\tau\omega} \qquad (7.1.9)$$

即可得

$$\sum_{n=0}^{N-1} h(n)\sin n\omega\cos\tau\omega = \sum_{n=0}^{N-1} h(n)\cos n\omega\sin\tau\omega \qquad (7.1.10)$$

利用三角函数公式可得

$$\sum_{n=0}^{N-1} h(n)\sin[(\tau-n)\omega] = 0 \qquad (7.1.11)$$

如果式(7.1.11)成立,则要求 $h(n)\sin[(\tau-n)\omega]$ 关于求和区间中心位置呈奇对称,由于 $\sin[(\tau-n)\omega]$ 关于 $n=\tau$ 呈奇对称关系,则要求 $h(n)$ 关于求和区间中心位置呈偶对称。因此,如果希望 FIR 数字滤波器满足第一类线性相位要求,则 $h(n)$ 和 τ 需要满足以下条件:

$$\begin{cases} h(n) = h(N-1-n), & 0 \leqslant n \leqslant N-1 \\ \tau = (N-1)/2 \end{cases} \qquad (7.1.12)$$

需要注意的是,式(7.1.12)是保证 FIR 数字滤波器具有第一类严格线性相位特性的充分条件,但不是必要条件。

2. 第二类线性相位情况

$$H(e^{j\omega}) = \sum_{n=0}^{N-1} h(n)e^{-j\omega n} = H(\omega)e^{j\theta(\omega)} = H(\omega)e^{-j(\tau\omega-\beta)} \qquad (7.1.13)$$

则有

$$\sum_{n=0}^{N-1} h(n)(\cos n\omega - j\sin n\omega) = H(\omega)[\cos(\tau\omega-\beta) - j\sin(\tau\omega-\beta)] \qquad (7.1.14)$$

式中,等号两边实部与实部相等,虚部与虚部相等,可得

$$\sum_{n=0}^{N-1} h(n)\cos n\omega = H(\omega)\cos(\tau\omega-\beta) \qquad (7.1.15)$$

$$\sum_{n=0}^{N-1} h(n)\sin n\omega = H(\omega)\sin(\tau\omega-\beta) \qquad (7.1.16)$$

将式(7.1.16)与式(7.1.15)相除,可得

$$\frac{\sum_{n=0}^{N-1} h(n)\sin n\omega}{\sum_{n=0}^{N-1} h(n)\cos n\omega} = \frac{\sin(\tau\omega - \beta)}{\cos(\tau\omega - \beta)} \tag{7.1.17}$$

即可得

$$\sum_{n=0}^{N-1} h(n)\sin n\omega\cos(\tau\omega - \beta) = \sum_{n=0}^{N-1} h(n)\cos n\omega\sin(\tau\omega - \beta) \tag{7.1.18}$$

利用三角函数公式可得

$$\sum_{n=0}^{N-1} h(n)\sin[(\tau - n)\omega - \beta] = 0 \tag{7.1.19}$$

与第一类线性相位条件的分析思路类似,如果希望 FIR 数字滤波器满足第二类线性相位要求,则 $h(n)$、τ 以及 β 需要满足以下条件:

$$\begin{cases} h(n) = -h(N-1-n), & 0 \leqslant n \leqslant N-1 \\ \tau = (N-1)/2 \\ \beta = \pm\pi/2 \end{cases} \tag{7.1.20}$$

同样的,式(7.1.20)是保证 FIR 数字滤波器具有第二类严格线性相位特性的充分条件,但不是必要条件。

7.1.2 幅度函数的特点

将 $h(n) = \pm h(N-1-n)$ 代入 $H(z)$ 表达式,可得

$$H(z) = \sum_{n=0}^{N-1} h(n)z^{-n} = \sum_{n=0}^{N-1} \pm h(N-1-n)z^{-n}$$

$$= \pm \sum_{m=0}^{N-1} h(m)z^{-(N-1-m)} = \pm z^{-(N-1)} \sum_{m=0}^{N-1} h(m)z^m \tag{7.1.21}$$

可得

$$H(z) = \pm z^{-(N-1)} H(z^{-1}) \tag{7.1.22}$$

进一步可改写为

$$H(z) = \frac{1}{2}[H(z) \pm z^{-(N-1)} H(z^{-1})]$$

$$= \frac{1}{2} \sum_{n=0}^{N-1} h(n)[z^{-n} \pm z^{-(N-1)}z^n] \tag{7.1.23}$$

$$= z^{\frac{-(N-1)}{2}} \sum_{n=0}^{N-1} h(n)\left[\frac{z^{(\frac{N-1}{2}-n)} \pm z^{-(\frac{N-1}{2}-n)}}{2}\right]$$

式中,取"+"代表 $h(n)$ 偶对称的情况,取"−"代表 $h(n)$ 奇对称的情况。

当 $h(n)$ 偶对称时,$h(n) = h(N-1-n)$,滤波器频率响应为 $H(e^{j\omega}) = H(z)|_{z=e^{j\omega}}$,

$$H(e^{j\omega}) = e^{-j\frac{N-1}{2}\omega} \sum_{n=0}^{N-1} h(n)\cos\left[\left(\frac{N-1}{2} - n\right)\omega\right] \tag{7.1.24}$$

故此时的幅度函数和相位函数分别为

$$H(\omega) = \sum_{n=0}^{N-1} h(n) \cos\left[\left(\frac{N-1}{2} - n\right)\omega\right] \qquad (7.1.25)$$

$$\theta(\omega) = -\frac{N-1}{2}\omega \qquad (7.1.26)$$

当 $h(n)$ 奇对称时，$h(n) = -h(N-1-n)$，滤波器频率响应为 $H(\mathrm{e}^{\mathrm{j}\omega}) = H(z)|_{z=\mathrm{e}^{\mathrm{j}\omega}}$，

$$H(\mathrm{e}^{\mathrm{j}\omega}) = \mathrm{j}\mathrm{e}^{-\mathrm{j}\frac{N-1}{2}\omega} \sum_{n=0}^{N-1} h(n) \sin\left[\left(\frac{N-1}{2} - n\right)\omega\right] \qquad (7.1.27)$$

故此时的幅度函数和相位函数分别为

$$H(\omega) = \sum_{n=0}^{N-1} h(n) \sin\left[\left(\frac{N-1}{2} - n\right)\omega\right] \qquad (7.1.28)$$

$$\theta(\omega) = -\frac{N-1}{2}\omega + \frac{\pi}{2} \qquad (7.1.29)$$

由于 $h(n)$ 分为奇对称和偶对称两类情况，滤波器长度 N 也可分为奇数和偶数两类情况，由此可得出线性相位 FIR 数字滤波器单位脉冲响应 $h(n)$ 的四类情况，如图 7.1.3 所示，现分别讨论。

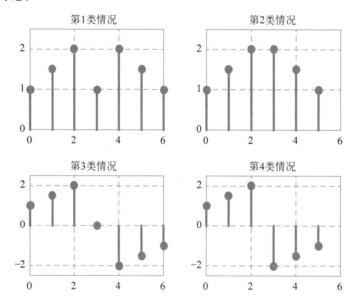

图 7.1.3　四类情况的 FIR 数字滤波器单位脉冲响应

1. 第 1 类情况：$h(n)$ 偶对称，N 为奇数

由于 $h(n)$ 及 $\cos\left[\left(\frac{N-1}{2} - n\right)\omega\right]$ 都关于求和区间中心偶对称，把两两相等的项合并，并考虑到 $n = \frac{N-1}{2}$ 时存在一个单独项，则式 (7.1.25) 为

$$H(\omega) = h\left(\frac{N-1}{2}\right) + \sum_{n=0}^{\frac{N-3}{2}} 2h(n)\cos\left[\left(\frac{N-1}{2} - n\right)\omega\right]$$

(7.1.30)

$$= h\left(\frac{N-1}{2}\right) + \sum_{n=1}^{\frac{N-1}{2}} 2h\left(\frac{N-1}{2} - n\right)\cos n\omega$$

因此,可把幅度函数改写为如下形式:

$$H(\omega) = \sum_{n=0}^{\frac{N-1}{2}} a(n)\cos n\omega$$

(7.1.31)

其中,

$$a(n) = \begin{cases} h\left(\frac{N-1}{2}\right), & n = 0 \\ 2h\left(\frac{N-1}{2} - n\right), & 1 \leqslant n \leqslant \frac{N-1}{2} \end{cases}$$

(7.1.32)

由于 $\cos n\omega$ 关于 $\omega = 0, \pi, 2\pi$ 都是偶对称的,因此 $H(\omega)$ 关于 $\omega = 0, \pi, 2\pi$ 也都是偶对称的,如图 7.1.4 所示。对于第 1 类情况,可设计为低通、高通、带通、带阻中的任意一种滤波器。

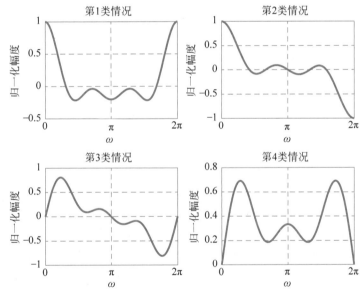

图 7.1.4 四类情况的 FIR 数字滤波器幅度函数

2. 第 2 类情况:$h(n)$ 偶对称,N 为偶数

与第 1 类情况类似,唯一的不同之处在于 N 为偶数,故没有一个单独项存在,则式(7.1.25)可改写为

$$H(\omega) = \sum_{n=0}^{\frac{N}{2}-1} 2h\left(\frac{N}{2} - n\right)\cos\left[\left(n - \frac{1}{2}\right)\omega\right]$$

(7.1.33)

$$= \sum_{n=1}^{\frac{N}{2}} b(n)\cos\left[\left(n - \frac{1}{2}\right)\omega\right]$$

其中，

$$b(n) = 2h\left(\frac{N}{2} - n\right), \quad 1 \leqslant n \leqslant \frac{N}{2} \tag{7.1.34}$$

由于 $\cos\left[\left(n-\frac{1}{2}\right)\omega\right]$ 关于 $\omega=\pi$ 为奇对称，关于 $\omega=0,2\pi$ 为偶对称，故 $H(\omega)$ 同样关于 $\omega=\pi$ 为奇对称，关于 $\omega=0,2\pi$ 为偶对称，如图 7.1.4 所示，并且此时 $H(\omega)$ 与 $|H(e^{j\omega})|$ 是不同的。当 $\omega=\pi$ 时，$H(\omega)=0$，因此，对于第 2 类情况，不能用来设计高通及带阻滤波器，只能用来设计低通和带通滤波器。

3. 第 3 类情况：$h(n)$ 奇对称，N 为奇数

由于 $h(n)$ 及 $\sin\left[\left(\frac{N-1}{2}-n\right)\omega\right]$ 都关于求和区间中心奇对称，把两两相等的项合并，并考虑到 $h\left(\frac{N-1}{2}\right)=0$，则式(7.1.28)为

$$H(\omega) = \sum_{n=0}^{\frac{N-3}{2}} 2h(n)\sin\left[\left(\frac{N-1}{2}-n\right)\omega\right]$$
$$= \sum_{n=1}^{\frac{N-1}{2}} 2h\left(\frac{N-1}{2}-n\right)\sin(n\omega) \tag{7.1.35}$$

同样可以把幅度函数改写为如下形式：

$$H(\omega) = \sum_{n=1}^{\frac{N-1}{2}} c(n)\sin n\omega \tag{7.1.36}$$

其中，

$$c(n) = 2h\left(\frac{N-1}{2}-n\right), \quad 1 \leqslant n \leqslant \frac{N-1}{2} \tag{7.1.37}$$

由于 $\sin n\omega$ 关于 $\omega=0,\pi,2\pi$ 都是奇对称的，因此 $H(\omega)$ 关于 $\omega=0,\pi,2\pi$ 也都是奇对称的，如图 7.1.4 所示，很显然此时 $H(\omega)$ 与 $|H(e^{j\omega})|$ 是不同的。当 $\omega=0,\pi,2\pi$ 时，$H(\omega)=0$，因此，对于第 3 类情况，不能用来设计低通、高通和带阻滤波器，只能用来设计带通滤波器。

4. 第 4 类情况：$h(n)$ 奇对称，N 为偶数

与第 3 类情况类似，式(7.1.28)可改写为

$$H(\omega) = \sum_{n=0}^{\frac{N}{2}-1} 2h\left(\frac{N}{2}-n\right)\sin\left[\left(n-\frac{1}{2}\right)\omega\right]$$
$$= \sum_{n=1}^{\frac{N}{2}} d(n)\sin\left[\left(n-\frac{1}{2}\right)\omega\right] \tag{7.1.38}$$

其中，

$$d(n) = 2h\left(\frac{N}{2} - n\right), \quad 1 \leqslant n \leqslant \frac{N}{2} \tag{7.1.39}$$

由于 $\sin\left[\left(n - \frac{1}{2}\right)\omega\right]$ 关于 $\omega = 0, 2\pi$ 为奇对称，关于 $\omega = \pi$ 为偶对称，故 $H(\omega)$ 同样关于 $\omega = 0, 2\pi$ 为奇对称，关于 $\omega = \pi$ 为偶对称，如图 7.1.4 所示，并且此时 $H(\omega)$ 与 $|H(e^{j\omega})|$ 是不同的。当 $\omega = 0, 2\pi$ 时，$H(\omega) = 0$，因此，对于第 4 类情况，不能用来设计低通和带阻滤波器，只能用来设计高通和带通滤波器。

例 7.1 已知 FIR 数字滤波器的系统函数为

$$H(z) = 1 + 2z^{-1} + 3z^{-2} - 3z^{-4} - 2z^{-5} - z^{-6}$$

（1）试判断该滤波器是否是线性相位滤波器；

（2）计算该滤波器的幅度函数和相位函数。

解：（1）由系统函数表达式可知，滤波器的单位脉冲响应为

$$h(n) = \{1, 2, 3, 0, -3, -2, -1\}_0$$

因为 $h(n)$ 奇对称，故该滤波器为严格线性相位滤波器，且 $N = 7$ 为奇数，故该滤波器为第 3 类情况滤波器。

（2）令 $z = e^{j\omega}$，可得该滤波器的频率响应

$$
\begin{aligned}
H(e^{j\omega}) &= 1 + 2e^{-j\omega} + 3e^{-j2\omega} - 3e^{-j4\omega} - 2e^{-j5\omega} - e^{-j6\omega} \\
&= e^{-j3\omega}\left[(e^{j3\omega} - e^{-j3\omega}) + (2e^{j2\omega} - 2e^{-j2\omega}) + (3e^{j\omega} - 3e^{-j\omega})\right] \\
&= je^{-j3\omega}(2\sin 3\omega + 4\sin 2\omega + 6\sin\omega) \\
&= e^{j\left(-3\omega + \frac{\pi}{2}\right)}(2\sin 3\omega + 4\sin 2\omega + 6\sin\omega)
\end{aligned}
$$

故幅度函数和相位函数分别为

$$H(\omega) = 2\sin 3\omega + 4\sin 2\omega + 6\sin\omega$$

$$\theta(\omega) = -3\omega + \frac{\pi}{2}$$

为便于读者学习掌握这四类线性相位 FIR 数字滤波器，表 7.1 对它们的特性进行了总结。

表 7.1　四类线性相位 FIR 数字滤波器特性

滤波器类型	$h(n)$	N	幅 度 函 数	相 位 函 数	适 用 范 围
第 1 类	偶对称	奇数	关于 $\omega = 0, \pi, 2\pi$ 偶对称	第一类线性相位 $\theta(\omega) = -\dfrac{N-1}{2}\omega$	低通、高通、带通、带阻
第 2 类		偶数	关于 $\omega = \pi$ 奇对称 关于 $\omega = 0, 2\pi$ 偶对称 $H(\omega)\vert_{\omega=\pi} = 0$		低通、带通
第 3 类	奇对称	奇数	关于 $\omega = 0, \pi, 2\pi$ 奇对称 $H(\omega)\vert_{\omega=0,\pi,2\pi} = 0$	第二类线性相位 $\theta(\omega) = -\dfrac{N-1}{2}\omega + \dfrac{\pi}{2}$	带通
第 4 类		偶数	关于 $\omega = 0, 2\pi$ 奇对称 关于 $\omega = \pi$ 偶对称 $H(\omega)\vert_{\omega=0,2\pi} = 0$		高通、带通

7.1.3 零点位置的特点

从式(7.1.22)可以看出: ①若 $z=z_i$ 是 $H(z)$ 的零点,则 $z=\dfrac{1}{z_i}$ 也是 $H(z)$ 的零点; ②由于 $h(n)$ 是实序列,$H(z)$ 的零点必然共轭成对出现,故 $z=z_i^*$ 和 $z=\dfrac{1}{z_i^*}$ 必定是 $H(z)$ 的零点。也就是说,$H(z)$ 的零点一定包括 z_i,$\dfrac{1}{z_i}$,z_i^* 和 $\dfrac{1}{z_i^*}$。

零点的位置有四类可能的情况: ①零点既不在实轴上,也不在单位圆上,此时零点为互为倒数的两组共轭对; ②零点不在实轴上,但在单位圆上,则零点为单位圆上的一对共轭零点; ③零点在实轴上,但不在单位圆上,则零点为实轴上互为倒数的一对零点; ④零点既在实轴上,也在单位圆上,此时的零点要么是 $z=1$,要么是 $z=-1$。

从前面关于四类线性相位的 FIR 数字滤波器幅度函数的讨论可知,第 2 类滤波器一定存在 $z=-1$ 的零点,第 3 类滤波器一定存在 $z=1$ 和 $z=-1$ 的零点,第 4 类滤波器一定存在 $z=1$ 的零点,如图 7.1.5 所示。

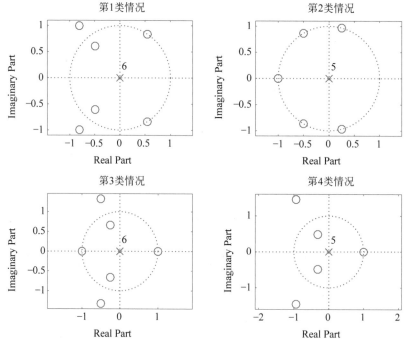

图 7.1.5　四类情况的 FIR 数字滤波器零点分布

在设计线性相位的 FIR 数字滤波器时,对零点位置的约束是非常重要的,因为对零点位置的约束意味着对滤波器频率响应的限制。例如,设计一个高通滤波器,如果 $h(n)$ 是偶对称的,那么 $h(n)$ 的长度就必须是奇数。因为如果 $h(n)$ 的长度为偶数,那么 $z=-1$ 必然是 $H(z)$ 的零点,滤波器的频率响应在 $\omega=\pi$ 处被约束为零值,此时就无法用来设计高通滤波器。

7.2 窗函数设计法

  线性相位是 FIR 数字滤波器非常重要的特性,在接下来介绍的窗函数设计法和频率采样设计法中,必须遵循 7.1 节给出的约束条件。也就是说,只要确保 $h(n)$ 为偶对称或奇对称的,就可以不再"操心"线性相位的需求,"专心"考虑 FIR 数字滤波器的幅度指标即可。

7.2.1 设计原理

  与 IIR 数字滤波器的设计类似,设计 FIR 数字滤波器也需要事先给出理想滤波器频率响应 $H_{\text{ideal}}(\text{e}^{\text{j}\omega})$,用实际的频率响应 $H(\text{e}^{\text{j}\omega})$ 去逼近 $H_{\text{ideal}}(\text{e}^{\text{j}\omega})$,在此以低通 FIR 数字滤波器为例介绍窗函数设计法。

  线性相位的理想低通 FIR 数字滤波器频率响应为

教学视频

$$H_{\text{ideal}}(\text{e}^{\text{j}\omega}) = \begin{cases} \text{e}^{-\text{j}\omega\tau}, & 0 \leqslant |\omega| \leqslant \omega_{\text{c}} \\ 0, & \omega_{\text{c}} < |\omega| \leqslant \pi \end{cases} \quad (7.2.1)$$

其中,ω_{c} 为截止频率,幅度函数为

$$H_{\text{ideal}}(\omega) = \begin{cases} 1, & 0 \leqslant |\omega| \leqslant \omega_{\text{c}} \\ 0, & \omega_{\text{c}} < |\omega| \leqslant \pi \end{cases} \quad (7.2.2)$$

  对应的滤波器单位脉冲响应 $h_{\text{ideal}}(n)$ 为

$$h_{\text{ideal}}(n) = \text{IDTFT}[H_{\text{ideal}}(\text{e}^{\text{j}\omega})] = \frac{1}{2\pi}\int_{-\omega_{\text{c}}}^{\omega_{\text{c}}} \text{e}^{-\text{j}\omega\tau}\text{e}^{\text{j}\omega n}\,\text{d}\omega = \frac{\sin[\omega_{\text{c}}(n-\tau)]}{\pi(n-\tau)} \quad (7.2.3)$$

可以看出,$h_{\text{ideal}}(n)$ 为偶对称序列,对称中心为 $n=\tau$。

  但 $h_{\text{ideal}}(n)$ 也是一个无限长的非因果序列,这在计算机或 DSP 中是无法实现的,最简便的办法就是对 $h_{\text{ideal}}(n)$ 进行截断,也就是用一个有限时长的窗函数 $w(n)$ 与 $h_{\text{ideal}}(n)$ 相乘。设窗函数长度为 N,则在时域截断后的滤波器单位脉冲响应 $h(n)$ 为

$$h(n) = h_{\text{ideal}}(n)w(n) \quad (7.2.4)$$

其中,窗函数长度和形状是两个非常重要的设计参数。

  为保证 $h(n)$ 为因果序列,时域截断时取 $n=\tau$ 为对称中心,并且设 $\tau = \dfrac{N-1}{2}$,这种截断方式就好比用一个 N 点矩形窗 $R_N(n)$ 与 $h_{\text{ideal}}(n)$ 相乘,即

$$h(n) = h_{\text{ideal}}(n)R_N(n) = \begin{cases} h_{\text{ideal}}(n), & 0 \leqslant n \leqslant N-1 \\ 0, & \text{其他 } n \end{cases} \quad (7.2.5)$$

  由频域卷积定理可知,时域相乘对应频域卷积,故实际滤波器的频率响应为

$$H(\text{e}^{\text{j}\omega}) = \text{DTFT}[h_{\text{ideal}}(n)w(n)] = \frac{1}{2\pi}[H_{\text{ideal}}(\text{e}^{\text{j}\omega}) * W_N(\text{e}^{\text{j}\omega})] \quad (7.2.6)$$

  由第 3 章结论可知,N 点矩形窗 $R_N(n)$ 的 DTFT 结果为

$$W_N(\mathrm{e}^{j\omega}) = \mathrm{DTFT}[R_N(n)] = \mathrm{e}^{-j\frac{N-1}{2}\omega}\frac{\sin(\omega N/2)}{\sin(\omega/2)} \tag{7.2.7}$$

N 点矩形窗也是严格线性相位的 FIR 数字滤波器，其幅度函数为

$$W_N(\omega) = \frac{\sin(\omega N/2)}{\sin(\omega/2)} \tag{7.2.8}$$

由 DTFT 的时移特性可知（见表 2.2），相位函数只会对 $h(n)$ 起时移作用，因此 $H(\mathrm{e}^{j\omega})$ 的幅度函数只取决于理想低通的幅度函数 $H_{\mathrm{ideal}}(\omega)$ 和矩形窗的幅度函数 $W_N(\omega)$，即

$$H(\omega) = \frac{1}{2\pi}[H_{\mathrm{ideal}}(\omega) * W_N(\omega)] \tag{7.2.9}$$

在图 7.2.1 上半部分，实线表示理想低通滤波器的幅度函数 $H_{\mathrm{ideal}}(\omega)$，虚线表示矩形窗的幅度函数 $W_N(\omega)$。整个卷积过程是在频域进行的，图 7.2.1 下半部分表示 $H_{\mathrm{ideal}}(\omega)$ 和 $W_N(\omega)$ 在频域卷积的最终结果，也就是窗函数法设计出的实际低通 FIR 数字滤波器的幅度函数。

动图

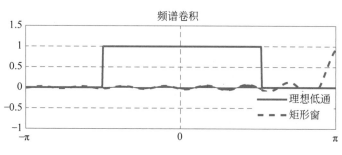
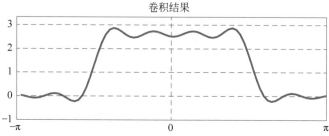

图 7.2.1 窗函数法频域卷积结果

图 7.2.2 和图 7.2.3 给出了频域卷积的动态演示过程，为了演示效果，图中用黑色圆圈指示线性卷积的平移过程，用红色填充的方式表示积分运算结果（注意：积分运算结果可正可负，在 0 以下部分的填充即表示积分为负的结果）。

理想低通滤波器的通带幅度为 1，阻带幅度为 0，但实际的低通滤波器在通带和阻带都出现起伏振荡的现象，在其过渡带的边缘出现了正、负肩峰，即极大值和极小值。正肩峰出现在窗函数主瓣刚刚全部进入理想低通滤波器 $\left(\omega = -\omega_c + \frac{2\pi}{N}\right)$，以及窗函数主瓣即将移出理想低通滤波器 $\left(\omega = \omega_c - \frac{2\pi}{N}\right)$ 时，如图 7.2.2 所示。

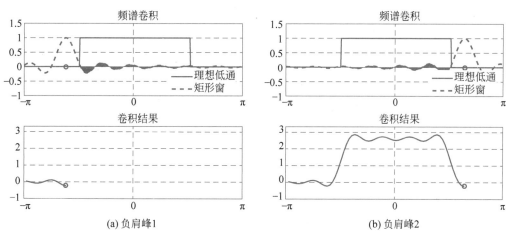

(a) 正肩峰1   (b) 正肩峰2

图 7.2.2 实际低通滤波器过渡带的正肩峰

负肩峰表示卷积结果的极小值,从动态演示的过程可知,负肩峰出现在窗函数主瓣即将进入理想低通滤波器$\left(\omega=-\omega_c-\dfrac{2\pi}{N}\right)$,以及窗函数主瓣刚刚全部移出理想低通滤波器$\left(\omega=\omega_c+\dfrac{2\pi}{N}\right)$时,如图 7.2.3 所示。

彩图

（图 7.2.3 相关内容）

(a) 负肩峰1   (b) 负肩峰2

图 7.2.3 实际低通滤波器过渡带的负肩峰

彩图

从频域卷积的动态演示过程中可以看出:实际滤波器幅频响应起伏振荡的幅度取决于窗函数旁瓣的相对幅度,而起伏振荡的次数取决于窗函数旁瓣的数量。在程序中增加窗函数的长度(不改变窗函数的形状),过渡带的宽度变窄,振荡起伏变密,但是滤波器肩峰的相对值(相对于 1 或者 0)保持 8.95% 不变,这种现象称为"吉布斯(Gibbs)效应"。

4.1 节介绍了模拟信号频谱的分析,我们知道时域截断会引起频谱泄漏。本节介绍的窗函数法也是在时域进行截断,出现的"过渡带""吉布斯效应"等其实都是频谱泄漏在 FIR 数字滤波器设计中的体现。只不过 4.1 节中频谱泄漏主要是分析信号的频谱,本节的频谱泄漏主要是分析系统(滤波器)的频谱。

本节只介绍利用窗函数法设计低通 FIR 数字滤波器,如果要设计其他类型的 FIR 数字滤波器,只需要采用对应的理想滤波器频率响应即可,在此不再进一步讨论。

7.2.2 六种常见的窗函数

7.2.1 节以矩形窗为例,分析了窗函数法设计低通 FIR 数字滤波器的基本原理。本节将定量分析对 $h_{ideal}(n)$ 在时域加窗后频谱特性的变化,主要分析矩形窗、三角形窗、汉宁窗、汉明窗、布莱克曼窗和凯泽窗这六种常见的窗函数。

1. 矩形窗

矩形窗的时域特性和频域特性,在 2.2 节和 3.2 节已经详细介绍过,现归纳如下:

$$w(n) = R_N(n) = \begin{cases} 1, & 0 \leqslant n \leqslant N-1 \\ 0, & 其他 n \end{cases} \tag{7.2.10}$$

$$W_N(e^{j\omega}) = e^{-j\frac{N-1}{2}\omega} \frac{\sin(\omega N/2)}{\sin(\omega/2)} \tag{7.2.11}$$

$$W_N(\omega) = \frac{\sin(\omega N/2)}{\sin(\omega/2)} \tag{7.2.12}$$

图 7.2.4 给出了 N 点矩形窗的幅频特性,为方便分析滤波器衰减特性,矩形窗幅频特性横坐标取值范围为 $[0,\pi]$,纵坐标采用 dB 表示。因为对幅度进行了归一化处理,因此纵坐标所有刻度都为负值,这与 3.2 节分析矩形窗幅频特性有所不同。

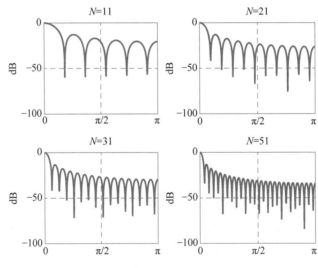

图 7.2.4 N 点矩形窗的幅频响应

从图 7.2.4 可以看出:矩形窗主瓣宽度为 $4\pi/N$,矩形窗旁瓣衰减为 -13dB,并且衰减值与 N 无关。所谓旁瓣衰减,是指幅频响应中最大旁瓣(第一个旁瓣)的峰值相对于主瓣峰值的衰减值。

　　图 7.2.5 给出了 $h_{\text{ideal}}(n)R_N(n)$ 的幅频响应，也就是理想低通滤波器被 N 点矩形窗在时域进行截段后的幅频响应。可以看出，进行加矩形窗处理后，过渡带宽约为 $1.8\pi/N$，阻带最小衰减为 -21dB。旁瓣峰值只与窗函数类型有关，与窗函数长度无关，这也是吉布斯效应中肩峰相对值保持不变的根本原因。

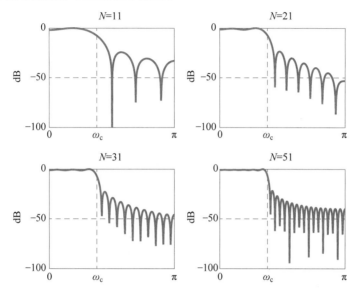

图 7.2.5　理想低通滤波器被 N 点矩形窗截断后的幅频响应

2. 三角形窗

三角形窗也称巴特列特（Bartlett）窗，其时域表达式为

$$w(n)=\begin{cases}\dfrac{2n}{N-1}, & 0\leqslant n\leqslant\dfrac{N-1}{2}\\[2mm]2-\dfrac{2n}{N-1}, & \dfrac{N-1}{2}<n\leqslant N-1\end{cases} \tag{7.2.13}$$

三角形窗的频率响应和幅度函数为

$$W(e^{j\omega})=e^{-j\frac{N-1}{2}\omega}\frac{2}{N-1}\left\{\frac{\sin\left[\omega(N-1)/4\right]}{\sin(\omega/2)}\right\}^{2} \tag{7.2.14}$$

$$W(\omega)=\frac{2}{N-1}\left\{\frac{\sin\left[\omega(N-1)/4\right]}{\sin(\omega/2)}\right\}^{2} \tag{7.2.15}$$

从图 7.2.6 可以看出，三角形窗主瓣宽度为 $8\pi/N$，旁瓣衰减为 -25dB。

从图 7.2.7 可以看出，理想低通滤波器进行加三角形窗处理后，过渡带宽约为 $6.1\pi/N$，阻带最小衰减为 -25dB。

3. 汉宁（Hanning）窗

汉宁窗也称升余弦窗，其时域表达式为

$$w(n)=\frac{1}{2}\left[1-\cos\left(\frac{2\pi n}{N-1}\right)\right]R_N(n) \tag{7.2.16}$$

由 DTFT 的频移特性（见表 2.2）可知，汉宁窗可看成矩形窗频谱在频域的移动，因

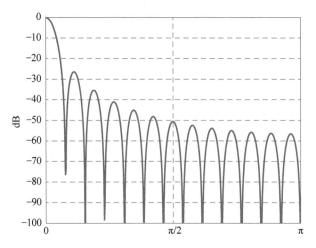

图 7.2.6　三角形窗的幅频响应($N=51$)

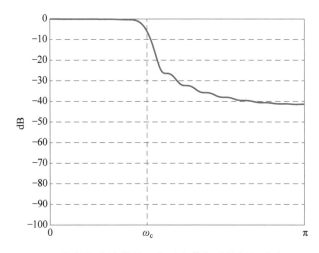

图 7.2.7　理想低通滤波器被三角形窗截断后的幅频响应($N=51$)

此汉宁窗的频率响应和幅度函数为

$$W(\mathrm{e}^{\mathrm{j}\omega}) = \mathrm{e}^{-\mathrm{j}\frac{N-1}{2}\omega}\left[0.5W_N(\omega) + 0.25W_N\left(\omega - \frac{2\pi}{N-1}\right) + 0.25W_N\left(\omega + \frac{2\pi}{N-1}\right)\right]$$

$$(7.2.17)$$

$$W(\omega) = 0.5W_N(\omega) + 0.25W_N\left(\omega - \frac{2\pi}{N-1}\right) + 0.25W_N\left(\omega + \frac{2\pi}{N-1}\right) \quad (7.2.18)$$

　　汉宁窗频谱由三个矩形窗叠加而成,使得旁瓣可以互相抵消一部分,能量更集中在主瓣,付出的代价是主瓣宽度比矩形窗主瓣宽度增加一倍。从图 7.2.8 可以看出,汉宁窗主瓣宽度为 $8\pi/N$,旁瓣衰减为 $-31\mathrm{dB}$。

　　从图 7.2.9 可以看出,理想低通滤波器进行加汉宁窗处理后,过渡带宽约为 $6.2\pi/N$,阻带最小衰减为 $-44\mathrm{dB}$。

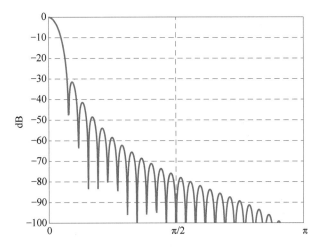

图 7.2.8　汉宁窗的幅频响应($N=51$)

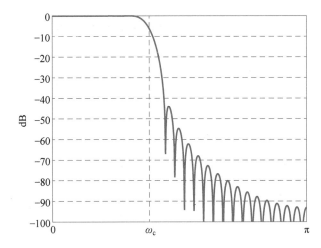

图 7.2.9　理想低通滤波器被汉宁窗截断后的幅频响应($N=51$)

4. 汉明(Hamming)窗

汉明窗也称改进的升余弦窗,其时域表达式为

$$w(n) = \left[0.54 - 0.46\cos\left(\frac{2\pi n}{N-1}\right)\right] R_N(n) \tag{7.2.19}$$

同样利用 DTFT 的频移特性,可计算出汉明窗的频率响应和幅度函数为

$$W(e^{j\omega}) = e^{-j\frac{N-1}{2}\omega}\left[0.54W_N(\omega) + 0.23W_N\left(\omega - \frac{2\pi}{N-1}\right) + 0.23W_N\left(\omega + \frac{2\pi}{N-1}\right)\right] \tag{7.2.20}$$

$$W(\omega) = 0.54W_N(\omega) + 0.23W_N\left(\omega - \frac{2\pi}{N-1}\right) + 0.23W_N\left(\omega + \frac{2\pi}{N-1}\right) \tag{7.2.21}$$

　　与汉宁窗类似,汉明窗频谱也是由三个矩形窗叠加而成的,但对三个矩形窗的加权系数进行了优化,可将 99.96% 的能量集中在主瓣内,付出的代价是主瓣宽度比矩形窗主瓣宽度增加一倍。从图 7.2.10 可以看出,汉明窗主瓣宽度为 $8\pi/N$,旁瓣衰减为 $-41\mathrm{dB}$。

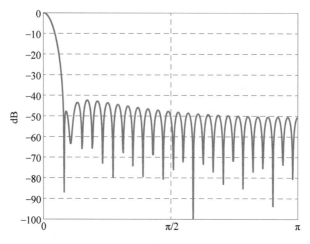

图 7.2.10　汉明窗的幅频响应($N = 51$)

从图 7.2.11 可以看出,理想低通滤波器进行加汉明窗处理后,过渡带宽约为 $6.6\pi/N$,阻带最小衰减为 $-53\mathrm{dB}$。

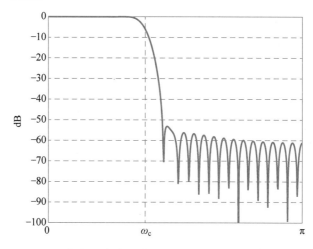

图 7.2.11　理想低通滤波器被汉明窗截断后的幅频响应($N = 51$)

5. 布莱克曼(Blackman)窗

布莱克曼窗也称二阶升余弦窗,其时域表达式为

$$w(n) = \left[0.42 - 0.5\cos\left(\frac{2\pi n}{N-1}\right) + 0.08\cos\left(\frac{4\pi n}{N-1}\right)\right] R_N(n) \qquad (7.2.22)$$

同样利用 DTFT 的频移特性,可计算出布莱克曼窗的频率响应和幅度函数为

$$W(\mathrm{e}^{\mathrm{j}\omega}) = \mathrm{e}^{-\mathrm{j}\frac{N-1}{2}\omega}\left[\begin{array}{l} 0.42W_N(\omega) + 0.25W_N\left(\omega - \frac{2\pi}{N-1}\right) + 0.25W_N\left(\omega + \frac{2\pi}{N-1}\right) + \\ 0.04W_N\left(\omega - \frac{4\pi}{N-1}\right) + 0.04W_N\left(\omega + \frac{4\pi}{N-1}\right) \end{array}\right]$$

$$(7.2.23)$$

$$W(\omega) = 0.42 W_N(\omega) + 0.25 W_N\left(\omega - \frac{2\pi}{N-1}\right) + 0.25 W_N\left(\omega + \frac{2\pi}{N-1}\right) +$$
$$0.04 W_N\left(\omega - \frac{4\pi}{N-1}\right) + 0.04 W_N\left(\omega + \frac{4\pi}{N-1}\right) \tag{7.2.24}$$

对汉明窗进行了进一步优化，布莱克曼窗频谱是由五个矩形窗叠加而成的，并且对各个矩形窗的加权系数进行了精心设计。从图 7.2.12 可以看出，布莱克曼窗主瓣宽度为 $12\pi/N$，旁瓣衰减为 $-57\mathrm{dB}$。

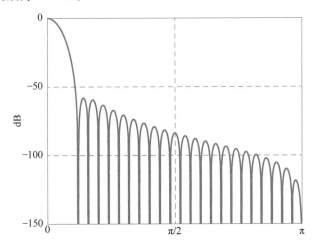

图 7.2.12　布莱克曼窗的幅频响应（$N=51$）

从图 7.2.13 可以看出，理想低通滤波器进行加布莱克曼窗处理后，过渡带宽约为 $11\pi/N$，阻带最小衰减为 $-74\mathrm{dB}$。

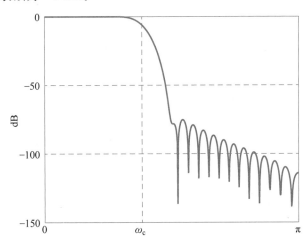

图 7.2.13　理想低通滤波器被布莱克曼窗截断后的幅频响应（$N=51$）

6. 凯泽（Kaiser）窗

常用的窗函数还包括凯泽窗，它可以灵活地调整主瓣宽度和旁瓣衰减，这是前面介绍的五种窗函数所不具备的优点，其时域表达式为

$$w(n) = \frac{I_0\left(\beta\sqrt{1-\left(1-\frac{2n}{N-1}\right)^2}\right)}{I_0(\beta)} R_N(n) \tag{7.2.25}$$

其中,$I_0(\cdot)$是第一类修正零阶贝塞尔函数。调整参数 β,可以调整主瓣宽度和旁瓣衰减,β 越大,窗越窄,主瓣越宽,旁瓣越小。

如何根据设计指标确定凯泽窗长度 N 和参数 β,有如下经验公式可供参考:

$$N = \frac{A_s - 7.95}{2.285\Delta\omega} + 1 \tag{7.2.26}$$

$$\beta = \begin{cases} 0, & A_s \leqslant 21\text{dB} \\ 0.5842(A_s - 21)^{0.4} + 0.07886(A_s - 21), & 21\text{dB} < A_s < 50\text{dB} \\ 0.1102(A_s - 8.7), & A_s \geqslant 50\text{dB} \end{cases} \tag{7.2.27}$$

凯泽窗的时域表达式比较复杂,当 $\beta=0$ 时相当于矩形窗,当 $\beta=5.44$ 时相当于汉明窗,当 $\beta=8.5$ 时相当于布莱克曼窗。在此直接给出 $\beta=5.44$ 和 $\beta=8.5$ 两种情况下凯泽窗的幅频响应(图 7.2.14),以及理想低通滤波器被凯泽窗截断后的幅频响应(图 7.2.15)。

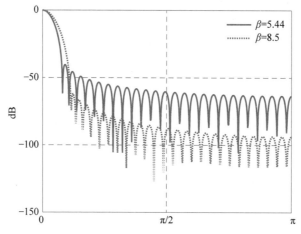

图 7.2.14 凯泽窗的幅频响应($N=51$)

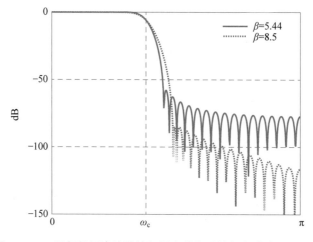

图 7.2.15 理想低通滤波器被凯泽窗截断后的幅频响应($N=51$)

图 7.2.16 给出了前面介绍的六种常见窗函数的离散时域波形图。其中参数 $\beta=8.5$，此时凯泽窗与布莱克曼窗基本重合。

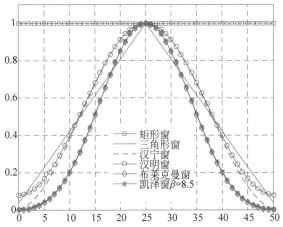

图 7.2.16　六种常见窗函数的时域波形($N=51$)

彩图

为便于读者学习比较这六种窗函数，表 7.2 对它们的性能进行了归纳。

表 7.2　六种窗函数性能比较

窗 函 数	窗 谱 性 能		加窗后低通滤波器性能	
	主瓣宽度	旁瓣衰减 /dB	过渡带宽	阻带最小衰减 /dB
矩形窗	$4\pi/N$	-13	$1.8\pi/N$	-21
三角形窗	$8\pi/N$	-25	$6.1\pi/N$	-25
汉宁窗	$8\pi/N$	-31	$6.2\pi/N$	-44
汉明窗	$8\pi/N$	-41	$6.6\pi/N$	-53
布莱克曼窗	$12\pi/N$	-57	$11\pi/N$	-74
凯泽窗 $\beta=7.865$		-57	$10\pi/N$	-80

7.2.3　设计实例

利用窗函数法设计线性相位的 FIR 数字滤波器，首先需要确保 $h(n)$ 是偶对称或者奇对称的，则设计出来的 FIR 数字滤波器必然是线性相位的，此时，只需要考虑滤波器幅度指标即可。大致包括以下六个步骤：

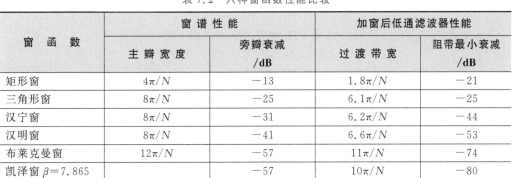

第 1 步，根据具体的应用背景和要求，确定待设计的 FIR 数字滤波器的技术指标；

第 2 步，根据阻带最小衰减，确定窗函数类型；

第 3 步，根据过渡带宽，确定窗函数长度；

第 4 步，确定窗函数 $w(n)$，计算理想滤波器的 $h_{\text{ideal}}(n)$；

第 5 步，计算 FIR 数字滤波器的单位脉冲响应 $h(n)=h_{\text{ideal}}(n)w(n)$；

第 6 步，验证 $H(e^{j\omega})=\text{DTFT}[h(n)]$ 是否满足设计指标要求。

例7.2 利用窗函数法设计一个低通 FIR 数字滤波器,设计指标如下:

$$\omega_p = 0.2\pi, \quad R_p = 0.25\text{dB}$$
$$\omega_{st} = 0.3\pi, \quad A_s = 50\text{dB}$$

试给出设计好的滤波器单位脉冲响应及其幅频特性,并分析是否满足设计指标要求。

解:因为阻带最小衰减 $A_s = 50\text{dB}$,根据表 7.2 可知汉明窗、布莱克曼窗和凯泽窗都满足要求,在此选择汉明窗。

根据过渡带技术指标,可确定汉明窗长度,即

$$\Delta\omega = \omega_{st} - \omega_p = 0.1\pi \geqslant \frac{6.6\pi}{N}$$

可知 $N \geqslant 66$,取 $N = 67$,群延时 $\tau = \dfrac{N-1}{2} = 33$。

根据式(7.2.19),可得汉明窗时域表达式为

$$w(n) = \left[0.54 - 0.46\cos\left(\frac{2\pi n}{66}\right)\right] R_{67}(n)$$

取 $\omega_c = \dfrac{\omega_p + \omega_{st}}{2} = 0.25\pi$,根据式(7.2.3),理想低通数字滤波器的单位脉冲响应为

$$h_{\text{ideal}}(n) = \frac{\sin[0.25\pi(n-33)]}{\pi(n-33)}$$

根据式(7.2.4),设计好的低通 FIR 数字滤波器单位脉冲响应为

$$h(n) = h_{\text{ideal}}(n)w(n) = \frac{\sin[0.25\pi(n-33)]}{\pi(n-33)}\left[0.54 - 0.46\cos\left(\frac{2\pi n}{66}\right)\right] R_{67}(n)$$

设计好的低通 FIR 数字滤波器单位脉冲响应波形如图 7.2.17 所示,可以看出 $h(n)$ 关于 $n = 33$ 偶对称,并且 $N = 67$ 为奇数,因此为第 1 类线性相位 FIR 数字滤波器。

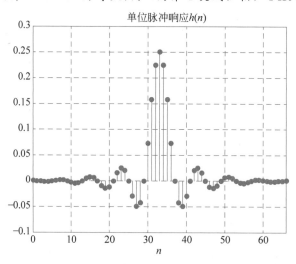

图 7.2.17 实际低通滤波器的单位脉冲响应波形($N = 67$)

设计好的低通 FIR 数字滤波器幅频响应如图 7.2.18 所示,可以看出,实际滤波器的阻带衰减在 50dB 以上,满足设计指标要求。

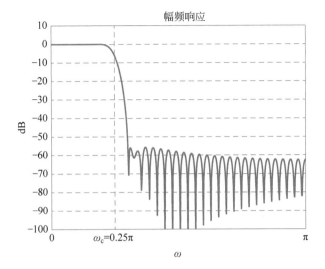

图 7.2.18　实际低通滤波器的幅频特性

本节主要介绍了窗函数法设计低通 FIR 数字滤波器,如果要设计高通、带通和带阻等类型的 FIR 数字滤波器,只需采用对应的理想滤波器单位脉冲响应即可,其余步骤基本一致。

比如,线性相位的理想高通 FIR 数字滤波器频率响应为

$$H_{\text{ideal}}(\text{e}^{\text{j}\omega}) = \begin{cases} \text{e}^{-\text{j}\omega\tau}, & \omega_{\text{c}} \leqslant |\omega| \leqslant \pi \\ 0, & 0 \leqslant |\omega| < \omega_{\text{c}} \end{cases} \qquad (7.2.28)$$

对应的滤波器单位脉冲响应为

$$h_{\text{ideal}}(n) = \delta(n-\tau) - \frac{\sin[\omega_{\text{c}}(n-\tau)]}{\pi(n-\tau)} \qquad (7.2.29)$$

例 7.3 利用窗函数法设计一个高通 FIR 数字滤波器,设计指标如下:

$$\omega_{\text{p}} = 0.6\pi, \quad R_{\text{p}} = 0.25\text{dB}$$

$$\omega_{\text{st}} = 0.4\pi, \quad A_{\text{s}} = 40\text{dB}$$

试给出设计好的滤波器单位脉冲响应及其幅频特性,并分析是否满足设计指标要求。

解:因为阻带最小衰减 $A_{\text{s}} = 40\text{dB}$,根据表 7.2 可知汉宁窗、汉明窗、布莱克曼窗和凯泽窗都满足要求,在此选择汉宁窗。

根据过渡带技术指标,可确定汉宁窗长度,即

$$\Delta\omega = |\omega_{\text{st}} - \omega_{\text{p}}| = 0.2\pi \geqslant \frac{6.2\pi}{N}$$

可知 $N \geqslant 31$,取 $N = 33$,群延时 $\tau = \dfrac{N-1}{2} = 16$。

根据式(7.2.16),可得汉宁窗时域表达式为

$$w(n) = \frac{1}{2}\left[1 - \cos\left(\frac{2\pi n}{32}\right)\right]R_{33}(n)$$

取 $\omega_{\mathrm{c}}=\dfrac{\omega_{\mathrm{p}}+\omega_{\mathrm{st}}}{2}=0.5\pi$,根据式(7.2.29),理想高通数字滤波器的单位脉冲响应为

$$h_{\mathrm{ideal}}(n)=\delta(n-16)-\frac{\sin\left[0.5\pi(n-16)\right]}{\pi(n-16)}$$

同样根据式(7.2.4),设计好的高通 FIR 数字滤波器单位脉冲响应为

$$h(n)=h_{\mathrm{ideal}}(n)w(n)=\left[\delta(n-16)-\frac{\sin\left[0.5\pi(n-16)\right]}{\pi(n-16)}\right]\left[0.5-0.5\cos\left(\frac{2\pi n}{32}\right)\right]R_{33}(n)$$

设计好的高通 FIR 数字滤波器单位脉冲响应波形如图 7.2.19 所示,可以看出 $h(n)$ 关于 $n=16$ 偶对称,并且 $N=33$ 为奇数,因此为第 1 类线性相位 FIR 数字滤波器。

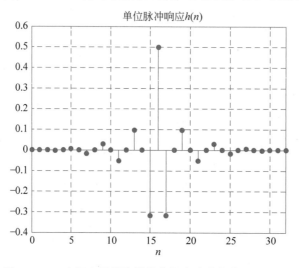

图 7.2.19　实际高通滤波器的单位脉冲响应波形($N=33$)

设计好的高通 FIR 数字滤波器幅频响应如图 7.2.20 所示,可以看出,实际滤波器的阻带衰减在 40dB 以上,满足设计指标要求。

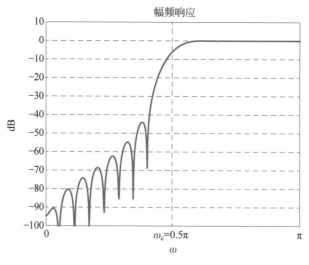

图 7.2.20　实际高通滤波器的幅频特性

7.3 频率采样设计法

　　7.2 节介绍的窗函数设计法是一种从时域出发的设计方法，设计过程简便，有闭合公式可循，方便实用，缺陷在于这种方法不能准确控制通带与阻带的截止频率，也不能分别控制通带和阻带波纹。

　　本节介绍的频率采样设计法是一种从频域出发的设计方法，实现方案也非常简便，适合分段常数特性的滤波器设计，尤其是窄带滤波器设计。频率采样设计法在过渡带的取值点需要进行优化设计，不能准确控制通带与阻带的截止频率，通带和阻带波纹也不能分别控制，离跳变边界越远，波纹越小。

7.3.1　设计原理

　　根据 3.4 节介绍的频域采样定理和频域插值重构可知，可以利用 N 个频域采样值 $X(k)$ 来重构出连续的频率响应函数 $X(\mathrm{e}^{\mathrm{j}\omega})$。频率采样设计法便是从频域出发，对理想滤波器的频率响应 $H_{\mathrm{ideal}}(\mathrm{e}^{\mathrm{j}\omega})$ 加以等间隔采样，即

教学视频

$$H_{\mathrm{ideal}}(k) = H_{\mathrm{ideal}}(\mathrm{e}^{\mathrm{j}\omega})\Big|_{\omega=\frac{2\pi}{N}k} \tag{7.3.1}$$

其中 $k=0,1,\cdots,N-1$。

　　再将采样值 $H_{\mathrm{ideal}}(k)$ 作为实际 FIR 数字滤波器频率响应的样本值，即

$$H_{\mathrm{ideal}}(k) = H(k) = H(\mathrm{e}^{\mathrm{j}\omega})\Big|_{\omega=\frac{2\pi}{N}k} \tag{7.3.2}$$

对 $H(k)$ 进行 IDFT，将得到的 N 点序列 $h(n)$ 作为实际 FIR 数字滤波器的单位脉冲响应，即

$$h(n) = \mathrm{IDFT}[H(k)] = \frac{1}{N}\sum_{k=0}^{N-1} H(k)\mathrm{e}^{\mathrm{j}\frac{2\pi}{N}nk} \tag{7.3.3}$$

其中 $n=0,1,\cdots,N-1$，这就是频率采样法设计 FIR 数字滤波器的基本思路。

　　根据频域插值重构可知，实际 FIR 数字滤波器的频率响应 $H(\mathrm{e}^{\mathrm{j}\omega})$ 可由频域采样值 $H(k)$ 通过插值公式重构，即

$$H(\mathrm{e}^{\mathrm{j}\omega}) = \sum_{k=0}^{N-1} H(k)\varPhi\Big(\omega - k\frac{2\pi}{N}\Big) \tag{7.3.4}$$

　　$H(\mathrm{e}^{\mathrm{j}\omega})$ 是由频域采样值 $H(k)$ 对各个频率采样点上的插值函数 $\varPhi\Big(\omega - k\dfrac{2\pi}{N}\Big)$ 加权求和得到的，在每个频率采样点 $\omega_k=\dfrac{2\pi}{N}k$ 上，$H(\mathrm{e}^{\mathrm{j}\omega})$ 取值为 $H(k)$。也就是说，实际 FIR 数字滤波器的幅频响应 $H(\mathrm{e}^{\mathrm{j}\omega})$ 一定会"穿越"每个频率采样点，图 7.3.1 给出了 $0\sim\pi$ 区间理想滤波器（及其采样值）与实际滤波器的幅频特性。

　　为便于推导，可将 $H(\mathrm{e}^{\mathrm{j}\omega})$ 写成幅度谱和相位谱相乘的形式，即

$$H(\mathrm{e}^{\mathrm{j}\omega}) = |H(\mathrm{e}^{\mathrm{j}\omega})|\,\mathrm{e}^{\mathrm{j}\arg[H(\mathrm{e}^{\mathrm{j}\omega})]} \tag{7.3.5}$$

在频率采样点 $\omega_k=\dfrac{2\pi}{N}k$ 上对 $H(\mathrm{e}^{\mathrm{j}\omega})$ 进行均匀采样，可得

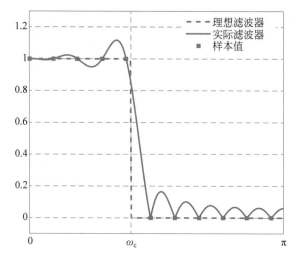

图 7.3.1　理想滤波器和实际滤波器的幅频响应($N=21$)

$$H(k) = |H(k)| e^{j \arg[H(k)]} \tag{7.3.6}$$

其中,$k=0,1,\cdots,N-1$,$H(k)$ 表示对 $H(e^{j\omega})$ 的采样结果(既有幅度信息,也有相位信息),$|H(k)|$ 表示对幅度谱的采样结果,$\arg[H(k)]$ 表示对相位谱的采样结果。

为确保设计出来的 FIR 数字滤波器具有线性相位特性,频率采样法也要遵循 7.1 节给出的约束条件。以 N 为奇数为例,只需要让采样值 $H(k)$ 具有如下形式即可:

$$H(k) = \begin{cases} |H(k)| e^{-j\frac{N-1}{2}\frac{2\pi}{N}k}, & 0 \leqslant k \leqslant \dfrac{N-1}{2} \\[2mm] |H(N-k)| e^{j\frac{N-1}{2}\frac{2\pi}{N}(N-k)}, & \dfrac{N+1}{2} \leqslant k \leqslant N-1 \end{cases} \tag{7.3.7}$$

从式(7.3.7)可以看出,$|H(k)|=|H(N-k)|$,$\arg[H(k)]=-\arg[H(N-k)]$,这两个关系成立意味着 $h(n)$ 为实数序列,这里利用了 DFT 的圆周共轭对称特性。

可以进一步证明:如果 $H(k)$ 具有式(7.3.7)的形式,则 $h(n)$ 是偶对称的。

$$h(n) = \frac{1}{N}\sum_{k=0}^{\frac{N-1}{2}} |H(k)| e^{-j\frac{N-1}{2}\frac{2\pi}{N}k} e^{j\frac{2\pi kn}{N}} + \frac{1}{N}\sum_{k=\frac{N+1}{2}}^{N-1} |H(N-k)| e^{j\frac{N-1}{2}\frac{2\pi}{N}(N-k)} e^{j\frac{2\pi kn}{N}}$$

$$= \frac{1}{N}\sum_{k=0}^{\frac{N-1}{2}} |H(k)| e^{-j\frac{2\pi k}{N}\left(\frac{N-1}{2}-n\right)} + \frac{1}{N}\sum_{k=\frac{N+1}{2}}^{N-1} |H(N-k)| e^{-j\frac{2\pi k}{N}\left(\frac{N-1}{2}-n\right)} e^{j\frac{2\pi N}{N}\frac{N-1}{2}} \tag{7.3.8}$$

因为 N 为奇数,所以 $e^{j\frac{2\pi N}{N}\frac{N-1}{2}} = e^{j(N-1)\pi} = 1$,故

$$h(n) = \frac{1}{N}\sum_{k=0}^{\frac{N-1}{2}} |H(k)| e^{-j\frac{2\pi k}{N}\left(\frac{N-1}{2}-n\right)} + \frac{1}{N}\sum_{k=\frac{N+1}{2}}^{N-1} |H(N-k)| e^{-j\frac{2\pi k}{N}\left(\frac{N-1}{2}-n\right)} \tag{7.3.9}$$

$$h(N-1-n) = \frac{1}{N}\sum_{k=0}^{\frac{N-1}{2}} |H(k)| e^{-j\frac{2\pi k}{N}\left[\frac{N-1}{2}-(N-1-n)\right]} + \frac{1}{N}\sum_{k=\frac{N+1}{2}}^{N-1} |H(N-k)| e^{-j\frac{2\pi k}{N}\left[\frac{N-1}{2}-(N-1-n)\right]}$$

$$= \frac{1}{N}\sum_{k=0}^{\frac{N-1}{2}} |H(k)| e^{j\frac{2\pi k}{N}\left(\frac{N-1}{2}-n\right)} + \frac{1}{N}\sum_{k=\frac{N+1}{2}}^{N-1} |H(N-k)| e^{j\frac{2\pi k}{N}\left(\frac{N-1}{2}-n\right)} \qquad (7.3.10)$$

从式(7.3.9)和式(7.3.10)的结论可以看出，$h(n)=h^*(N-1-n)$，又因为 $h(n)$ 为实数序列，故 $h(n)=h(N-1-n)$。$h(n)$ 偶对称意味着设计出来的 FIR 数字滤波器具有第一类严格线性相位特性，此时群延迟 $\tau = \dfrac{N-1}{2}$。

如果 N 为偶数，或者第 2 类严格线性相位的情况，只需要修改 $H(k)$ 的取值形式即可，亦可证明 $h(n)$ 是奇对称或者偶对称的。

以第 1 类线性相位低通 FIR 数字滤波器为例，图 7.3.2 按照 $H(k)=|H(k)|e^{j\arg[H(k)]}$ 给出了频域采样值的对应关系，其中 $N=21$，截止频率 $\omega_c=0.3\pi$（ω_c 位于 $k=3$ 和 $k=4$ 之间）。可以看出，幅度谱采样值是圆周偶对称的，相位谱采样值是圆周奇对称的。

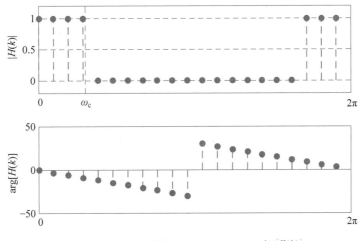

图 7.3.2　频率采样值 $H(k)=|H(k)|e^{j\arg[H(k)]}$

例 7.4　利用频率采样法设计一个低通 FIR 数字滤波器，设定截止频率 $\omega_c=0.3\pi$，滤波器长度 $N=21$，选取第 1 类线性相位 FIR 数字滤波器，试分析滤波器实际达到的衰减指标。

解：滤波器长度 $N=21$，则第 k 个采样点的频率 $\omega_k=\dfrac{2\pi}{21}k$，其中 $k=0,1,\cdots,20$。

同时，$\omega_3<\omega_c<\omega_4$，也就是说截止频率 $\omega_c=0.3\pi$ 位于第 4 个和第 5 个采样点之间（k 是从 0 开始的），故对理想滤波器幅频响应的 21 个采样值具体为

$$H(k)=\begin{cases} e^{-j\frac{20}{21}\pi k}, & 0\leqslant k \leqslant 3 \\ 0, & \text{其他 } k \\ e^{j\frac{20}{21}\pi(21-k)}, & 18 \leqslant k \leqslant 20 \end{cases}$$

对采样值 $H(k)$ 进行 IDFT 得到实际滤波器的单位脉冲响应 $h(n)$，再对 $h(n)$ 做 DTFT 得到实际滤波器的频率响应。从图 7.3.3 中可以看出，滤波器实际达到的阻带衰减约为 -16dB。

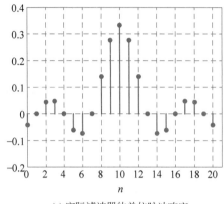

(a) 实际滤波器的单位脉冲响应

(b) 对理想滤波器采样结果

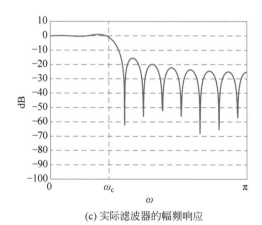

(c) 实际滤波器的幅频响应

图 7.3.3　频率采样法设计结果

7.3.2　误差分析与改进措施

由频域插值重构可知，实际 FIR 数字滤波器的频率响应 $H(\text{e}^{\text{j}\omega})$ 是由有限个频域采样值 $H(k)$ 通过插值公式重构得到的，在每个频率采样点 ω_k 上，$H(k) = H(\text{e}^{\text{j}\omega})\big|_{\omega=\omega_k}$，在频率采样点之间，$H(\text{e}^{\text{j}\omega})$ 的波形是由各个插值函数波形叠加得到的。

理想滤波器的单位脉冲响应 $h_{\text{ideal}}(n)$ 是无限长的，根据频域采样定理可知，利用有限个频域采样值不能准确重构理想滤波器的频率响应 $H_{\text{ideal}}(\text{e}^{\text{j}\omega})$。也就是说，由有限个频域采样值得到实际滤波器幅频响应 $H(\text{e}^{\text{j}\omega})$ 仅仅是对 $H_{\text{ideal}}(\text{e}^{\text{j}\omega})$ 的一个近似，因此频率采样法设计出的 FIR 数字滤波器一定存在逼近误差。

如果 $H_{\text{ideal}}(\text{e}^{\text{j}\omega})$ 曲线变化越突兀（如断崖似的横平竖直），则插值重构得到的结果与理想情况误差就越大,并且在理想频率特性的不连续点附近就会产生肩峰和波纹。如果 $H_{\text{ideal}}(e^{j\omega})$ 曲线变化越平缓(如梯形般的过渡带),则逼近误差就会越小。

为了改善频率采样法设计 FIR 数字滤波器的逼近效果,降低逼近误差,常用的方法就是扩宽过渡带,也就是在理想频率响应的不连续点边缘加上若干采样点。这种方法类似于窗函数法的平滑截断,可以减少通带边缘由于采样点的突然变化引起的起伏振荡。

过渡带采样点的个数,以及采样点的取值,可由线性最优化算法来求出最佳解,一般不超过 3 个过渡带采样点就能取得很好的效果。关于过渡带采样点的取值,有兴趣的读者可以参阅有关文献,在此不再详细介绍。

例 7.5 同例 7.4,增加一个过渡带采样点,试分析此时滤波器实际达到的衰减指标。

解:从例 7.4 可知,对理想滤波器幅频响应的采样值仍为 21 个,只不过将 $H(4)$ 和 $H(17)$ 设为过渡带采样点,也就是说 $H(4)$ 和 $H(17)$ 的取值不再为 0,具体取值如下:

$$H(k)=\begin{cases} e^{-j\frac{20}{21}\pi k}, & 0\leqslant k\leqslant 3 \\ Te^{-j\frac{20}{21}\pi k}, & k=4 \\ 0, & \text{其他 } k \\ Te^{j\frac{20}{21}\pi(21-k)}, & k=17 \\ e^{j\frac{20}{21}\pi(21-k)}, & 18\leqslant k\leqslant 20 \end{cases}$$

其中,T 为过渡带采样值幅度,可由计算机搜索出最优取值。

当 $T=0.5$ 时,设计结果如图 7.3.4 所示,此时滤波器实际达到的阻带衰减约为 -30dB。

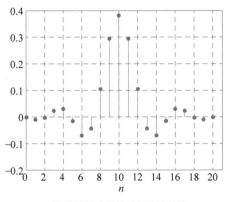

(a) 实际滤波器的单位脉冲响应

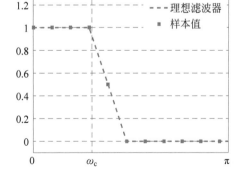

(b) 对理想滤波器采样结果

图 7.3.4 频率采样法设计结果(过渡带采样值幅度 $T=0.5$)

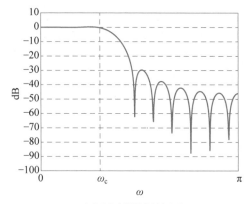

(c) 实际滤波器的幅频响应

图 7.3.4 （续）

当 $T=0.38$ 时，设计结果如图 7.3.5 所示，此时滤波器实际达到的阻带衰减约为 -40dB。

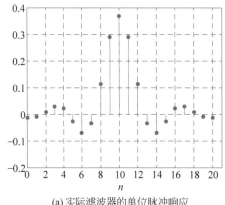

(a) 实际滤波器的单位脉冲响应

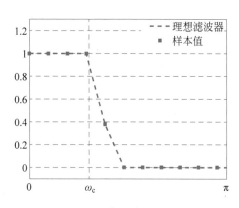

(b) 对理想滤波器采样结果

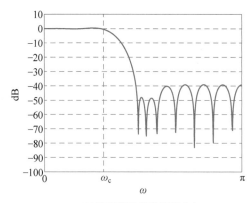

(c) 实际滤波器的幅频响应

图 7.3.5 频率采样法设计结果（过渡带采样值幅度 $T=0.38$）

从例 7.4 和例 7.5 可以看出，不增加过渡带采样点（即 $T=0$），滤波器实际达到的阻带衰减约为 -16dB，增加一个过渡带采样点，T 的取值分别为 0.5 和 0.38 时，滤波器实际达到的阻带衰减为 -30dB 和 -40dB，因此增加过渡带采样点可有效改善频率采样设计法效果，并且性能的提升并没有增加运算量。

本节介绍的方法，直接把采样值 $H(k)$ 的 IDFT 结果 $h(n)$ 作为实际滤波器的单位脉冲响应，也就是相当于对有限长的 $h(n)$ 加了一个矩形窗。其实，还可以对 $h(n)$ 加窗来提升频率采样法设计出来的滤波器性能，也就是把 $h(n)w(n)$ 作为实际滤波器的单位脉冲响应。

例如，MATLAB 函数 fir2 默认采用加汉明窗来提升滤波器性能，图 7.3.6 给出了加窗前后的滤波器幅频特性，有兴趣的读者可尝试采用其他类型的窗函数来对比滤波器性能提升效果。

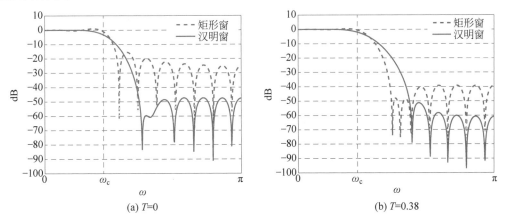

(a) $T=0$ (b) $T=0.38$

图 7.3.6　加窗处理的频率采样法设计结果

7.4　IIR 与 FIR 数字滤波器的比较

7.4.1　特点对比

到目前为止，已经分别讨论了 IIR 和 FIR 数字滤波器的设计方法，在此简单比较一下这两种类型滤波器的特点。

（1）在满足相同设计指标的情况下，IIR 数字滤波器所需的阶数通常比 FIR 数字滤波器少得多。这意味着，IIR 数字滤波器所需的存储单元少，运算次数少，时延小。

（2）FIR 数字滤波器能够得到严格的线性相位特性，而 IIR 数字滤波器很不容易做到线性相位。IIR 数字滤波器加全通网络补偿才能得到线性相位，但这会导致滤波器阶数和复杂性的大大增加。

（3）FIR 数字滤波器单位脉冲响应是有限长的，多数采用非递归结构实现，必然是稳定的，并且有限精度运算时误差也较小。IIR 数字滤波器必须采用递归结构实现，极点在单位圆内才能确保稳定，但这种结构由于运算的舍入误差，有时会导致振荡。

（4）FIR 数字滤波器可看作一种卷积和运算,因此可以用 FFT 算法来实现,运算速度快,IIR 数字滤波器则不能这样实现和计算。

（5）在设计方法上,IIR 数字滤波器可以借鉴模拟滤波器现成的设计公式、结论和表格等,工作量较小。FIR 数字滤波器无缘模拟滤波器的有关结论,通常需要借助计算机来完成设计,例如通带衰减和阻带衰减等指标并无理论结果,只能在幅频特性曲线中实际测量得到。

（6）IIR 数字滤波器主要是设计规格化的、频率特性为分段常数的标准滤波器,而 FIR 数字滤波器要灵活得多,适应性更强。

从以上对比可以看出,IIR 与 FIR 数字滤波器各有所长,应该根据实际需求来综合考虑和选择。一般而言,如果不考虑相位特性,可选择 IIR 数字滤波器,如果强调线性相位特性,则选用 FIR 数字滤波器为宜。

7.4.2　发展对比

数字滤波技术兴起于 20 世纪 60 年代,与其他很多数字信号处理技术一样,研究数字滤波技术的初衷也是为了仿真模拟器件的性能。比如在语音编码中,因为其中有大量的低通和带通滤波器,每个滤波器不仅重量很重,而且由于模拟器件的一致性不好,每个滤波器都需要单独调试,这样就导致编码器的测试非常费时费力。随着数字计算机应用范围的逐步扩大,一些条件比较好的科研机构便开始考虑采用计算机来仿真编码器及其中间的模拟滤波器功能。此时由于计算机运算速度还不够快,IIR 数字滤波器时延小的优点使得其在计算机仿真过程中大受青睐。

在早期对模拟滤波器的仿真中,还遇到的一个问题是如何客观评估仿真效果,也就是如何判断仿真出来的结果与真实滤波器是否接近,以及对接近程度的评价。于是研究者引入了 z 变换这个数学工具来分析 IIR 数字滤波器的理论性能,将计算机仿真结果与理论性能分析对照,就能很方便、客观地知道对模拟器件的仿真效果。由于模拟器件不仅一致性差,而且容易受到干扰,于是研究者不再满足于用计算机来仿真模拟器件的性能,而是尝试用计算机对信号进行直接处理,这就带来了信号处理革命性的变化。

1967 年左右,研究者发明了用等波纹椭圆函数的方法来设计 IIR 数字滤波器,这种方法使得 IIR 数字滤波器的设计具有明确的解析表达式,具备了数学上的严密性和完备性。但在当时,这种方法只能用来设计 IIR 数字滤波器。设计理论上的完备性,再加上实现过程的高效率,使得 IIR 数字滤波器在 20 世纪 60 年代完全压过了 FIR 数字滤波器,成为当时主流的研究方向和应用方向。

但是,对于 FIR 数字滤波器设计的研究也一刻没有停歇。Parks-McClellan 最优化方法的出现,不仅使得 FIR 数字滤波器的设计性能达到了一个新的高度,也让 FIR 数字滤波器的设计方法具备了理论上的完备性。此外,由于 IIR 数字滤波器在稳定性、并行性上较 FIR 数字滤波器均有不足,因此到了 20 世纪 80 年代,IIR 数字滤波器在竞争中完全落于下风。

直到如今,系统不稳定,非线性相位特性,难以并行处理以及不能应用于自适应滤波器,已经成为大家对 IIR 数字滤波器根深蒂固的"偏见"。但随着新的处理方法出现,IIR 数字滤波器正在逐步解决这些"老大难"问题,并且 IIR 数字滤波器运算效率高,占用内存少,时延小一直是 FIR 数字滤波器难以超越的地方,因此 IIR 数字滤波器也在发展中不断焕发新的生机。

习题

1. 一个线性相位理想低通数字滤波器的频率响应为

$$H(e^{j\omega}) = \begin{cases} e^{-j\omega\tau}, & |\omega| < \omega_c \\ 0, & \omega_c \leqslant |\omega| \leqslant \pi \end{cases}$$

其单位脉冲响应为

$$h(n) = \frac{1}{2\pi}\int_{-\pi}^{\pi} H(e^{j\omega})e^{j\omega n}\,d\omega = \frac{\sin[(n-\tau)\omega_c]}{(n-\tau)\pi}$$

请问:当 τ 取什么值时,$h(n)$ 不是奇/偶对称的,但滤波器仍然是线性相位的?

2. 已知 $h(n) = \{-0.5, -0.5, 2, -0.5, -0.5\}_0$,请给出幅度函数的表达式。

3. 设 FIR 数字滤波器的系统函数为

$$H(z) = 1 + (a+b)z^{-1} + 2z^{-2} + 3z^{-3} + (a-b)z^{-4}$$

(1) 请给出 a 和 b 的一组可能取值,使得该滤波器为严格线性相位的;

(2) 给出该滤波器幅度函数和相位函数表达式。

4. 欲设计低通 FIR 数字滤波器,其对应的模拟信号的幅频响应为

$$H(j2\pi f) = \begin{cases} 1, & 0\,\text{Hz} \leqslant f \leqslant 500\,\text{Hz} \\ 0, & \text{其他 } f \end{cases}$$

已知数据长度为 10ms,采样频率 $f_s = 2\text{kHz}$,阻带衰减分别考虑 20dB 和 40dB 两种情况,请用窗函数设计法设计该数字滤波器,并计算出相应的模拟信号和数字信号的过渡带宽。

5. 用矩形窗设计一个线性相位的高通数字滤波器

$$H(e^{j\omega}) = \begin{cases} e^{-j(\omega-\pi)\alpha}, & \pi - \omega_c \leqslant \omega \leqslant \pi \\ 0, & 0 \leqslant \omega < \pi - \omega_c \end{cases}$$

(1) 请计算滤波器单位脉冲响应 $h(n)$ 的表达式,并确定 α 与 N 的关系;

(2) 请问可以用哪几种类型来实现该滤波器;

(3) 若改用汉宁窗来设计,请给出 $h(n)$ 的表达式。

6. 用矩形窗设计一个线性相位的带通数字滤波器

$$H(e^{j\omega}) = \begin{cases} e^{-j\omega\alpha}, & -\omega_c \leqslant \omega - \omega_0 \leqslant \omega_c \\ 0, & 0 \leqslant \omega < \omega_0 - \omega_c, \omega_0 + \omega_c < \omega \leqslant \pi \end{cases}$$

（1）当 N 为奇数时,请给出滤波器单位脉冲响应 $h(n)$ 的表达式;

（2）当 N 为偶数时,请给出滤波器单位脉冲响应 $h(n)$ 的表达式;

（3）若改用汉明窗来设计,请重复前面两问。

7. 如果一个线性相位的带通数字滤波器的频率响应为

$$H_{bp}(e^{j\omega}) = H_{bp}(\omega)e^{j\varphi(\omega)}$$

（1）请证明,线性相位带阻数字滤波器可以表示为

$$H_{bs}(e^{j\omega}) = [1 - H_{bp}(\omega)]e^{j\varphi(\omega)}, \quad 0 \leqslant \omega \leqslant \pi$$

（2）试用带通滤波器的单位脉冲响应 $h_{bp}(n)$ 来表示带阻滤波器的单位脉冲响应 $h_{bs}(n)$。

8. 用频率采样法设计一个线性相位的低通数字滤波器,$N=15$,幅度采样值为

$$H_k = \begin{cases} 1, & k=0 \\ 0.5, & k=1,14 \\ 0, & k=2,3,\cdots,13 \end{cases}$$

（1）请给出对应的相位 $\theta(k)$;

（2）给出 $h(n)$ 和 $H(e^{j\omega})$ 的表达式。

9. 图 T7.1 中,$h_1(n)$ 是偶对称序列,$h_2(n)$ 是 $h_1(n)$ 圆周移位后得到的序列,圆周移位位数为 4,设 $H_1(k)=\mathrm{DFT}[h_1(n)]$,$H_2(k)=\mathrm{DFT}[h_2(n)]$,请问:

（1）$|H_1(k)|=|H_2(k)|$ 是否成立? $\theta_1(k)$ 和 $\theta_2(k)$ 有什么关系?

（2）$h_1(n)$、$h_2(n)$ 各构成一个低通滤波器,它们是否是线性相位的? 时延为多少?

（3）这两个滤波器的性能是否相同? 孰优孰劣?

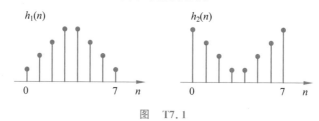

图　T7.1

10. 用频率采样法设计一个线性相位的低通数字滤波器,$N=33$,$\omega_c=\pi/2$,边沿上设一个过渡带采样点 $|H(k)|=0.39$,试求各采样点的幅值 H_k 及相位 $\theta(k)$,即求采样值 $H(k)$。

11. 用频率采样法设计一个线性相位的带通数字滤波器,其上下边缘截止频率分别为 $\omega_1=0.25\pi$,$\omega_2=0.75\pi$,不设过渡带采样点,求 $N=33$ 或 $N=34$ 情况下的第 1 类、第 2 类、第 3 类和第 4 类线性相位滤波器的采样值 $H(k)$。

12. 设计一个线性相位的 FIR 数字低通滤波器,技术指标为 $\omega_p=0.2\pi$,$\omega_{st}=0.4\pi$,$A_s=45\mathrm{dB}$,请给出 $h(n)$ 表达式,并绘制其幅频特性,分析是否满足设计要求。

13. 设计一个线性相位的 FIR 数字高通滤波器,技术指标为 $\omega_p=0.7\pi$,$\omega_{st}=0.5\pi$,$A_s=55\mathrm{dB}$,请给出 $h(n)$ 表达式,并绘制其幅频特性,分析是否满足设计要求。

14. 设计一个线性相位的 FIR 数字带通滤波器,技术指标为 $\omega_{p1}=0.4\pi$,$\omega_{p2}=0.5\pi$,

$\omega_{st1}=0.2\pi,\omega_{st2}=0.7\pi,A_s=75\mathrm{dB}$,请给出 $h(n)$ 表达式,并绘制其幅频特性,分析是否满足设计要求。

15. 设计一个线性相位的 FIR 数字带阻滤波器,技术指标为 $\omega_{p1}=0.35\pi,\omega_{p2}=0.8\pi,\omega_{st1}=0.5\pi,\omega_{st2}=0.65\pi,A_s=80\mathrm{dB}$,请给出 $h(n)$ 表达式,并绘制其幅频特性,分析是否满足设计要求。

16. 用频率采样设计法设计 2 型 FIR 数字低通滤波器,技术指标为 $\omega_p=0.3\pi,\omega_{st}=0.4\pi,A_s=40\mathrm{dB},R_p=1\mathrm{dB}$,请给出 $h(n)$ 表达式,并绘制其幅频特性,分析是否满足设计要求(提示:函数 fir2 可实现频率采样法设计 FIR 数字滤波器)。

17. 用频率采样设计法设计 1 型 FIR 数字低通滤波器,技术指标为 $\omega_p=0.25\pi,\omega_{st}=0.35\pi,A_s=20\mathrm{dB},R_p=2\mathrm{dB}$,请给出 $h(n)$ 表达式,并绘制其幅频特性,分析是否满足设计要求。

第 8 章

数字滤波器的实现

本章主要介绍数字滤波器的实现,包括实现结构和实现中遇到的量化效应。首先介绍 IIR 数字滤波器和 FIR 数字滤波器常见的实现结构,随后简要介绍数字滤波器实现过程中的量化效应,主要包括系数的量化效应,以及运算过程中的有限字长效应。

8.1 数字滤波器结构的表示方法

前面介绍了 IIR 和 FIR 数字滤波器的设计,设计的目的就是数字滤波器的系统函数 $H(z)$,即

$$H(z) = \frac{\sum_{i=0}^{M} b_i z^{-i}}{1 + \sum_{i=1}^{N} a_i z^{-i}} \tag{8.1.1}$$

也可以用常系数差分方程来表示

$$y(n) = \sum_{i=0}^{M} b_i x(n-i) - \sum_{i=1}^{N} a_i y(n-i) \tag{8.1.2}$$

通过式(8.1.2)定义的系统,可以把输入 $x(n)$ 变换为输出 $y(n)$,这种信号处理的过程就是"数字滤波"。

一般可以通过软件和硬件两种方式实现数字滤波器。在数字滤波器的硬件实现中,运算结构是非常重要的,运算结构的不同会影响系统的精度、误差、稳定性、经济性和运算速度等诸多性能。实现数字滤波器的基本运算单元包括加法器、乘法器和延时器,通常有两种表示方法,即方框图法和信号流图法,如图 8.1.1 所示。

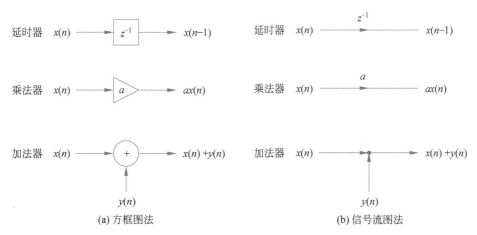

图 8.1.1 数字滤波器基本运算单元

在前修课程"信号与系统"中已经介绍了系统的信号流图,用信号流图表示系统的输入输出关系更加简便,因此本章介绍数字滤波器结构时仍然采用信号流图表示法。

8.2　IIR 数字滤波器的基本结构

式(8.1.1)和式(8.1.2)分别给出了 N 阶 IIR 数字滤波器的系统函数和差分方程。对于 IIR 数字滤波器,其主要特点包括:

(1) 单位脉冲响应 $h(n)$ 是无限长的。

(2) 系统函数 $H(z)$ 在 z 平面上可能存在原点之外的极点,因此不一定是稳定系统。

(3) 结构上存在着输出到输入的反馈,即结构是递归型的。

对于同一个系统函数 $H(z)$,可以用不同的结构来实现,IIR 数字滤波器的主要结构包括直接Ⅰ型、直接Ⅱ型、级联型、并联型和转置型。

8.2.1　直接Ⅰ型

从式(8.1.2)给出的差分方程可以看出,IIR 数字滤波器的输出 $y(n)$ 由两部分构成:第一部分为 $\sum_{i=0}^{M} b_i x(n-i)$,表示将输入信号进行延时,把每节延时抽头后与常系数 b_i 相乘,再把所有结果相加,组成 M 阶的延时网络,实现了滤波器的零点;第二部分为 $\sum_{i=1}^{N} -a_i y(n-i)$,表示将输出信号进行延时,把每节延时抽头后与常系数 $-a_i$ 相乘,再把所有结果相加,组成 N 阶的延时网络,实现了滤波器的极点。

直接Ⅰ型结构如图 8.2.1 所示,可以看出,需要 $M+N$ 个延时单元。

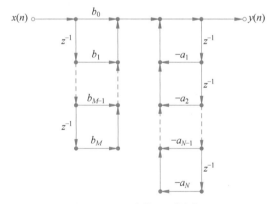

图 8.2.1　直接Ⅰ型结构

8.2.2　直接Ⅱ型(典范型)

把式(8.1.1)改写为如下形式:

$$H(z)=\frac{1}{1+\sum_{i=1}^{N} a_i z^{-i}}\left(\sum_{i=0}^{M} b_i z^{-i}\right) \tag{8.2.1}$$

也就是将直接Ⅰ型的前向网络和反馈网络交换顺序,合并相同的延时支路,得到直接Ⅱ型结构如图 8.2.2 所示。

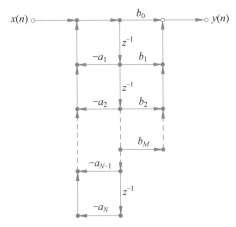

图 8.2.2 直接 Ⅱ 型结构

对于 N 阶差分方程,直接 Ⅰ 型结构需要 $M+N$ 个延时单元,而直接 Ⅱ 型只需要 N 个延时单元($N \geqslant M$),在软件实现时可以节省存储单元,在硬件实现时可以节省寄存器,因此直接 Ⅱ 型又称为"典范型"。

8.2.3 级联型

一个 N 阶系统函数还可以用它的零点和极点表示,因为 $H(z)$ 的系数均为实数,故零点和极点一定为实数或共轭对称复数,可将 $H(z)$ 分解为实系数二阶因式相乘的形式,即

$$H(z) = A \prod_{i=1}^{N_c} \frac{1 + b_{1i} z^{-1} + b_{2i} z^{-2}}{1 + a_{1i} z^{-1} + a_{2i} z^{-2}} \tag{8.2.2}$$

其中,$N_c = \mathrm{floor}(N/2)$ 表示下取整,如 $\mathrm{floor}(7/2) = 3$。图 8.2.3 所示为一个四阶 IIR 数字滤波器的级联结构。

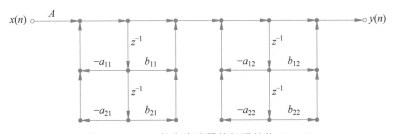

图 8.2.3 IIR 数字滤波器的级联结构($N=4$)

级联结构的每个二阶基本节只涉及某一对零极点,因此调整对应的系数不会影响其他零极点。级联结构的优点就是便于准确地实现 IIR 数字滤波器零极点,也便于调整整个 IIR 数字滤波器的性能,受系数量化效应影响较小,在实际中应用较为广泛。

8.2.4 并联型

还可将 $H(z)$ 改写为部分分式之和的形式($N \geqslant M$),并将实数极点成对组合,即

$$H(z) = G_0 + \sum_{i=1}^{N_c} \frac{b_{0i} + b_{1i} z^{-1}}{1 + a_{1i} z^{-1} + a_{2i} z^{-2}} \tag{8.2.3}$$

与级联型一样，$N_c = \text{floor}(N/2)$。图 8.2.4 所示为一个四阶 IIR 数字滤波器的并联型结构。

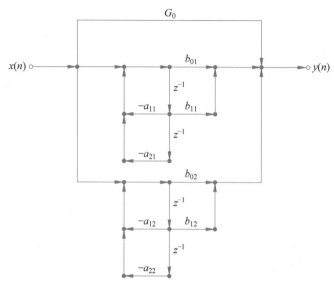

图 8.2.4　IIR 数字滤波器的并联结构（$M = N = 4$）

在并联型结构中，改变系数可以调整极点的位置，但不能像级联型那样可以直接控制零点。在运算误差方面，由于并联型各个基本环节的误差互不影响，因此误差比级联型稍小。

8.2.5　转置型

转置定理：如果将原网络中所有支路方向都反向，并将输入、输出相互交换，则其系统函数保持不变，新网络便是原网络的转置形式。

根据转置定理，可以得到以上所有 IIR 数字滤波器对应的转置型结构。例如，图 8.2.5 给出的是直接 II 型的转置型结构。

习惯上输入在左，输出在右，故直接 II 型的转置型结构一般如图 8.2.6 所示。

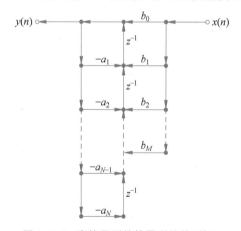

图 8.2.5　直接 II 型的转置型结构（输入在右，输出在左）

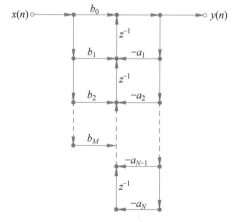

图 8.2.6　直接 II 型的转置型结构（输入在左，输出在右）

例 8.1 已知 IIR 数字滤波器的系统函数如下所示：

$$H(z) = \frac{6 + 1.2z^{-1} - 0.72z^{-2} + 1.728z^{-3}}{8 - 10.4z^{-1} + 7.28z^{-2} - 2.352z^{-3}}$$

请给出该滤波器的直接 Ⅱ 型、级联型和并联型结构。

解：把系统函数整理成标准形式（分母常数项为 1）

$$H(z) = \frac{0.75 + 0.15z^{-1} - 0.09z^{-2} + 0.216z^{-3}}{1 - 1.3z^{-1} + 0.91z^{-2} - 0.294z^{-3}}$$

根据系统函数可知滤波器差分方程为

$$y(n) = 1.3y(n-1) - 0.91y(n-2) + 0.294y(n-3) + 0.75x(n) +$$
$$0.15x(n-1) - 0.09x(n-2) + 0.216x(n-3)$$

根据差分方程可直接画出滤波器直接 Ⅱ 型结构，如图 8.2.7 所示。

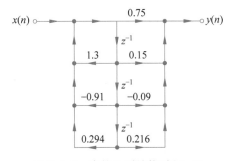

图 8.2.7　直接 Ⅱ 型结构（例 8.1）

将系统函数整理为二阶基本节相乘的形式，可得级联型结构如图 8.2.8 所示。

$$H(z) = \frac{3}{4} \cdot \frac{1 + 0.8z^{-1}}{1 - 0.6z^{-1}} \cdot \frac{1 - 0.6z^{-1} + 0.36z^{-2}}{1 - 0.7z^{-1} + 0.49z^{-2}}$$

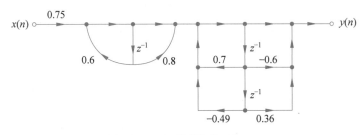

图 8.2.8　级联型结构（例 8.1）

将系统函数整理成部分分式之和的形式，可得并联型结构如图 8.2.9 所示。

$$H(z) = -0.7347 + \frac{1.4651}{1 - 0.6z^{-1}} + \frac{0.0196 + 0.2322z^{-1}}{1 - 0.7z^{-1} + 0.49z^{-2}}$$

注意：将系统函数整理成级联型结构和并联型结构，是分别通过 MATLAB 函数 tf2sos 和 tf2par 实现的。

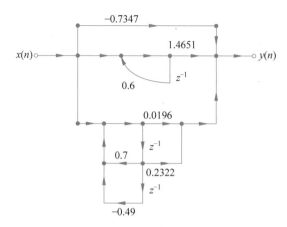

图 8.2.9　并联型结构(例 8.1)

8.3　FIR 数字滤波器的基本结构

FIR 数字滤波器一般没有反馈结构,即式(8.1.1)和式(8.1.2)中的 a_i 都为零,且一般研究 N 点长的 FIR 数字滤波器,令 $M=N-1$,故系统函数和差分方程可写为

$$H(z)=\sum_{n=0}^{N-1}h(n)z^{-n} \tag{8.3.1}$$

$$y(n)=\sum_{m=0}^{N-1}h(m)x(n-m)=x(n)*h(n) \tag{8.3.2}$$

FIR 数字滤波器的主要特点包括:

(1) 单位脉冲响应 $h(n)$ 是有限长的。

(2) 系统函数 $H(z)$ 在 z 平面上只有 $z=0$ 这个极点,因此一定是稳定系统。

(3) 结构上没有输出到输入的反馈,即结构是非递归型的。但在频率采样型结构中,也包含有递归结构。

(4) FIR 数字滤波器没有除原点之外的极点,故没有并联型结构。

8.3.1　直接型(卷积型、横截型)

将式(8.1.1)中所有的 a_i 都设为零,即得到 FIR 数字滤波器系统函数。因此,FIR数字滤波器的直接型结构可看作 IIR 数字滤波器直接型结构的一种特例,其信号流图如图 8.3.1 所示。

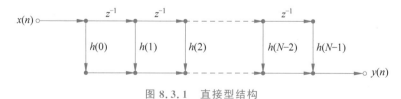

图 8.3.1　直接型结构

从式(8.3.2)可以看出,输出序列 $y(n)$ 实际上是输入序列 $x(n)$ 与单位脉冲响应 $h(n)$ 的线性卷积结果,因此这种结构又称为卷积型或横截型。

8.3.2 线性相位型

FIR 数字滤波器的一个显著特色就是可以实现严格的线性相位,只需要单位脉冲响应 $h(n)$ 为奇对称或偶对称即可,也就是 $h(n)=\pm h(N-1-n)$。如果充分且巧妙地利用 $h(n)$ 的奇、偶对称特性,则与直接型结构相比,可节省约一半数量的乘法次数。

当 N 为奇数时,系统函数可改写为式(8.3.3),对应的信号流图如图 8.3.2 所示。

$$H(z)=\sum_{n=0}^{\frac{N-1}{2}-1}h(n)\left[z^{-n}\pm z^{-(N-1-n)}\right]+h\left(\frac{N-1}{2}\right)z^{-\frac{N-1}{2}} \qquad (8.3.3)$$

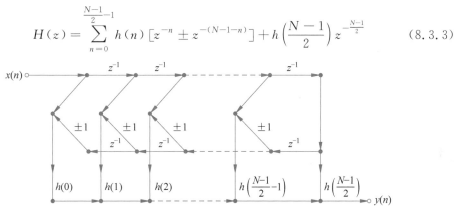

图 8.3.2 线性相位型结构(N 为奇数)

在图 8.3.2 中,$h(n)$ 为偶对称时(即第 1 类情况),支路加权系数 ± 1 取正值 $+1$; $h(n)$ 为奇对称时(即第 3 类情况),支路加权系数 ± 1 取负值 -1,且 $h\left(\frac{N-1}{2}\right)=0$,意味着 $h\left(\frac{N-1}{2}\right)$ 处的连线是断开的。

还需要注意的是,式(8.3.3)中将 $h(n)$ 中绝对值相同的项进行了合并,因此与式(7.1.23)相比,n 的取值范围少了一半,且无 $1/2$ 的加权系数,这两种表达方式本质上是一致的。式(8.3.4)的情况与此类似,不再赘述。

当 N 为偶数时,系统函数可改写为式(8.3.4),对应的信号流图如图 8.3.3 所示。

$$H(z)=\sum_{n=0}^{\frac{N}{2}-1}h(n)\left[z^{-n}\pm z^{-(N-1-n)}\right] \qquad (8.3.4)$$

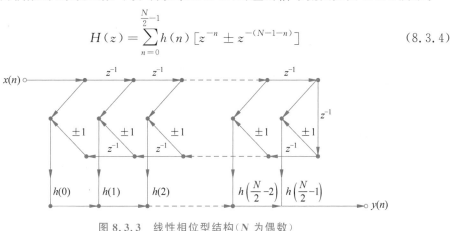

图 8.3.3 线性相位型结构(N 为偶数)

在图 8.3.3 中，$h(n)$ 为偶对称时(即第 2 类情况)，支路加权系数 ± 1 取正值 $+1$；$h(n)$ 为奇对称时(即第 4 类情况)，支路加权系数 ± 1 取负值 -1。

8.3.3 级联型

可将 FIR 数字滤波器级联型结构看作 IIR 数字滤波器级联型结构的特例，即无反馈支路的情况，此时 $H(z)$ 被分解为实系数二阶因式相乘的形式：

$$H(z) = \prod_{i=1}^{N_c}(b_{0i} + b_{1i}z^{-1} + b_{2i}z^{-2}) \tag{8.3.5}$$

与 IIR 数字滤波器级联型结构一样，$N_c = \text{floor}(N/2)$。图 8.3.4 所示为 $N=6$ 时的 FIR 数字滤波器级联型结构，其中支路加权系数 $b_{21}=0$，表示为一个一阶基本节。

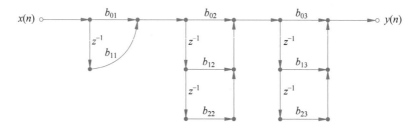

图 8.3.4　级联型结构($N=6$)

8.3.4 频率采样型

式(7.3.4)介绍了频率采样法设计 FIR 数字滤波器，可以用 N 个频域样本值 $H(k)$ 来内插重构出实际滤波器的系统函数，即

$$H(z) = \frac{1}{N}(1 - z^{-N})\sum_{k=0}^{N-1}\frac{H(k)}{1 - W_N^{-k}z^{-1}} \tag{8.3.6}$$

如果设 $H_F(z) = 1 - z^{-N}$，$H_k(z) = \dfrac{H(k)}{1 - W_N^{-k}z^{-1}}$，则式(8.3.6)可写为

$$H(z) = \frac{1}{N}H_F(z)\sum_{k=0}^{N-1}H_k(z) \tag{8.3.7}$$

这样就得到了频率采样型结构，如图 8.3.5 所示。

从图 8.3.5 可以看出，频率采样型结构由两部分级联而成，第一部分 $H_F(z)$ 由 N 阶延时单元组成，第二部分由 N 个 $H_k(z)$ 并联而成。

第一部分 $H_F(z)$ 在单位圆上有 N 个等间隔的零点，其幅频响应表达式为

$$|H_F(e^{j\omega})| = |1 - e^{-j\omega N}| = \left|e^{-\frac{j\omega N}{2}}(e^{\frac{j\omega N}{2}} - e^{-\frac{j\omega N}{2}})\right| = 2\left|\sin\frac{N\omega}{2}\right| \tag{8.3.8}$$

图 8.3.6 给出了 $H_F(z)$ 幅频响应的波形，因形如梳子，故又称"梳状滤波器"。

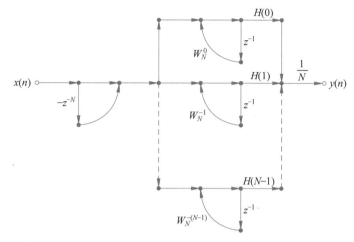

图 8.3.5 频率采样型结构

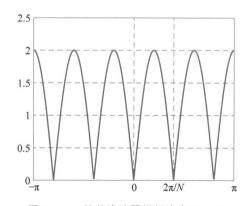

图 8.3.6 梳状滤波器幅频响应($N=5$)

第二部分由 N 个一阶子 IIR 系统 $H_k(z)$ 并联而成,且每个 $H_k(z)$ 都是一个谐振器。$H_k(z)$ 在单位圆上有一个极点 $z_k = W_N^{-k}$,正好与梳状滤波器在此处的零点相抵消,从而在频率 $\omega_k = \dfrac{2\pi}{N}k$ 处,整个滤波器的频率响应等于 $H(k)$。N 个谐振器正好各自抵消梳状滤波器的一个零点,从而在 N 个频率采样点上,整个滤波器的频率响应就分别等于采样值,这与频域插值重构的结论是一致的。

图 8.3.5 给出的频率采样型结构,可以非常方便地调整滤波器的频率响应,但也有两个非常突出的缺点:第一,原来结构的 N 个零点和 N 个极点都在单位圆上相同位置,正好互相抵消,对滤波器系数采用有限字长量化后,因为零点位置只取决于延时单元不会受到量化效应影响,但极点位置会因为量化效应发生移动,使得不能被零点所抵消,导致系统可能会不稳定。第二,支路加权系数为复数,运算复杂。为此,必须针对以上两个缺陷对频率采样型结构进行改进。

针对第一个缺陷,可将梳状滤波器的零点以及所有谐振器的极点都移到单位圆内,也就是将式(8.3.6)修正为

$$H(z) = \frac{1}{N}(1 - r^N z^{-N}) \sum_{k=0}^{N-1} \frac{H(k)}{1 - rW_N^{-k} z^{-1}} \qquad (8.3.9)$$

其中,r 是一个小于 1 又近似 1 的正实数。因为半径 r 只是稍小于 1,故在修正公式中仍然使用单位圆上的采样值 $H(k)$。

针对第二个缺陷,需要想方设法将系数转化为实数。此时可利用 DFT 的圆周共轭对称特性(见表 3.4),即对于实序列 $h(n)$,其 DFT 满足 $H(k) = H^*(N-k)$。

将式(8.3.9)中第 k 个谐振器和第($N-k$)个谐振器进行合并,成为一个实系数的二阶节,即

$$\begin{aligned}
H_k(z) &= \frac{H(k)}{1 - rW_N^{-k} z^{-1}} + \frac{H(N-k)}{1 - rW_N^{-(N-k)} z^{-1}} \\
&= \frac{H(k)}{1 - rW_N^{-k} z^{-1}} + \frac{H^*(k)}{1 - r(W_N^{-k})^* z^{-1}} \qquad (8.3.10) \\
&= \frac{b_{0k} + b_{1k} z^{-1}}{1 - 2r\cos\left(\dfrac{2\pi}{N}k\right) z^{-1} + r^2 z^{-2}}
\end{aligned}$$

其中 $0 < k < \dfrac{N}{2}$,$b_{0k} = 2\mathrm{Re}[H(k)]$,$b_{1k} = -2r\mathrm{Re}[H(k)W_N^k]$。

对于新的谐振器 $H_k(z)$,除了共轭极点外,还有实数极点存在,需要根据 N 的奇偶取值来分别分析。

如果 N 为偶数,则存在一对实数极点 $z=r$ 和 $z=-r$,分别对应两个一阶子网络,

$$H_0(z) = \frac{H(0)}{1 - rz^{-1}} \qquad (8.3.11)$$

$$H_{N/2}(z) = \frac{H(N/2)}{1 + rz^{-1}} \qquad (8.3.12)$$

$H_k(z)$、$H_0(z)$ 和 $H_{N/2}(z)$ 这三种实系数子网络结构如图 8.3.7 所示。

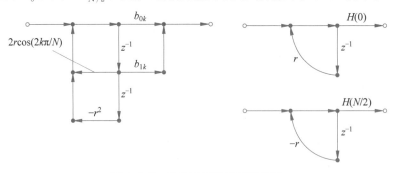

图 8.3.7　三种实系数子网络结构

此时(N 为偶数),修正后的频率采样型结构系统函数为

$$H(z) = \frac{1}{N}(1 - r^N z^{-N})\left[H_0(z) + \sum_{k=1}^{\frac{N}{2}-1} H_k(z) + H_{N/2}(z)\right] \qquad (8.3.13)$$

如果 N 为奇数,则只存在一个实数极点 $z=r$,因此只对应一个一阶子网络 $H_0(z)$,此时修正后的频率采样型结构系统函数为

$$H(z)=\frac{1}{N}(1-r^N z^{-N})\left[H_0(z)+\sum_{k=1}^{\frac{N-1}{2}}H_k(z)\right] \qquad (8.3.14)$$

当 N 为偶数时,改进的频率采样型结构如图 8.3.8 所示。

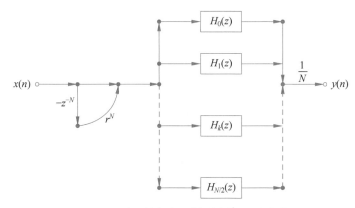

图 8.3.8 改进的频率采样型结构(N 为偶数)

客观而言,改进的频率采样型结构仍然比较复杂,需要较多的乘法器,但有两个明显的优点:第一,结构模块化、标准化,调整 $H(k)$ 就可以调整频率响应特性,不用改变整个结构。第二,适用于窄带的情况,如窄带低通或窄带带通,因为此时大部分的频率采样值 $H(k)$ 都为 0,运算量可以显著降低。

8.3.5 快速卷积型

在 4.2 节介绍了如何用圆周卷积(实际为 FFT 算法)计算线性卷积。FIR 数字滤波器可用卷积型结构实现,当然就可以用 FFT 算法来快速实现,图 8.3.9 所示为 FIR 数字滤波器的快速卷积型结构。

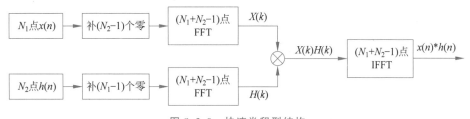

图 8.3.9 快速卷积型结构

如果输入序列 $x(n)$ 是很长序列时,记得使用 4.2 节介绍的重叠相加法或重叠保留法。

例 8.2 已知 FIR 数字滤波器的系统函数如下所示:

$$H(z)=2+3z^{-1}-z^{-2}+1.5z^{-3}+1.5z^{-4}-z^{-5}+3z^{-6}+2z^{-7}$$

请给出该滤波器的直接型和线性相位型结构。

解：根据系统函数可知该滤波器的单位脉冲响应为
$$h(n)=\{2,3,-1,1.5,1.5,-1,3,2\}_0$$
对应的直接型结构和线性相位型结构分别如图 8.3.10 和图 8.3.11 所示。

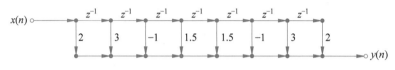

图 8.3.10　直接型结构(例 8.2)

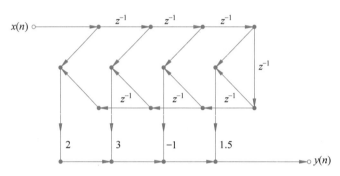

图 8.3.11　线性相位型结构(例 8.2)

例 8.3 已知 FIR 数字滤波器的系统函数如下所示：
$$H(z)=1+16.0625z^{-4}+z^{-8}$$
请给出该滤波器的直接型、级联型和频率采样型结构。

解：根据系统函数可知该滤波器的单位脉冲响应为
$$h(n)=\{1,0,0,0,16.0625,0,0,0,1\}_0$$
由差分方程就可以画出滤波器直接型结构,如图 8.3.12 所示。

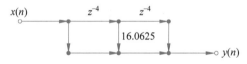

图 8.3.12　直接型结构(例 8.3)

级联型的系统函数如下所示,信号流图见图 8.3.13。
$$H(z)=(1+2.8284z^{-1}+4z^{-2})(1-2.8284z^{-1}+4z^{-2})\cdot$$
$$(1+0.7071z^{-1}+0.25z^{-2})(1-0.7071z^{-1}+0.25z^{-2})$$

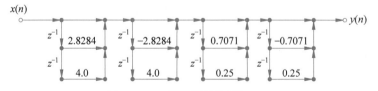

图 8.3.13　级联型结构(例 8.3)

频率采样型系统函数如下所示,信号流图见图 8.3.14。

$$H(z) = \frac{1-z^{-9}}{9} \left[\begin{array}{l} 32.8196 \dfrac{0.1736 - 0.1736z^{-1}}{1 + 1.8794z^{-1} + z^{-2}} + 30.1250 \dfrac{-0.5000 + 0.5000z^{-1}}{1 + z^{-1} + z^{-2}} \\[3mm] + 28.3662 \dfrac{-0.9397 + 0.9397z^{-1}}{1 - 1.5321z^{-1} + z^{-2}} + 35.1892 \dfrac{0.7660 - 0.7660z^{-1}}{1 - 0.3473z^{-1} + z^{-2}} \\[3mm] + 18.0625 \dfrac{1}{1 - z^{-1}} \end{array} \right]$$

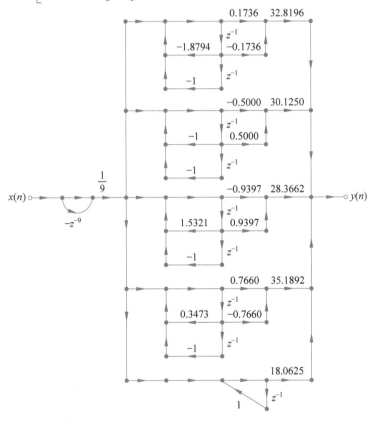

图 8.3.14　频率采样型结构(例 8.3)

注意:将系统函数整理成级联型结构和频率采样型结构,是分别通过 MATLAB 函数 tf2sos 和 tf2fs 实现的。

在 IIR 和 FIR 数字滤波器的结构中,还有一种格型结构,一般在自适应滤波器、现代谱估计、语音信号处理中会介绍。这种结构便于实现高速并行处理,对有限字长的舍入误差不敏感,本书在此不展开讨论,有兴趣的读者可参阅有关文献。

8.4　量化与量化误差

数字信号处理的实质是一组数值运算,这些运算可以在计算机上用软件实现,也可以用专门硬件实现。无论使用哪种方式实现,数字信号处理系统的系数,信号序列的数值,

教学视频

以及运算过程的中间结果和最终结果，都要以二进制的形式存储在有限字长的存储器中。

从数字信号处理系统分析和设计的角度来考虑，所有数值都是无限精度的，但是从数字信号处理系统实现的角度来考虑，所有数值都是有限精度的，也就是具体实现中都采用有限字长的二进制数。从分析、设计时的无限精度到实现时的有限精度，会产生相对于原设计系统的误差，严重时会导致系统崩溃。

在数字信号处理系统的实现中，一般存在三种因有限字长效应引起的误差：①A/D转换过程中，把离散时间信号转换为数字信号（幅度用二进制数表示）时产生的量化效应。②把数字滤波器的系数用二进制数表示时产生的量化效应。③在数值运算过程中，为限制位数进行的尾数处理，以及为防止溢出而压缩信号电平时产生的有限字长效应。

引起这些误差的根本原因在于存储器的字长有限。误差的特性与系统的类型、结构，数字的表示方法、运算方式，字的长度以及尾数处理方式有关。因此，对误差的综合分析非常麻烦，只能对这三种误差分别进行讨论。

在通用计算机上，字长一般都较长，量化误差不大，因此用通用计算机来实现数字系统时，一般可不考虑量化误差影响。但在专用硬件设备上实现数字系统时，需要综合考虑性能和成本因素，一般都选择满足指标的最小字长，此时就需要考虑量化误差影响。

8.4.1　数的二进制表示

数的量化引起的误差，与数的二进制表示方法以及如何近似处理有关。数的二进制表示，是指采用定点制还是浮点制表示，负数采用原码、补码还是反码表示。数的近似处理，是指对于超出存储器字长之外的那部分如何处理，是直接把多余部分去掉（截尾法），还是按照"0舍1入"的原则（舍入法）。

对于数的二进制表示，在此进行简要的复习与归纳。

1. 定点制与浮点制

在二进制数表示法中，任意数 x 可以表示为 $x = 2^c M$，其中 c 称为阶码，它表示小数点的位置，M 称为尾数，它表示 x 的全部有效位数。

在整个运算过程中，小数点在数码中的位置是固定不变的，称为定点制。通常定点制把数限制在 $-1 \sim +1$，最高位为符号位（0 表示正数，1 表示负数）。小数点紧跟在符号位后面，数的本身只有小数部分，称为"尾数"。定点制做加减法运算其结果可能会超出 ± 1 的范围，称为"溢出"。定点制做乘法运算不会造成溢出，但是字长却要增加一倍，为了保证字长不变，需要在定点乘法运算后对尾数进行截尾或舍入处理，这样就带来了截尾误差或舍入误差。

定点制的缺点是动态范围小，有溢出的隐患。浮点制中小数点的位置不是固定的，具有很大的动态范围，溢出的可能性较小。浮点制一般用尾数和阶码来表示，尾数为纯小数，阶码为整数，尾数和阶码均为带符号位的定点数表示。尾数的符号表示数的正负，阶码的符号表示小数点的实际位置。尾数的字长决定了浮点制的运算精度，而阶码的字长决定了浮点制的动态范围。

定点制运算直观，但数的表示范围较小，需要防止运算结果溢出。浮点制运算时可以不考虑溢出,但浮点运算编程较难。本章重点讨论定点制的量化误差。

　　2. 原码、补码与反码

　　对于十进制数 x,可用 $b+1$ 位字长来表示,即

$$a_0.a_1a_2\cdots a_b \tag{8.4.1}$$

其中,符号位 $a_0=0$ 表示正数,$a_0=1$ 表示负数。

　　如果十进制数 x 是用原码来表示的,则

$$x=(-1)^{a_0}\sum_{i=1}^{b}a_i2^{-i} \tag{8.4.2}$$

　　例如,$x=0.375$,用原码表示为 0.011,而 $x=-0.375$,用原码表示为 1.011。

　　对于正数,用反码和补码表示与原码没有区别。负数的反码就是在原码的基础上,符号位不变,其余各位取反(0 变为 1,1 变为 0),因此,$x=-0.375$ 用反码表示为 1.100。负数的补码就是在其反码的最低位加 1,因此,$x=-0.375$ 用补码表示为 1.101。

　　原码的优点是直观,但做加减运算时需要判断符号位的异同,增加了运算复杂度;反码只是将负数的原码转换为补码时采用的一个中间过渡,使用较少;补码做加减运算比较简便,可以将加法和减法都统一为加法运算。对于乘法运算,采用补码比原码略微复杂,但目前在并行补码乘法中已有一些快速算法,并作为大规模集成电路的内核在广泛使用,因此数字信号处理系统中一般都采用补码表示。

8.4.2　定点制的量化误差

　　一旦定点制实现中的存储器长度给定,其表示的二进制数的字长也就确定了,意味着 b_1+1 位字长的二进制数只能用 $b+1$ 位字长的二进制数来近似($b_1>b$)。

$$\underbrace{a_0.a_1a_2\cdots a_b\overbrace{a_{b+1}\cdots a_{b_1}}^{b_1+1}}_{b+1} \tag{8.4.3}$$

　　如果把超出存储器字长之外的那部分(即尾数)直接去掉,就是"截尾处理";如果按照"0 舍 1 入"的原则,即根据 a_{b+1} 的取值来处理尾数,就是"舍入处理"。因为寄存器字长为 $b+1$ 位(包含符号位),则它可以表示的最小数为 $q=2^{-b}$,一般把 q 称为"量化间距"或"量化阶",也可称为"量化宽度"或"量化步长"。

　　对于十进制数 x,用 $Q_T[x]$ 表示截尾量化结果,用 $Q_R[x]$ 表示舍入量化结果,则截尾误差和舍入误差分别为

$$E_T=Q_T[x]-x \tag{8.4.4}$$

$$E_R=Q_R[x]-x \tag{8.4.5}$$

　　对于截尾误差和舍入误差的分析,与 x 的正负以及负数表示方式(原码、补码和反码)有关,在此以定点制原码为例,分析两种尾数处理方式的误差特性,如图 8.4.1 所示。

　　图 8.4.1 给出的是 $b=2$ 位字长的量化特性。当 x 分别取 0.1、0.2、0.28、0.4 时,截尾量化的结果分别为 0、0、0.25 和 0.25,舍入量化的结果分别为 0、0.25、0.25 和 0.5。当 x 为 $-1\sim 0$ 的负数时,也有类似的量化特性。

彩图

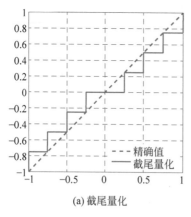
(a) 截尾量化

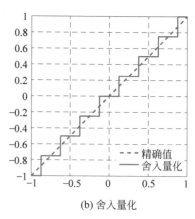
(b) 舍入量化

图 8.4.1　定点制原码量化特性($b=2$)

十进制数 x 可以在 $-1\sim1$ 区间上任意取值,而其量化结果只能取有限个固定的"挡位",因此量化误差可以看作均匀分布的随机数,在此仍然以定点制原码为例进行分析。

对于截尾误差 E_T,当 $x\geqslant0$ 时,E_T 取值为负,服从 $(-q,0]$ 区间上的均匀分布,均值为 $-q/2$,方差为 $q^2/12$;当 $x<0$ 时,E_T 取值为正,服从 $[0,q)$ 区间上的均匀分布,均值为 $q/2$,方差为 $q^2/12$。

对于舍入误差 E_R,从图 8.4.1(b)可以看出,E_R 服从 $(-q/2,q/2]$ 区间上的均匀分布,均值为 0,方差仍为 $q^2/12$。

动图

A/D 转换从功能上讲,包括采样和量化两部分。经过时域采样,将模拟信号 $x_\mathrm{a}(t)$ 转换为离散时间信号 $x(nT)$,此时 $x(nT)$ 的幅度仍然是无限精度的连续数值;经过幅值量化,将离散时间信号 $x(nT)$ 转换为数字信号 $x(n)$,此时 $x(n)$ 的幅度只能是有限个固定取值。图 8.4.2 以量化间距 $q=0.25$ 为例,给出了 A/D 转换中时域采样和幅值量化的结果。

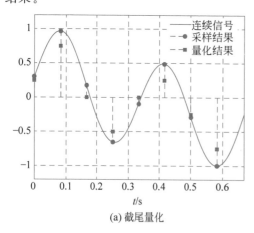
(a) 截尾量化

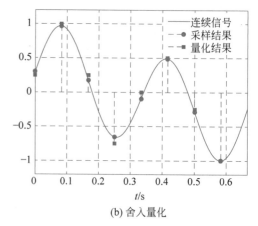
(b) 舍入量化

图 8.4.2　A/D 转换中的采样和量化

将 $x(nT)$ 转换 $x(n)$，一般采用定点制表示，对其截尾和舍入的量化误差分析如前所述，在此不再重复。

> **例8.4**　分别用 σ_x^2 和 σ_e^2 表示信号序列 $x(n)$ 和量化噪声 $e(n)$ 的功率，定义量化信噪比为

$$\text{SNR} \overset{\Delta}{=} 10\lg\left(\frac{\sigma_x^2}{\sigma_e^2}\right)$$

请问：(1) 字长 b 每增加 1 位有效字长，量化信噪比提高多少？(2) 已知 $x(n)$ 在 $-1\sim1$ 之间均匀分布，A/D 转换过程中的量化字长为 $b=10$，求此时的量化信噪比。(3) 假设信号最大幅度为 X_{m}，且服从零均值正态分布 $N(0,\sigma_x^2)$，请重复计算第 (2) 问。

解：(1) 无论是截尾量化还是舍入量化，量化噪声方差都为

$$\sigma_e^2 = \frac{q^2}{12} = \frac{2^{-2b}}{12}$$

故量化信噪比为

$$\begin{aligned}
\text{SNR} &\overset{\Delta}{=} 10\lg\left(\frac{\sigma_x^2}{\sigma_e^2}\right) = 10\lg(12\times 2^{2b}\sigma_x^2) \\
&= 10\lg(2^{2b+2}) + 10\lg(3\sigma_x^2) \\
&= 6.02(b+1) + 10\lg(3\sigma_x^2)
\end{aligned}$$

因此，字长 b 每增加 1 位，量化信噪比大约提高 6dB。

(2) 因为 $x(n)$ 服从 $-1\sim1$ 之间均匀分布*，故 $m_x = E[x(n)] = 0$，$x(n)$ 的方差 σ_x^2 为

$$\sigma_x^2 = \frac{(-1-1)^2}{12} = \frac{1}{3}$$

故此时的量化信噪比为

$$\begin{aligned}
\text{SNR} &= 6.02(b+1) + 10\lg(3\sigma_x^2) \\
&= 6.02(10+1) + 10\lg\left(3\times\frac{1}{3}\right) \\
&\approx 66\text{dB}
\end{aligned}$$

(3) 此时信号的量化阶 $q = X_{\mathrm{m}}2^{-b}$，量化噪声方差

$$\sigma_e^2 = \frac{q^2}{12} = \frac{1}{12}2^{-2b}X_{\mathrm{m}}^2$$

量化信噪比为

$$\text{SNR} = 10\lg\left(\frac{\sigma_x^2}{\sigma_e^2}\right) = 10\lg\left(12\times 2^{2b}\frac{\sigma_x^2}{X_{\mathrm{m}}^2}\right) = 6.02b + 10.8 + 20\lg\left(\frac{\sigma_x}{X_{\mathrm{m}}}\right)$$

由于信号服从正态分布，信号幅度大于 $3\sigma_x$ 的概率很小，故量化时设置信号最大幅

---

　*　注：在区间 (a,b) 服从均匀分布的随机变量，其均值为 $\frac{a+b}{2}$，方差为 $\frac{(a-b)^2}{12}$。

度 $X_m = \dfrac{1}{3}\sigma_x$ 就足够适应信号的变化了。

因此,量化信噪比公式可进一步化简为

$$\text{SNR} = 6.02b + 10.8 + 20\lg\frac{1}{3} \approx 6b + 1.3$$

8.4.3 量化噪声通过线性时不变系统

因为 $x(n)$ 是一个离散时间序列,分析某一个时刻的量化误差意义不大,需要采用统计描述的方法分析整个序列的量化误差。假设 $\hat{x}(n)$ 是幅值离散的量化序列,将 $\hat{x}(n)$ 与 $x(n)$ 的差值 $e(n)$ 定义为量化噪声序列,即

$$e(n) = \hat{x}(n) - x(n) \tag{8.4.6}$$

量化噪声序列 $e(n)$ 是一个与 $x(n)$ 完全不相关的白噪声序列,并且 $e(n)$ 是一种加性噪声,量化字长越长,则量化噪声方差越小。

对于一个线性时不变系统,由于量化噪声的存在,实际输入序列为量化序列 $\hat{x}(n)$,如图 8.4.3 所示,此时系统输出序列

$$\begin{aligned}
\hat{y}(n) &= \hat{x}(n) * h(n) = [x(n) + e(n)] * h(n) \\
&= x(n) * h(n) + e(n) * h(n) \\
&= y(n) + e_f(n)
\end{aligned} \tag{8.4.7}$$

$e_f(n)$ 表示量化噪声序列的输出

$$e_f(n) = e(n) * h(n) \tag{8.4.8}$$

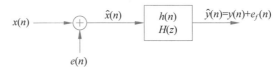

图 8.4.3 量化噪声通过线性时不变系统

"随机信号分析与处理"课程中介绍了随机序列的统计特性,输出噪声序列 $e_f(n)$ 的均值和方差分别为

$$m_f = E[e_f(n)] = m_e \sum_{m=0}^{\infty} h(m) \tag{8.4.9}$$

$$\sigma_f^2 = E[(e_f(n) - m_f)^2] = \sigma_e^2 \sum_{m=0}^{\infty} h^2(m) \tag{8.4.10}$$

根据 z 变换形式下的帕塞瓦尔定理(表 2.5)可知,σ_f^2 也可以用下式表示

$$\sigma_f^2 = \frac{\sigma_e^2}{2\pi j} \oint_C H(z) H(z^{-1}) \frac{\mathrm{d}z}{z} \tag{8.4.11}$$

$\oint_C$ 表示沿单位圆逆时针方向的围线积分。

例 8.5 设有一个 8 位($b=7$)的 A/D 转换器,将量化序列 $\hat{x}(n)$ 输入下列系统函数

$$H(z) = \frac{1}{1 - 0.999z^{-1}}$$

试计算该系统输出端的量化噪声功率。

解：由于 A/D 转换器中的量化效应，输入系统的噪声功率为

$$\sigma_e^2 = \frac{q^2}{12} = \frac{2^{-2\times7}}{12} = \frac{2^{-16}}{3}$$

由式(8.4.11)可知，系统输出端的量化噪声功率为

$$\sigma_f^2 = \frac{\sigma_e^2}{2\pi j} \oint_C \frac{1}{1 - 0.999 z^{-1}} \cdot \frac{1}{1 - 0.999 z} \frac{\mathrm{d}z}{z}$$

围线 C 为单位圆，根据留数定理*，围线内只有一个极点 $z = 0.999$，可求得

$$\sigma_f^2 = \frac{\sigma_e^2}{2\pi j} \oint_C \frac{1}{z - 0.999} \cdot \frac{1}{1 - 0.999 z} \mathrm{d}z = \sigma_e^2 \frac{1}{1 - 0.999 \times 0.999}$$

$$\approx \frac{2^{-16}}{3} \times 500.25 \approx 0.002544$$

8.5 数字滤波器的系数量化效应

按照前面介绍的方法设计出来的数字滤波器，系统函数的系数 a_i、b_i 都是无限精度的，但在具体实现时，滤波器的所有系数都只能用有限字长的二进制数来表示，即无限精度的 a_i 和 b_i 必须被量化为有限精度的 $\hat{a}_i$ 和 $\hat{b}_i$，此时的滤波器系统函数为

$$\hat{H}(z) = \frac{\sum_{i=0}^{M} \hat{b}_i z^{-i}}{1 + \sum_{i=1}^{N} \hat{a}_i z^{-i}} \tag{8.5.1}$$

$\Delta a_i = \hat{a}_i - a_i$，$\Delta b_i = \hat{b}_i - b_i$ 表示各自的量化误差。

滤波器的系数直接决定了系统函数的零极点位置，由于量化误差的存在，必然导致零极点位置偏离理论设计值，从而影响滤波器性能，严重时单位圆内的极点可能会移到单位圆外，导致滤波器不稳定。下面用一个例子来演示系数量化对滤波器性能的影响。

例8.6 试设计一个 $N = 5$ 阶的椭圆低通数字滤波器，设计指标为 $\omega_c = 0.4\pi$，$R_p = 0.4\mathrm{dB}$，$A_s = 50\mathrm{dB}$，请分析量化前后滤波器的幅频特性以及零极点分布，量化字长取 $b = 5$，量化方式为截尾量化和舍入量化。

解：利用 MATLAB 椭圆滤波器设计函数 ellip，可得滤波器系统函数为

$$H(z) = \frac{0.0347 + 0.0778 z^{-1} + 0.1214 z^{-2} + 0.1214 z^{-3} + 0.0778 z^{-4} + 0.0347 z^{-5}}{1 - 1.8184 z^{-1} + 2.4260 z^{-2} - 1.8174 z^{-3} + 0.8906 z^{-4} - 0.2130 z^{-5}}$$

---

* 注：设函数 $f(z)$ 在区域 D 内除有限个孤立奇点 $z_1, z_2, \cdots, z_n$ 外处处解析，C 是 D 内包含诸奇点的一条正向简单闭曲线，则 $\oint_C f(z)\mathrm{d}z = 2\pi j \sum_{k=1}^{n} \mathrm{Res}[f(z), z_k]$。如果 z_k 为 $f(z)$ 的一级极点，则留数 $\mathrm{Res}[f(z), z_k] = \lim_{z \to z_k}(z - z_k) f(z)$。

如果采用截尾量化方式，滤波器系统函数变为

$$\hat{H}(z) = \frac{0.0313 + 0.0625z^{-1} + 0.0938z^{-2} + 0.0938z^{-3} + 0.0625z^{-4} + 0.0313z^{-5}}{1 - 1.8125z^{-1} + 2.4063z^{-2} - 1.8125z^{-3} + 0.8750z^{-4} - 0.1875z^{-5}}$$

如果采用舍入量化方式，滤波器系统函数变为

$$\hat{H}(z) = \frac{0.0313 + 0.0625z^{-1} + 0.1250z^{-2} + 0.1250z^{-3} + 0.0625z^{-4} + 0.0313z^{-5}}{1 - 1.8125z^{-1} + 2.4375z^{-2} - 1.8125z^{-3} + 0.8750z^{-4} - 0.2188z^{-5}}$$

图 8.5.1 给出了量化前后的滤波器幅频特性，量化方式为截尾量化，图中实线表示量化前的幅频特性（无限精度），虚线表示量化后的幅频特性（有限精度）。可以看出，滤波器幅频特性在量化前后发生了较大变化，并且系数量化对频带边缘影响较大。

动图

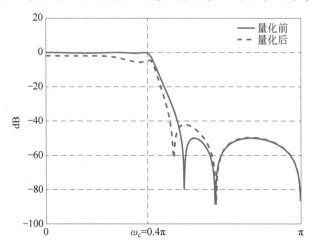

图 8.5.1　量化前后的滤波器幅频特性（截尾量化）

图 8.5.2 给出了量化前后的滤波器零极点分布。可以看出，滤波器零极点在量化前后位置发生了比较明显的移动。

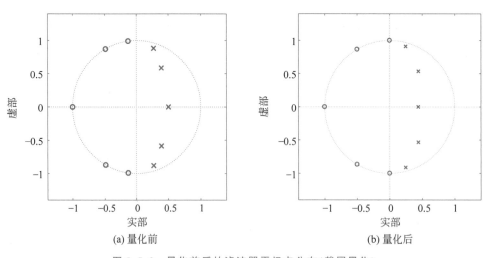

(a) 量化前　　　　　　　　　　　　　(b) 量化后

图 8.5.2　量化前后的滤波器零极点分布（截尾量化）

当量化方式为舍入量化时，量化前后的幅频特性（图8.5.3）也发生了较大变化，零极点位置也发生了较为明显的移动（图8.5.4）。

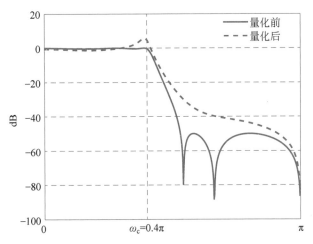

图 8.5.3　量化前后的滤波器幅频特性（舍入量化）

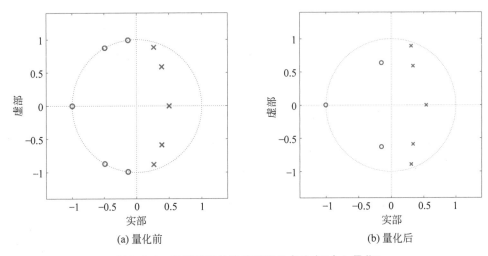

(a) 量化前 　　　　　　　　　　　　 (b) 量化后

图 8.5.4　量化前后的滤波器零极点分布（舍入量化）

如果要进一步分析系数量化对滤波器性能的影响，就需要引入"**极点位置灵敏度**"的概念。由于极点位置的变化会影响到系统的稳定性，因此一般更重视对极点位置灵敏度的分析，也就是分析每个极点位置对各系数偏差的敏感程度。

滤波器系统函数的分母多项式为

$$A(z) = 1 + \sum_{k=1}^{N} a_k z^{-k} = \prod_{i=1}^{N} (1 - z_i z^{-1}) \tag{8.5.2}$$

一共有 N 个极点，其中 z_i 表示第 i 个极点，$i = 1, 2, \cdots, N$。

系数量化后，第 i 个极点 z_i 变为 $\hat{z}_i$，即

$$\hat{z}_i = z_i + \Delta z_i \tag{8.5.3}$$

极点位置偏差 Δz_i,是由各个系数的偏差 Δa_k 引起的,即 *

$$\Delta z_i = \sum_{k=1}^{N} \frac{\partial z_i}{\partial a_k} \Delta a_k \tag{8.5.4}$$

从式(8.5.4)可以看出, $\frac{\partial z_i}{\partial a_k}$ 的大小决定了系数 a_k 的偏差 Δa_k 对极点偏差 Δz_i 的影响程度,因此把 $\frac{\partial z_i}{\partial a_k}$ 定义为极点位置灵敏度,表示第 k 个系数 a_k 的量化对极点 z_i 位置的影响程度。

利用偏微分关系可得

$$\left(\frac{\partial A(z)}{\partial z_i} \right)_{z=z_i} \cdot \frac{\partial z_i}{\partial a_k} = \frac{\partial A(z)}{\partial a_k} \tag{8.5.5}$$

故

$$\frac{\partial z_i}{\partial a_k} = \frac{\partial A(z)}{\partial a_k} \bigg/ \left(\frac{\partial A(z)}{\partial z_i} \right)_{z=z_i} \tag{8.5.6}$$

根据式(8.5.2),分母多项式 $A(z)$ 分别对 a_k 和 z_i 求偏导可得

$$\frac{\partial A(z)}{\partial a_k} = z^{-k} \tag{8.5.7}$$

$$\frac{\partial A(z)}{\partial z_i} = -z^{-1} \prod_{\substack{p=1 \\ p \neq i}}^{N} (1 - z_p z^{-1}) = -z^{-N} \prod_{\substack{p=1 \\ p \neq i}}^{N} (z - z_p) \tag{8.5.8}$$

将两个偏导结果代入式(8.5.6),可得**极点位置灵敏度****表达式为

$$\frac{\partial z_i}{\partial a_k} = - \frac{z_i^{N-k}}{\displaystyle\prod_{\substack{p=1 \\ p \neq i}}^{N} (z_i - z_p)} \tag{8.5.9}$$

式(8.5.9)分母中的因子 $(z_i - z_p)$ 代表某个极点 z_p 指向当前极点 z_i 的向量,而分母就是所有极点指向当前极点 z_i 的向量乘积。极点彼此间距越远,向量乘积的长度越大,则极点位置灵敏度越低(好);反之,极点分布越密集,向量乘积的长度越小,则极点位置灵敏度越高(差)。

图 8.5.5 给出了极点分布情况与极点位置灵敏度的关系。与图 8.5.5(b)相比,图 8.5.5(a)中极点分布较为稀疏,彼此之间间距较大,因此极点位置灵敏度较低,也就是说在相同量化条件下所造成的误差较小。

---

* 注:从式(8.5.3)到式(8.5.4)利用了全微分定理。函数 $z = f(x, y)$ 在点 (x, y) 处的全增量为 $\Delta z = \frac{\partial z}{\partial x} \Delta x + \frac{\partial z}{\partial y} \Delta y + o(\rho)$,其中高阶无穷小量 $o(\rho)$ 在此忽略不计。

** 注:在本书中 $A(z) = 1 + \sum_{k=1}^{N} a_k z^{-k}$,在部分教材中 $A(z) = 1 - \sum_{k=1}^{N} a_k z^{-k}$,这两种表示方式使得式(8.5.9)有正负之分,但这并不影响对极点位置灵敏度作用的理解。

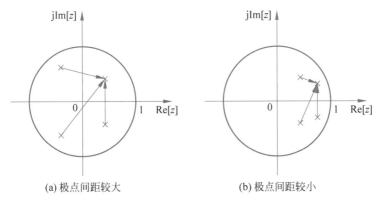

(a) 极点间距较大　　　　　　　　(b) 极点间距较小

图 8.5.5　极点分布与极点位置灵敏度关系

另外,高阶直接型结构的滤波器,极点数目相对较多且密集,显然其极点位置灵敏度较低阶滤波器高。因此,高阶滤波器应尽量避免采用直接型结构,而建议分解为一阶、二阶子系统级联或并联结构,这样在给定字长的情况下,可以最大限度降低系数量化带来的影响。

例 8.7　设二阶数字滤波器的系统函数为

$$H(z) = \frac{0.05}{1 + 1.7z^{-1} + 0.745z^{-2}} = \frac{0.05}{1 + a_2 z^{-1} + a_2 z^{-2}}$$

(1) 试分析系数 a_2 对极点 z_1 和 z_2 的影响程度。

(2) 为保证极点偏离理论设计值不超过 0.5%,试确定量化所需要的最小字长。

解:(1) 首先计算出两个极点 $z_1 = -0.85 + \text{j}0.15$,$z_2 = -0.85 - \text{j}0.15$。

根据式 (8.5.9) 的结论可知

$$\frac{\partial z_1}{\partial a_2} = \frac{1}{z_1 - z_2} = \frac{1}{\text{j}0.3}$$

$$\frac{\partial z_2}{\partial a_2} = \frac{1}{z_2 - z_1} = \frac{1}{-\text{j}0.3}$$

按照题意,a_2 对极点 z_1 和 z_2 的影响程度只考虑绝对值即可,因此可得

$$\left| \frac{\partial z_1}{\partial a_2} \right| = \left| \frac{\partial z_2}{\partial a_2} \right| = \frac{10}{3} \approx 3.33$$

(2) 由于题目只要求研究 a_2 对极点 z_1 和 z_2 的影响,根据式 (8.5.4) 的结论可知

$$\mid \Delta z_2 \mid = \left| \frac{\partial z_2}{\partial a_2} \Delta a_2 \right|$$

可得

$$\mid \Delta a_2 \mid = \left| \frac{\Delta z_2}{\partial z_2 / \partial a_2} \right| = \frac{0.5\% \mid z_2 \mid}{10/3} = 0.13\%$$

系数 a_2 偏离理论设计值的范围为 $-0.13\% \sim 0.13\%$,因此量化间距应取 $2 \mid \Delta a_2 \mid = 0.26\%$。若采用 $(b+1)$ 位定点二进制小数表示,量化间距 $q = 2^{-b} < 0.26\%$,可求出满足性能要求的最小字长为 $b = 9$。

教学视频

8.6 数字滤波器运算中的有限字长效应

在实现数字滤波器时,用到的基本运算包括延时、加法和乘法。其中延时运算和加法运算不会改变字长,但乘法运算的结果可能会超出寄存器长度,产生溢出。在定点制运算中,两个 b 位尾数的数相乘结果尾数变为 $2b$ 位,此时必须进行舍入处理或截尾处理。

研究定点实现乘法运算的流图如图 8.6.1 所示,图 8.6.1(a)表示理想乘法的信号流图,此时乘法运算是无限精度的;图 8.6.1(b)表示实际乘法的信号流图,$Q_R[\cdot]$ 表示舍入量化处理,此时乘法运算是有限精度的;图 8.6.1(c)表示实际乘法统计分析的信号流图,此时将量化误差作为独立噪声 $e(n)$ 叠加在信号上。

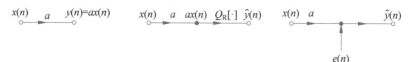

(a) 理想乘法的信号流图　　　(b) 实际乘法的信号流图　　　(c) 实际乘法统计分析的信号流图

图 8.6.1　定点乘法运算的信号流图

如果采用统计分析的方法,实际的输出可以表示为

$$\hat{y}(n) = y(n) + e(n) = ax(n) + e(n) \tag{8.6.1}$$

此时,需要假设 $e(n)$ 为平稳随机序列且与输入序列 $x(n)$ 不相关,$e(n)$ 是白噪声序列并且服从均匀分布,因此量化噪声 $e(n)$ 的均值为 0,方差为 $\sigma_e^2 = q^2/12$。

前面已经介绍过,将量化噪声 $e(n)$ 作为线性时不变系统的输入,则输出噪声的方差为

$$\sigma_f^2 = \sigma_e^2 \sum_{m=0}^{\infty} h_e^2(m) = \frac{\sigma_e^2}{2\pi \mathrm{j}} \oint_C H_e(z) H_e(z^{-1}) \frac{\mathrm{d}z}{z} \tag{8.6.2}$$

其中,$h_e(n)$ 表示 $e(n)$ 加入的节点到输出节点间的单位脉冲响应,$H_e(z)$ 表示 $h_e(n)$ 的 z 变换。

下面以图 8.6.2 给出的直接 I 型 IIR 数字滤波器为例,对输出端进行舍入量化噪声的统计分析,其系统函数为

$$H(z) = \frac{\displaystyle\sum_{i=0}^{3} b_i z^{-i}}{1 + \displaystyle\sum_{i=1}^{4} a_i z^{-i}} = H_1(z) H_2(z) \tag{8.6.3}$$

其中,$H_1(z)$ 表示前向网络,$H_2(z)$ 表示反馈网络。

从图 8.6.2 中可以看出,$e_0(n)$,$e_1(n)$,$e_2(n)$ 和 $e_3(n)$ 分别表示乘积项 $b_0 x(n)$,$b_1 x(n-1)$,$b_2 x(n-2)$ 和 $b_3 x(n-3)$ 引入的量化噪声,$e_4(n)$,$e_5(n)$,$e_6(n)$ 和 $e_7(n)$ 分别表示乘积项 $-a_1 y(n-1)$,$-a_2 y(n-2)$,$-a_3 y(n-3)$ 和 $-a_4 y(n-4)$ 引入的量化噪声。

所有的量化噪声都经过相同的传输网络 $H_2(z)$,此时系统总的输出噪声为

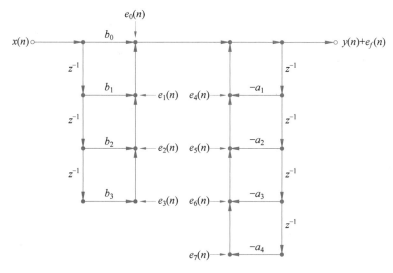

图 8.6.2　直接 I 型的噪声模型

$$e_f(n) = \sum_{i=0}^{7} e_i(n) * h_2(n) \tag{8.6.4}$$

各个量化噪声都是独立同分布的,故系统总的输出噪声方差为

$$\sigma_f^2(n) = 8\sigma_e^2 \frac{1}{2\pi j} \oint_C H_2(z) H_2(z^{-1}) \frac{dz}{z} \tag{8.6.5}$$

对于一般情况,直接 I 型结构输出噪声的方差为

$$\sigma_f^2(n) = (M + N + 1)\sigma_e^2 \frac{1}{2\pi j} \oint_C H_2(z) H_2(z^{-1}) \frac{dz}{z} \tag{8.6.6}$$

对于直接 II 型结构(图 8.6.3),只有反馈网络中的量化噪声才经过整个网络,而前向网络中的量化噪声则直接输出,因此直接 II 型结构输出噪声的方差为

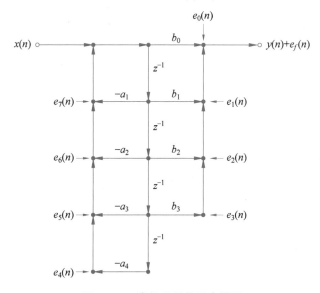

图 8.6.3　直接 II 型的噪声模型

$$\sigma_f^2(n) = (M+1)\sigma_e^2 + N\sigma_e^2 \frac{1}{2\pi j} \oint_C H(z)H(z^{-1}) \frac{\mathrm{d}z}{z} \tag{8.6.7}$$

可以看出,量化误差与滤波器的结构形式有着密切关系,下面用一个例题来加深理解。

例8.8 已知一个 IIR 数字滤波器的系统函数如下:

$$H(z) = \frac{0.2}{(1-0.9z^{-1})(1-0.8z^{-1})}$$

试用定点制算法,尾数做 b 位舍入处理,分别计算直接型、级联型和并联型实现滤波器时输出的量化噪声方差。

解:量化噪声方差 $\sigma_e^2 = \frac{1}{12}q^2 = \frac{1}{12}2^{-2b}$。直接型结构的系统函数为

$$H(z) = \frac{0.2}{1-1.7z^{-1}+0.72z^{-2}} = \frac{0.2}{A(z)}$$

直接型结构的舍入噪声模型如图 8.6.4 所示,其中 $e_0(n)$、$e_1(n)$ 和 $e_2(n)$ 分别表示系数与 0.2、1.7 和 -0.72 相乘后引入的舍入噪声,这三个噪声都经过相同的传输网络 $\frac{1}{A(z)}$。

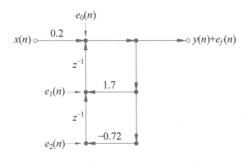

图 8.6.4 直接型结构的舍入噪声(例 8.8)

利用留数定理计算围线积分,可求出直接型结构输出端的噪声方差为

$$\sigma_f^2(n) = 3\sigma_e^2 \frac{1}{2\pi j} \oint_C \frac{1}{A(z)} \frac{1}{A(z^{-1})} \frac{\mathrm{d}z}{z}$$

$$= 3\sigma_e^2 \frac{1}{2\pi j} \oint_C \frac{z}{(z-0.9)(z-0.8)(1-0.9z)(1-0.8z)} \mathrm{d}z$$

$$= 3\sigma_e^2 \left[\frac{\dfrac{0.9}{(0.9-0.8)(1-0.9^2)(1-0.8\times0.9)}+}{\dfrac{0.8}{(0.8-0.9)(1-0.9\times0.8)(1-0.8^2)}} \right]$$

$$= 89.80 \times 3\sigma_e^2 = 22.45q^2$$

级联型结构的系统函数为

$$H(z) = \frac{0.2}{1-0.9z^{-1}} \cdot \frac{1}{1-0.8z^{-1}} = \frac{0.2}{A_1(z)} \cdot \frac{1}{A_2(z)}$$

级联型结构的舍入噪声模型如图 8.6.5 所示,其中 $e_0(n)$、$e_1(n)$ 和 $e_2(n)$ 分别表示系数与 0.2、0.9 和 0.8 相乘后引入的舍入噪声,其中 $e_0(n)$ 和 $e_1(n)$ 都通过了相同的传输网络 $\dfrac{1}{A_1(z)}\dfrac{1}{A_2(z)}$,而 $e_2(n)$ 只通过了网络 $\dfrac{1}{A_2(z)}$。

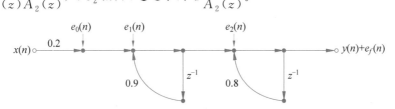

图 8.6.5　级联型结构的舍入噪声(例 8.8)

仍然利用留数定理计算围线积分,可求出级联型结构输出端的噪声方差为

$$
\sigma_f^2(n) = 2\sigma_e^2 \frac{1}{2\pi\mathrm{j}} \oint_C \frac{1}{A_1(z)A_2(z)} \frac{1}{A_1(z^{-1})A_2(z^{-1})} \frac{\mathrm{d}z}{z} +
$$

$$
\sigma_e^2 \frac{1}{2\pi\mathrm{j}} \oint_C \frac{1}{A_2(z)} \frac{1}{A_2(z^{-1})} \frac{\mathrm{d}z}{z}
$$

$$
= 2\sigma_e^2 \frac{1}{2\pi\mathrm{j}} \oint_C \frac{z}{(z-0.9)(z-0.8)(1-0.9z)(1-0.8z)} \mathrm{d}z +
$$

$$
\sigma_e^2 \frac{1}{2\pi\mathrm{j}} \oint_C \frac{1}{(z-0.8)(1-0.8z)} \mathrm{d}z
$$

$$
= (89.80 \times 2 + 2.78) \times \sigma_e^2 = 15.2q^2
$$

也可以把级联型结构的系统函数写为如下形式,对应的舍入噪声模型如图 8.8.6 所示。

$$
H(z) = \frac{0.2}{1-0.8z^{-1}} \cdot \frac{1}{1-0.9z^{-1}} = \frac{0.2}{A_2(z)} \cdot \frac{1}{A_1(z)}
$$

$$
\sigma_f^2(n) = 2\sigma_e^2 \frac{1}{2\pi\mathrm{j}} \oint_C \frac{1}{A_1(z)A_2(z)} \frac{1}{A_1(z^{-1})A_2(z^{-1})} \frac{\mathrm{d}z}{z} +
$$

$$
\sigma_e^2 \frac{1}{2\pi\mathrm{j}} \oint_C \frac{1}{A_1(z)} \frac{1}{A_1(z^{-1})} \frac{\mathrm{d}z}{z}
$$

$$
= 2\sigma_e^2 \frac{1}{2\pi\mathrm{j}} \oint_C \frac{z}{(z-0.9)(z-0.8)(1-0.9z)(1-0.8z)} \mathrm{d}z +
$$

$$
\sigma_e^2 \frac{1}{2\pi\mathrm{j}} \oint_C \frac{1}{(z-0.9)(1-0.9z)} \mathrm{d}z
$$

$$
= (89.80 \times 2 + 5.26) \times \sigma_e^2 = 15.41q^2
$$

图 8.6.6　另一种级联型结构的舍入噪声(例 8.8)

并联型结构的系统函数为

$$H(z) = \frac{1.8}{1 - 0.9z^{-1}} + \frac{-1.6}{1 - 0.8z^{-1}} = \frac{1.8}{A_1(z)} + \frac{-1.6}{A_2(z)}$$

并联型结构的舍入噪声模型如图 8.6.7 所示,可以看出并联型结构需要 4 个系数,因此共引入了 4 个舍入噪声,并且 $e_0(n)$ 和 $e_1(n)$ 只通过了网络 $\dfrac{1}{A_1(z)}$,$e_2(n)$ 和 $e_3(n)$ 只通过了网络 $\dfrac{1}{A_2(z)}$。

彩图

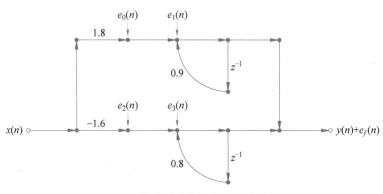

图 8.6.7　并联型结构的舍入噪声(例 8.8)

故并联型结构输出端的噪声方差为

$$\sigma_f^2(n) = 2\sigma_e^2 \frac{1}{2\pi j} \oint_C \frac{1}{A_1(z)} \frac{1}{A_1(z^{-1})} \frac{dz}{z} + 2\sigma_e^2 \frac{1}{2\pi j} \oint_C \frac{1}{A_2(z)} \frac{1}{A_2(z^{-1})} \frac{dz}{z}$$

$$= 2\sigma_e^2 \left(\frac{1}{1 - 0.9^2} + \frac{1}{1 - 0.8^2} \right)$$

$$= (5.26 + 2.78) \times 2\sigma_e^2$$

$$= 1.34q^2$$

比较这三种结构的误差,可以看到直接型结构的输出误差最大,级联型结构其次,并联型结构的误差最小。这是因为直接型结构中所有舍入误差都要经过全部网络,导致误差在反馈过程中逐渐累积变大。在级联型结构中,每个环节的输入误差只经过后面的反馈环节而不会通过之前的反馈环节,因此误差较直接型小。在并联型结构中,每个并联网络的舍入误差仅仅通过本网络,与其他并联网络无关,因此累积作用小,误差最小。

例 8.8 的结论对 IIR 数字滤波器具有普遍意义,从运算过程中的有限字长效应来看,在高阶时应尽量避免采用直接型结构,可采用级联型结构或并联型结构。

上述分析方法也同样适用于 FIR 数字滤波器。FIR 数字滤波器一般没有反馈环节,因此分析起来比 IIR 数字滤波器要简单不少,在此不再展开讨论。

习题

1. 请用直接 I 型和直接 II 型结构实现以下系统函数：

(1) $H(z) = \dfrac{-5 + 2z^{-1} - 0.5z^{-2}}{1 + 3z^{-1} + 3z^{-2} + z^{-3}}$

(2) $H(z) = \dfrac{0.8(3z^3 + 2z^2 + 2z + 5)}{z^3 + 4z^2 + 3z + 2}$

(3) $H(z) = \dfrac{-z + 2}{8z^2 - 2z - 3}$

2. 讨论由下列差分方程定义的时域离散线性因果系统

$$y(n) - \frac{3}{4}y(n-1) + \frac{1}{8}y(n-2) = x(n) + \frac{1}{3}x(n-1)$$

请分别给出直接 I 型、直接 II 型、级联型和并联型的实现结构。

3. 某线性时不变系统的单位脉冲响应为

$$h(n) = \left(\frac{1}{2}\right)^n u(n) - 4\left(\frac{1}{2}\right)^n u(n-1)$$

(1) 请用差分方程表示这个系统；

(2) 分别给出直接 I 型和转置型的实现结构。

4. 用级联型结构实现以下系统函数：

$$H(z) = \frac{5(1 - z^{-1})(1 - 1.4142z^{-1} + z^{-2})}{(1 - 0.5z^{-1})(1 - 1.2728z^{-1} + 0.81z^{-2})}$$

请问一共能用几种级联型结构来实现？

5. 请用级联型和并联型结构实现以下系统函数：

(1) $H(z) = \dfrac{3z^3 - 3.5z^2 + 2.5z}{(z^2 - z + 1)(z - 0.5)}$

(2) $H(z) = \dfrac{4z^3 - 2.8284z^2 + z}{(z^2 - 1.4142z + 1)(z + 0.7071)}$

6. 把模拟低通滤波器系统函数 $H_a(s)$ 中的 s 用 $1/s$ 替代，即可得到模拟高通滤波器系统函数 $G_a(s)$，即 $H_a(s) = G_a(1/s)$，试利用双线性变换法（$T = 2$）进行变换。图 T8.1 所示为截止频率为 $\omega_c = \pi/2$ 的低通滤波器，其中 A、B、C、D 都是实常数。如果为了得到截止频率为 $\omega_c = \pi/2$ 的高通滤波器，请问该如何修改这些系数？

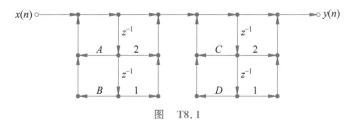

图 T8.1

7. 已知滤波器的单位脉冲响应为

$$h(n) = \begin{cases} 0.2^n, & 0 \leqslant n \leqslant 5 \\ 0, & \text{其他 } n \end{cases}$$

请给出直接型实现结构。

8. 请用直接型和级联型实现系统函数 $H(z) = (1 - 1.4142z^{-1} + z^{-2})(1 + z^{-1})$。

9. 已知 FIR 数字滤波器的系统函数为

$$H(z) = \left(1 + \frac{1}{2}z^{-1}\right)(1 + 2z^{-1})\left(1 - \frac{1}{4}z^{-1}\right)(1 - 4z^{-1})$$

请分别给出直接型、级联型、线性相位型和频率采样型的实现结构。

10. 已知 FIR 数字滤波器的单位脉冲响应为 $h(n) = \{1.5, 2, 3, 3, 2, 1.5\}_0$，请用直接型结构实现该滤波器。

11. 请用频率采样型结构实现以下系统函数：

$$H(z) = \frac{5 - 2z^{-3} - 3z^{-6}}{1 - z^{-1}}$$

采样点 $N = 6$，修正半径 $r = 0.9$。

12. 已知 FIR 数字滤波器的单位脉冲响应为 $h(n) = \delta(n) - \delta(n-1) + \delta(n-4)$，修正半径 $r = 0.9$，请给出 $N = 5$ 的频率采样型结构。

13. 设 A/D 转换器的输入幅度在 $(-10\text{V}, 10\text{V})$ 内等概率分布。为了保证信号与量化噪声之比达到 80dB，请问 A/D 转换器应该选择多少位数？

14. A/D 转换器的字长为 b，将 A/D 转换结果输入一系统，系统的单位脉冲响应为

$$h(n) = [a^n + (-a)^n]u(n)$$

请计算该系统输出端的 A/D 量化噪声方差。

15. 设数字滤波器的系统函数为

$$H(z) = \frac{0.017221333z^{-1}}{1 - 1.7235682z^{-1} + 0.74081822z^{-2}}$$

现用 8 位字长的寄存器来存放其系数，请问此时该滤波器实际的 $H(z)$ 表达式。

16. 已知数字滤波器的系统函数为

$$H(z) = \frac{0.04}{(1 - 0.9z^{-1})(1 - 0.8z^{-1})}$$

(1) 请分别计算直接型、级联型和并联型结构实现该滤波器时的量化噪声方差；

(2) 请分别计算上面三种结构的输出噪声信噪比。

17. 设数字滤波器的系统函数为

$$H(z) = \frac{0.6 - 0.42z^{-1}}{(1 - 0.4z^{-1})(1 - 0.8z^{-1})}$$

现用 b 位字长定点制实现该滤波器，尾数做舍入处理。

(1) 请用直接 II 型结构实现该滤波器，并计算此时输出噪声方差。

(2) 请给出仅用一阶网络的级联结构来实现该滤波器，一共有 6 种可能的结构，请计

算每种结构的输出噪声方差。

（3）用并联结构来实现该滤波器，请计算此时的输出噪声方差。

（4）以上几种结构相比较，运算精度哪种最高？哪种最低？

18. 请用 MATLAB 编程复现例 8.1 中图 8.2.8 和图 8.2.9 的结果（提示：函数 tf2sos 和 tf2par 可将系统函数整理为级联型和并联型结构）。

19. 请用 MATLAB 编程复现例 8.3 中图 8.3.13 和图 8.3.14 的结果（提示：函数 tf2fs 可将系统函数整理为频率采样型结构）。

20. 请用 MATLAB 编程复现例 8.6 的所有结果（提示：函数 zplaneplot 可用于绘制零极点图）。

注：函数 tf2par 和 tf2fs 为自定义函数，请参考《信号处理仿真实验》（第二版）（清华大学出版社，2020）。

第

9

章

数字信号处理工程应用

本章从雷达、卫星导航等领域,凝练出数字信号处理在工程实践上的若干具体应用,尝试回答"频谱分析可以用来做什么?""频率测这么准有什么作用?""为什么要分段卷积?""哪里用得上分段卷积"等问题。

9.1 太赫兹时域频谱技术

太赫兹波是指频率在 $0.1\sim10\,\mathrm{THz}(\mathrm{THz}=1\times10^{12}\,\mathrm{Hz})$ 的电磁波,在高速通信、高分辨雷达、生物检测等领域具有广泛应用前景。太赫兹频率极高,现有的 A/D 器件很难对其进行直接采样。一种可行的方案是将"时间间隔采样"转化为"空间间隔采样",利用激光通过微小位移的时间差触发检测器,从而实现对太赫兹信号的采样,这便是太赫兹时域频谱技术的基本思想。

图 9.1.1 所示为某太赫兹时域频谱系统[*],该系统可对持续时间极短的宽带太赫兹脉冲进行采样,基本原理就是通过调整参考光与信号光之间的光程差来调整采样时间间隔,实现对太赫兹脉冲的等效高速率采样。如图 9.1.2(a)所示,相邻的两次采样之间,反射镜组平移了一个步进长度 Δd,由于激光来回双程传播,参考光与信号光之间的光程差改变了 $2\Delta d$,对应采样点在时域上的位置也发生了相应的移动,如图 9.1.2(b)所示。

图 9.1.1　某太赫兹时域频谱系统

试求解以下问题:

(1) 信号光激励的太赫兹信号频率范围为 $0.1\sim5.0\,\mathrm{THz}$。试求能无失真恢复该信号频谱对应的光程差的最大步进长度。(光速 $c\approx3\times10^{8}\,\mathrm{m/s}$)

(2) 水汽在太赫兹频段有着丰富的吸收谱线,常用来校准系统的频率响应。太赫兹传感器对每次采样测量的结果需要进行 100ms 的积累。试计算在 $\Delta d=10\,\mu\mathrm{m}$ 的条件下,为了能区分位于 $0.970\,\mathrm{THz}$、$0.988\,\mathrm{THz}$、$1.097\,\mathrm{THz}$ 三条水汽吸收谱线,需要的最小

---

　　* 该系统请参阅 Yang Zeng(曾旸)的博士论文:A Fundamental Critical Assessment of Efficiencies in Terahertz Time-Domain Spectroscopy Systems,Queen Mary University of London,2017。

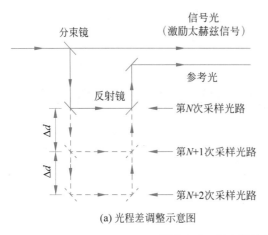

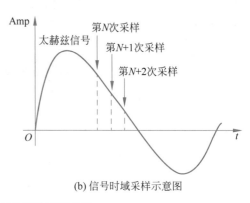

(a) 光程差调整示意图   (b) 信号时域采样示意图

图 9.1.2   对太赫兹信号的等效高速采样

测量时间。($1\mu m = 1 \times 10^{-6} m$)

(3) 对某样品进行频谱测量,在 $\Delta d = 10\mu m$ 的条件下,测量得到了 1000 个测量数据 $x(n)$,对其进行 2048 点的 FFT,得到观察频谱 $X(k)$,发现在 $k=184$ 时存在一个较强的吸收峰,试计算这一吸收峰对应的频率。

解:(1) 假设系统采样率为 f_s,根据"时间间隔采样"转化为"空间间隔采样"的思想,图 9.1.2(b)中相邻两个采样点,在时间上的间隔为 $1/f_s$,在空间上的间隔为 $2\Delta d$。

再根据图 9.1.2(a)的光程差示意图可以看出,时间上的间隔是由于采样光多跑了 $2\Delta d$ 的距离引起的,亦可计算出距离差为 $2\Delta d = c/f_s$,再根据奈奎斯特采样定理,

$$f_s = \frac{c}{2\Delta d} \geqslant 2f_{max} = 10.0 \text{THz}$$

可得最大步进长度 $\Delta d_{max} = 15\mu m$。

(2) 三条水汽吸收谱线中,0.970THz 和 0.988THz 的频率差最小,故频率分辨率为

$$\Delta f = 0.988 \text{THz} - 0.970 \text{THz} = 0.018 \text{THz}$$

故有效数据的时长最小为

$$T_0 = \frac{1}{\Delta f} \approx 5.56 \times 10^{-11} \text{s}$$

再根据等效采样思想,可知采样间隔为

$$\Delta t = \frac{2\Delta d}{c} \approx 6.67 \times 10^{-14} \text{s}$$

因此可得采样点数为

$$N = \frac{T_0}{\Delta t} \approx 834$$

由于每次采样需要积累 100ms,因此系统测量时间

$$t = N \times 100 \text{ms} = 83.4 \text{s}$$

需要注意的是,在这种等效高速采样系统中,由于每次采样结果都需要进行 100ms 的积累,因此"有效数据时长"和"系统测量时间"是不同的概念。

（3）由前面分析可知，系统的采样率完全由光程差决定，因此系统采样率为

$$f_s = \frac{c}{2\Delta d} = 15\,\text{THz}$$

$k = 184$ 对应的频率为

$$f_k = \frac{k}{2048}f_s \approx 1.35\,\text{THz}$$

从某种程度上而言，奈奎斯特采样定理是一个需要遵循的"铁律"，但在许多具体应用场景下，还需要合理且灵活地处理。比如在这个太赫兹时域频谱系统中，待采样信号的频率达到了太赫兹数量级，如果教条地去执行"采样率大于信号最高频率的2倍"，现有的硬件条件不仅很难达到，而且也没必要去达到。巧妙利用"空间换时间"的思想，就能较为轻松地实现对太赫兹级别信号的采样。

【引申】 类似的变通还包括带通采样定理和正交采样定理（也称解析信号采样定理）。带通采样常用于现代通信系统，对于能量仅分布在一个有限频率区间的信号，可选取一个较低的采样率，虽然会发生频谱的交叠，但交叠的区域刚好位于带通信号的带外，因此不会对信号的有效频率成分产生影响。

奈奎斯特采样定理和带通采样定理，针对的都是实信号。但在雷达、通信领域，还经常需要对解析信号进行处理。所谓"解析信号"，即实部和虚部满足 Hilbert 变换关系的一类信号。因为解析信号的频谱只包含正频率分量，对解析信号进行采样，只要保证采样率大于信号带宽即可，此时的频谱延拓分量不会相互重叠。

前面讨论的"采样"，都是在想方设法避免频谱混叠。但频谱混叠并不完全是坏事，如果利用得当，还可从中得益。比如，可以"故意"对截获的雷达信号进行低速率的采样与转发，此时在频域上就会产生一串很不好对付的假目标与真目标混在一起，这就是"间歇采样转发干扰"技术。

9.2 调频连续波雷达测距中的频率估计

调频连续波雷达（FMCW）发射调频信号，通过测量回波信号相对于发射信号的频率差（差频）来测量目标的距离，其核心是估计差频信号的频率。在这个"频率估计"的过程中，主要用到的方法就是"4.1 分析模拟信号的频谱"。

发射信号和回波信号的频率曲线如图 9.2.2 所示。在一个扫频周期（T）内，发射信号与回波信号经混频器混频并滤除高频分量后，得到的差频信号可表示为

$$S_{\text{IF}}(t) = A\cos\left[\frac{2\pi B}{T}t_d t + 2\pi\left(f_0 - \frac{B}{2}\right)t_d + \frac{\pi B}{T}t_d^2\right] \tag{9.2.1}$$

其中，t_d 表示回波信号相对于发射信号的时延，$t_d < t < T$，f_0 为发射信号的中心频率，B 为发射信号的带宽，A 为差频信号的幅度。

差频信号携带了目标距离信息。假设 R 表示目标到雷达的距离，则时延 $t_d = \dfrac{2R}{c}$，c 表

(a) 毫米波频段　　　　　　　(b) 微波频段

图 9.2.1　调频连续波雷达

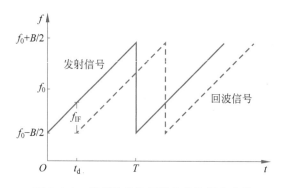

图 9.2.2　发射信号和回波信号的频率曲线

示光速,由式(9.2.1)可知,差频信号的模拟频率为 $f_{IF} = \dfrac{Bt_d}{T}$,因此可推算出目标距离为

$$R = \frac{cT}{2B} f_{IF} \tag{9.2.2}$$

某型雷达基本参数如表 9.1 所示,试回答以下问题:

(1) 当被测量目标距离不超过 100m 时,对差频信号进行时域采样,请问采样率至少为多少?

(2) 假设以 50kHz 的采样率对一个扫频周期的信号进行采样,随后做 1024 点的 DFT,在第 50 根谱线上发现了较明显的谱峰,请测算目标距离。

(3) 假设目标实际距离为 53m,利用该雷达测量出的距离为多少?

表 9.1　某型雷达基本参数

雷 达 参 数	参 数 取 值
雷达发射信号中心频率	$f_0 = 24\text{GHz}$
发射信号扫频周期	$T = 10\text{ms}$
发射信号调制带宽	$B = 240\text{MHz}$
差频信号幅度	$A = 1$
光速	$c \approx 3 \times 10^8 \text{m/s}$

解：（1）如果被测目标距离不超过 100m，根据式（9.2.2）可知，差频信号的最大频率为

$$f_{\text{IF}} \leqslant \frac{2B}{cT}R = \frac{2 \times 240 \times 10^6}{3 \times 10^8 \times 10 \times 10^{-3}} \times 100 = 16(\text{kHz})$$

根据采样定理要求，采样率应该大于 32kHz。

（2）调频连续波雷达测距的关键是估计差频信号的频率。从图 9.2.3 可以看出，DFT 中第 k 根谱线对应的模拟频率为 $f_{\text{IF}}(k) = \dfrac{f_s}{N}k$，其中 $0 \leqslant k \leqslant \dfrac{N}{2}-1$，故第 50 根谱线（$k = 49$）对应的目标距离为

$$R(49) = \frac{cT}{2B}\frac{f_s}{N}k = \frac{3 \times 10^8 \times 0.01}{2 \times 240 \times 10^6} \times \frac{50 \times 10^3}{1024} \times 49 \approx 14.95(\text{m})$$

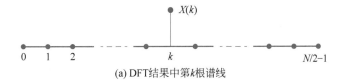

(a) DFT结果中第k根谱线

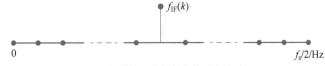

(b) 第k根谱线与差频频率的对应关系

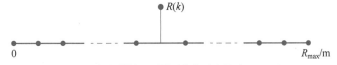

(c) 第k根谱线与测量距离的对应关系

图 9.2.3　**DFT 谱线与差频频率、测量距离的对应关系**

对于 $\dfrac{N}{2} \leqslant k \leqslant N-1$ 范围内的谱线，可利用 DFT 的圆周共轭对称特性来分析，这部分内容可以进一步思考。

（3）DFT 是离散取值的，在图 9.2.3 中，这种离散特性的直观体现就是横坐标都为 k，这意味着 f_{IF} 和 R 是有限种可能的离散取值，而不会是连续的取值。

已知目标的实际距离为 53m，根据式（9.2.2）可求出 k 为 173.6，但考虑到 k 只能取整数值，故只能取最接近的整数 174。将 $k = 174$ 再次代入式（9.2.2），可知该雷达实际测量出来的距离约为 53.10m。

实际距离与测量距离的关系如图 9.2.4 所示。第 $k+1$ 根谱线和第 k 根谱线所代表的频率之差为 $\dfrac{f_s}{N}$，代入式（9.2.2）可算出对应的距离差为 $\dfrac{cT}{2B}\dfrac{f_s}{N}$，这意味着（$53.1 \pm 0.15$）m 距离范围内的目标，用雷达测量出来的距离都是 53.10m。

【引申】 进一步分析可知,区间 A 范围内的目标测量出来的距离只可能是 $R(k)$,而区间 B 范围内的也只能是 $R(k+1)$ 这个唯一的取值。这种测距误差并不是由于雷达体制引起的,而是 DFT 中"栅栏效应"的直观体现。

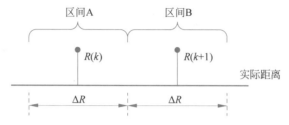

图 9.2.4　实际距离与测量距离的关系

数字信号处理在雷达中具有广泛的应用。雷达对目标距离、速度等参数的测量,通常是通过对回波信号进行频谱分析实现的。比如,连续波雷达通过对回波信号多普勒频率的提取,可以测量出目标的速度。对于 FMCW 雷达,通过对差频信号频率的提取,可以测量出目标的距离。采用 DFT 对差频信号进行频谱分析,其频率与目标距离成正比,测出了差频信号的频率就测出了目标的距离,这个频率测得越准确,目标距离也就测量得越准确。

9.3　卫星导航中的干扰信号测量

以 GPS、北斗等为代表的全球卫星导航系统,能够为用户提供高精度、全天时、全天候的导航、定位和授时服务,给世界人民的日常生活提供了极大的便利。但在实际应用过程中,人类各种民用、军用活动会产生各种有意或者无意的电磁干扰,严重影响卫星导航系统的正常运行。尤其是当卫星导航系统建设完成以后,卫星的发射功率、导航信号体制等均已确定,难以进行修改,因此提升卫星导航系统抗干扰性能的主要任务就落在了各种接收终端上(图 9.3.1 和图 9.3.2)。

图 9.3.1　GPS 抗干扰模块天线阵　　　　图 9.3.2　北斗抗干扰接收机

对卫星导航接收机接收到的信号,经过下变频链路后进行 DFT 频谱分析,在没有干扰的情况下表现为平坦的噪声频谱,如图 9.3.3(a)所示。当存在点频干扰时,则表现为图 9.3.3(b)所示的频谱,称为异常谱线或者干扰谱线。在正常情况下(平坦噪声谱),导航接收机首先需要对伪随机码进行快速捕获,但如果在有效带宽范围内出现了一个很强的点频干扰,就会导致接收机无法正确捕获伪随机码,进而无法实现卫星导航定位。这种干扰方式非常典型,称为窄带干扰或压制干扰。

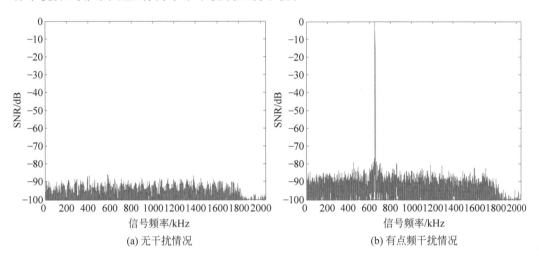

(a) 无干扰情况   (b) 有点频干扰情况

图 9.3.3   卫星导航接收机接收信号频谱

为了消除压制干扰,可以采用空域波束零陷、空时自适应等方法来处理,但前提是需要知道干扰信号的来波方向,即波达角 θ,如图 9.3.4 所示。

对于波达角 θ,可以通过比相测角的方式来计算,测角公式如下:

$$\theta = \arcsin\left(\frac{\lambda \varphi_{\mathrm{d}}}{2\pi d}\right) \tag{9.3.1}$$

其中,φ_{d} 表示两个天线接收信号的相位差,λ 为导航卫星信号的波长,d 为天线 1 和天线 2 之间的间距。

如果以 1kHz 的采样率对接收机两路天线信号进行采样,得到数据 $x_1(n)$ 和 $x_2(n)$,并且对这些数据进行 20 点的 DFT 运算,得到 $X_1(k)$ 和 $X_2(k)$,具体结果见表 9.2。

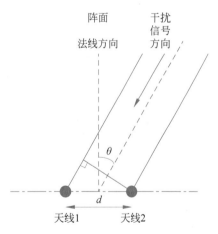

图 9.3.4   干扰信号波达角示意图

(1)试确定干扰信号的频率。

(2)假设天线 1 和天线 2 的间距满足 $d = \lambda/2$,试确定干扰信号的波达角。

表 9.2　两路天线接收信号的 DFT 结果

天　线　1		天　线　2		天　线　1		天　线　2	
$X_1(0)$	$0.30+0.00j$	$X_2(0)$	$-0.36+0.00j$	$X_1(10)$	$-0.39+0.00j$	$X_2(10)$	$0.40+0.00j$
$X_1(1)$	$0.88+0.34j$	$X_2(1)$	$0.23-0.27j$	$X_1(11)$	$0.28+0.08j$	$X_2(11)$	$0.07+0.66j$
$X_1(2)$	$-0.27-9.41j$	$X_2(2)$	$-10.35-0.66j$	$X_1(12)$	$-0.41-0.12j$	$X_2(12)$	$-0.01+0.12j$
$X_1(3)$	$0.44+0.20j$	$X_2(3)$	$0.46+0.68j$	$X_1(13)$	$0.28-0.20j$	$X_2(13)$	$0.41+0.20j$
$X_1(4)$	$-0.72+0.24j$	$X_2(4)$	$-0.29-0.32j$	$X_1(14)$	$-0.27+0.43j$	$X_2(14)$	$0.15+0.39j$
$X_1(5)$	$-0.30+0.24j$	$X_2(5)$	$-0.05-0.07j$	$X_1(15)$	$-0.30-0.24j$	$X_2(15)$	$-0.05+0.07j$
$X_1(6)$	$-0.27-0.43j$	$X_2(6)$	$0.15-0.39j$	$X_1(16)$	$-0.72-0.24j$	$X_2(16)$	$-0.29+0.32j$
$X_1(7)$	$0.28+0.20j$	$X_2(7)$	$0.41-0.20j$	$X_1(17)$	$0.44-0.20j$	$X_2(17)$	$0.46-0.68j$
$X_1(8)$	$-0.41+0.12j$	$X_2(8)$	$-0.01-0.12j$	$X_1(18)$	$-0.27+9.41j$	$X_2(18)$	$-10.35+0.66j$
$X_1(9)$	$0.28-0.08j$	$X_2(9)$	$0.07-0.66j$	$X_1(19)$	$0.88-0.34j$	$X_2(19)$	$0.23+0.27j$

解：(1) 从表 9.2 可以看出，$k=2$ 和 $k=18$ 出现两个明显的谱峰，由 DFT 的圆周共轭对称特性可知，这两个谱峰对应的是同一个干扰信号，因此干扰信号的频率为

$$f = \frac{f_s}{N}k = \frac{1000}{20} \times 2 = 100(\text{Hz})$$

(2) $k=2$ 处的 DFT 结果为 $X_1(2)=-0.27-9.41j$ 和 $X_2(2)=-10.35-0.66j$，根据测角公式，需要计算两路信号的相位差，即

$$\varphi_d = \varphi_1 - \varphi_2 = \arctan\left(\frac{-9.41}{-0.27}\right) - \arctan\left(\frac{-0.66}{-10.35}\right) \approx 1.4784(\text{rad})$$

将天线间距 $d=\lambda/2$ 和相位差代入测角公式(9.3.1)，可得

$$\theta = \arcsin\left(\frac{\lambda\varphi_d}{2\pi d}\right) = \arcsin\left(\frac{\lambda}{2\pi\lambda/2} \times 1.4784\right) \approx 0.49(\text{rad})$$

如换算成角度，则波达角为 $\dfrac{0.49}{\pi} \times 180° \approx 28°$。

【引申】　在雷达探测中，频谱上的那些"尖峰"一般代表着目标，如个数、距离和速度等信息；此处的卫星导航干扰信号测量中，频谱上的"尖峰"代表的却不是目标，而是干扰信号。但无论是找目标还是找干扰，利用 DFT 对信号进行频谱分析，可以切换到频域这个视角对信号进行再次观测和分析，相比较于时域特征，频域特征往往更加直观和简洁。

频域特征不仅蕴含着丰富的幅度信息，还蕴含着丰富的相位信息。在这个卫星导航干扰信号测量的工程应用中，通过"尖峰"找到了干扰信号，再通过干扰信号的相位差测算出它的来波方向，有了干扰信号的来波方向，就能为后面的各种抗干扰措施提供巨大帮助。

在现代信号处理中，相位往往比幅度更能"折腾"，因为有了相位信息后，信号就变成了复数，信号的叠加就"升级"成了向量运算，具有了方向性，从而测出了干扰信号来波方向。又如，相控阵雷达不需要转动天线也可以"看到"不同的方向，这是因为通过相位调制控制了波束指向，而传统雷达的天线是需要转来转去的。

9.4　雷达脉冲压缩测距中的分段卷积

在"4.2.2 重叠相加法和重叠保留法"中介绍了，如果出现了 $N_1 \gg N_2$ 的情况，就需要用分段卷积的方式来计算两个有限长序列的线性卷积。

在什么情况下会出现 $N_1 \gg N_2$？这不是一个理论假设或数学游戏，在实时信号处理的场合就会遇到。比如雷达脉冲压缩中，假设 $h(n)$ 为匹配滤波器，$x(n)$ 为实时采集得到的回波信号。回波信号 $x(n)$ 是源源不断到达的，与固定长度的 $h(n)$ 相比，就出现了 $N_1 \gg N_2$ 的情况，此时就必须对 $x(n)$ 进行分段处理。

脉冲压缩是高分辨雷达常用的一种处理技术。脉冲压缩雷达发射宽脉冲信号（见图 9.4.1），以提高发射信号功率，接收时通过时域脉冲压缩处理，输出窄脉冲，获得高的距离分辨力，基本原理如图 9.4.2 所示。

(a) 机载雷达　　　　　　　　(b) 气象雷达

图 9.4.1　采用脉冲压缩技术的雷达系统

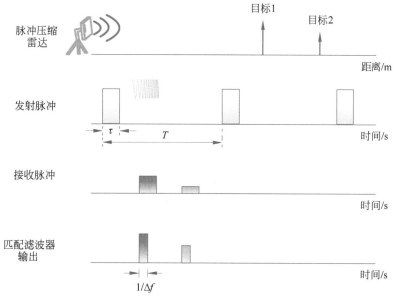

图 9.4.2　雷达脉冲压缩原理

设发射脉冲调制信号为 $g(t)$，则匹配滤波器单位冲激响应为 $cg^*(t_0-t)$，接收机将回波信号 $x(t)$ 与 $cg^*(t_0-t)$ 做线性卷积。对匹配滤波器输出结果 $y(t)$ 的信噪比进行门限检测，判断目标是否存在，进而测算出目标实际距离。

$$y(t) = x(t) * cg^*(t_0-t) \tag{9.4.1}$$

在工程应用上，一般采用调频连续波 $g(t)$ 作为发射脉冲信号，

$$g(t) = e^{j2\pi(f_0 t + kt^2)} [u(t) - u(t-\tau)] \tag{9.4.2}$$

雷达基本参数如表 9.3 所示。其中，信号带宽 $\Delta f = 2\text{MHz}$，相比采用普通矩形信号（带宽 $1/\tau = 0.1\text{MHz}$），带宽提高了 20 倍，意味着距离分辨率也提高了 20 倍，这也是工程应用上一般选取调频连续波作为发射脉冲信号的一个重要原因。

表 9.3　雷达基本参数

雷 达 参 数	参 数 取 值	备　注
脉冲宽度	$\tau = 10\mu s$	
重复周期	$T = 1\text{ms}$	最大不模糊距离为 150km
调频斜率	$k = 200\text{GHz/s}$	带宽 $\Delta f = 2\text{MHz}$
采样率	$f_s = 6\text{MHz}$	$f_s \geqslant 2\Delta f$

系统采样率为 6MHz，对 $x(t)$ 采样得到 $x(n)$，长度为 $N_1 = Tf_s = 6000$，对 $g(t)$ 采样得到 $g(n)$，长度为 $N_2 = \tau f_s = 60$，此时在匹配滤波的过程中就会出现 $N_1 \gg N_2$ 的情况。如果严格按照图 4.2.8 的流程，就需要对发射脉冲至少补 5940 个零点，后续的 FFT 运算点数将大于 6000 个点（假设采用基 2 的 FFT），很显然此时的运算效率是很低的，就必须对目标回波数据 $x(n)$ 进行分段处理。

假设在 70km 和 90km 处存在两个目标，接收数据信噪比为 0dB。图 9.4.3 给出了目标回波的时域波形图，图 9.4.4 给出了采用重叠保留法的匹配滤波归一化输出结果，可以看出目标距离实测结果也为 70km 和 90km。

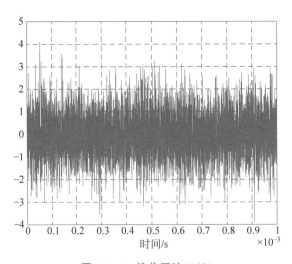

图 9.4.3　接收回波(0dB)

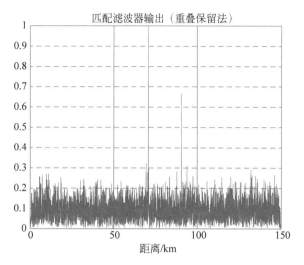

图 9.4.4　匹配滤波器输出

　　按照图 4.2.8 给出的流程计算 $x(n)$ 和 $g^*(n_0-n)$ 的线性卷积结果,根据计算机仿真结果,直接卷积的时间约为 1ms,并且这种方式还必须等回波数据 $x(n)$ 全部达到才能"开工",因此还需要加上重复周期 $T=1$ms,故整个系统要在 2ms 后才会给出处理结果。

　　若将回波数据分成 128 点为一段,利用重叠保留法进行分段卷积。对分段数据采用图 4.2.8 的流程计算,根据计算机仿真结果,分段卷积耗时约为 0.15ms,并且这种方式只需要等分段后的 128 点回波数据到达即可进行处理,此时的系统等待时间仅为 $128/f_s \approx$ 0.02ms,故整个系统在 0.17ms 后就会有处理结果输出。

　　图 9.4.5 给出了实时信号处理的一般流程:处理器运算的同时,输入缓存收集下一帧待处理的数据,处理器运算完毕后将结果放入输出缓存,并且输出缓存按先后顺序拼接得到输出数据流。系统从获得第 1 帧数据,到系统输出第 1 帧结果,二者的时间差即系统时延。系统时延主要由帧长、输入缓存时延 t_1、系统函数时延 t_2、处理时长 t_3 和输出缓存时延 t_4 等因素决定。只要处理时长 t_3 小于帧长,就不会出现丢帧现象。

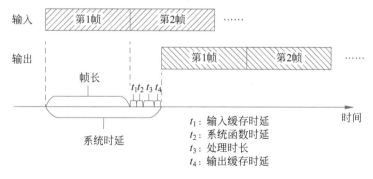

图 9.4.5　系统输出时延与输入数据关系

　　在实际情况下,缓存时延、系统函数时延,甚至包括处理时长一般都远小于帧长,因此分段卷积的主要目的并不是为了减少处理时长,而是为了缩短系统时延,也就是让系统尽快输出第 1 帧结果。

【引申】 "采集一段数据,处理一段数据,及时输出一段结果",这是对数字信号处理系统实时性的通俗理解。从实验结果可以看出,采用分段卷积只需等待一小段数据(如 128 点),而无须等待所有数据到达。对于实际数字信号处理系统而言,输入数据往往是 "源源不断"到达的,如果等待所有数据到达后再处理是不现实的。现在的声呐或者雷达系统,采样率已经达到了兆赫兹数量级。即使设备具备海量数据存储能力,但如果不采用分段处理,也会导致大量时间用于等待数据录入,出现"光等待数据不处理"的尴尬局面,使得系统无法及时输出预警信息。

需要明确的是,分段处理也会存在时延,但只要这个时延满足事先给定的指标即可。比如,两个人通电话的过程其实也是一种"准实时"的分段处理过程:首先,不会等一个人把通话内容全部讲完后,才处理后传给对方听,这是不现实的;其次,分段处理的音频数据长度为几十毫秒量级,对这个量级的数据延迟,人们是没有任何感觉的,通话双方都会感觉是在实时通话。

9.5 导航卫星伪距测量

卫星导航定位,就是通过测量导航接收机与至少 4 颗已知位置的卫星之间的伪距,即可通过伪距方程推算出导航接收机的实际位置和时间,其基本原理如图 9.5.1 所示。

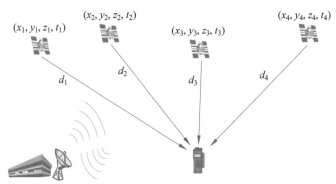

图 9.5.1 卫星导航定位基本原理

导航接收机与卫星之间的伪距*,可通过光速乘以信号从卫星到达导航接收机的时延得到,因此准确测量导航信号传播时延就是卫星导航定位的关键。如何准确知道发射信号是什么时候到达的,用到的基本方法就是"4.3 计算线性相关"。

为了测量信号传播时延,在卫星导航接收机里同步复制了与导航卫星发射的测距码结构完全相同的码信号。利用测距码良好的自相关特性,当本地复现的测距码与从导航

---

* 伪距实际上由两部分构成,一个是接收机与卫星的实际距离,另一个是接收机与系统时之间的钟差带来的距离。在这里假设接收机与系统时同步,故不考虑这个距离。

卫星发射的测距码相关值达到最大时,就可以认定从卫星那头发射的信号"来了",从而就可以测算出卫星发射信号到达本地接收机的时延。

假设一个伪码周期包含 5 个码片,每个码片持续时间 35ms。当前时刻,接收机产生的卫星 1 的本地测距码为

$$x(n) = \{1, 1, 0, 0, 0\}_0$$

接收机接收到的卫星 1 的测距码为

$$y(n) = \{0.51, -0.26, 1.09, 0.72, 0.25\}_0$$

如果只考虑单周期信号相关,请考虑当前时刻,卫星 1 到接收机的伪距是多少?

解:可以通过计算本地码 $x(n)$ 和接收码 $y(n)$ 的互相关函数来测算时间延迟,从而计算导航卫星到接收机的伪距。

两个序列 $x(n)$ 和 $y(n)$ 的互相关函数为

$$r_{xy}(m) = \sum_{n=-\infty}^{\infty} x(n)y(n-m) = x(m) * y(-m)$$

其中 $y(-m) = \{0.25, 0.72, 1.09, -0.26, 0.51\}_{-4}$。

可以利用竖式法计算 $x(m)$ 和 $y(-m)$ 的线性卷积,注意卷积结果是从 $m = -4$ 开始的。

			1	1	0	0	0
×			0.25	0.72	1.09	−0.26	0.51
			0.51	0.51	0	0	0
		−0.26	−0.26	0	0	0	
	1.09	1.09	0	0	0		
0.72	0.72	0	0	0			
0.25	0.25	0	0	0			
0.25	0.97	1.81	0.83	0.25	0.51	0	0	0

可得,$r_{xy}(m) = x(m) * y(-m) = \{0.25, 0.97, 1.81, 0.83, 0.25, 0.51, 0, 0, 0\}_{-4}$。

从上述结果可以看出,$m = -2$ 时互相关值 $r_{xy}(-2) = 1.81$ 为最大值,意味着接收码相对于本地码的延迟为 2 个码片。因此,信号从卫星到接收机的时延为 $\Delta t = 2 \times 35\text{ms} = 70\text{ms}$,故卫星 1 与接收机的伪距为

$$d_1 = c \times \Delta t = 3 \times 10^8 \times 70 \times 10^{-3} = 21000 (\text{km})$$

前面的例子并未使用实际参数,目的是便于理解伪距测量原理,也是为了简化计算。在此给出北斗导航接收机本地信号和接收信号,如图 9.5.2 所示,导航信号参数见表 9.4。

表 9.4 北斗导航信号参数

参　数	取　值	参　数	取　值
测距码类型	B1I 测距码	码片长度	146m
码速率	2.046Mcps	采样率	7.5MHz
测距码周期	1ms	积分后信噪比	0dB

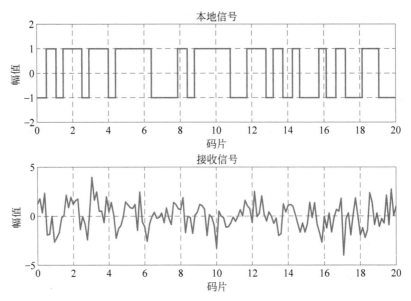

图 9.5.2　接收机本地信号和接收信号(仅显示前 20 个码片)

　　对接收机本地信号和接收信号进行线性相关运算,得到互相关函数如图 9.5.3 所示。从图 9.5.3 可以看出,导航卫星到接收机的传播时延约为 37 个码片,对应距离约为 5395m [*]。

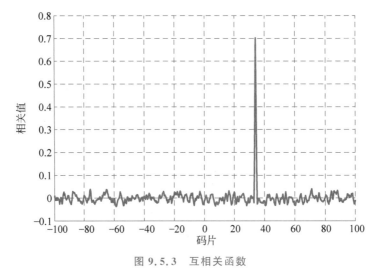

图 9.5.3　互相关函数

　　【引申】　9.4 节介绍的雷达脉冲压缩测距,以及这里讲的导航卫星伪距测量,测距的基本原理都是"距离＝时延×光速"。如何测量这个"时延",也就是如何准确知晓回波

---

　　[*]　这里算出来的 5395m 只能算作伪距的"最后一段距离"。实际上,伪距＝周期数×测距码周期＋最后一段距离,周期数可以从导航电文里读取出来,此处的测距码周期用 299739m 表示,即电磁波在一个测距码周期(1ms)传播的距离,最后算出来的导航卫星伪距一般为 2 万千米至 3.6 万千米。

"来了",就是这类测距方法的关键。如何准确知晓回波"来了",并不是一件容易的事,因为传输链路上存在着各种噪声,甚至很多时候远强于信号,接收机收到的始终是"白茫茫"的一片。从图 9.5.2 可以看出,回波达到之前是"白茫茫"的,回波到达之后也是"白茫茫"的。

匹配滤波和线性相关本质上是一致的,都采用"匹配"的思想,试图将信号从"白茫茫"的噪声大海中"捞"出来。在雷达脉冲压缩测距中,是用发射的线性调频信号设计匹配滤波器,"捞"的过程就是匹配滤波的过程;在导航卫星伪距测量中,是用发射的测距码设计匹配滤波器,"捞"的过程就是线性相关的过程。因为一般情况下,噪声在各个时刻不仅自身是独立不相关的,与信号也是不相关的,但发射出去的信号是人为设计的,在不同时刻是有迹可循、相互关联的。如果用这个有规律的已知信号去不停地匹配接收信号,"捞"上来的肯定是和自身最相似的那段信号。

9.6 大点数 FFT 的工程实现

研发某型多频连续波测距雷达,根据设计要求测量距离需达到 100km,此时接收数据的信噪比很低,为提高对目标的检测能力,就需要进行大点数的 FFT 运算来积累能量。根据理论测算和工程经验,这个"大点数"就是 128K(此处大写 K＝1024)。在 2000 年左右,TI 系列 DSP 芯片最大缓存仅支持 16K 点数据,如何利用 16K 的 DSP 来实现 128K 点的 FFT 运算,就成为了该项目的一个工程难题。

在"5.4 FFT 算法的应用技巧(N 为复合数的 FFT)"中讲到,如果想实现一个大点数的 FFT,不一定非得"一锤子"实现,可以通过若干较小点数的 FFT 来组合实现。此时,就可以用到这种思想来解决这个工程难题。

如果 N 可以表示为 $N＝N_1 N_2$ 的形式,N 点的 FFT 结果可以表示为

$$X(k)＝X(k_1＋N_1 k_2)＝\sum_{n_2=0}^{N_2-1}\left\{\left[\sum_{n_1=0}^{N_1-1}x(N_2 n_1＋n_2)W_{N_1}^{k_1 n_1}\right]W_N^{k_1 n_2}\right\}W_{N_2}^{k_2 n_2}$$

$$(9.6.1)$$

在此处的工程背景下,$N_1＝16K,N_2＝8$,意味着为完成 128K 点的 FFT 运算,可以先进行 16K 点的 FFT,乘以旋转因子后再做 8 点的 FFT,如图 9.6.1 所示。

第 1 步,把 128K 点长的数据 $x(n)$ 以 8 为间隔进行抽取,分为 8 组数据,每组数据长度为 16K,对应表 9.5 中的每一行。

表 9.5 以 8 为间隔对 128K 的数据进行抽取

n_2	n_1					
	0	**1**	**2**	**······**	N_1-2	N_1-1
0	$x(0)$	$x(8)$	$x(16)$	······	$x(8N_1-16)$	$x(8N_1-8)$
1	$x(1)$	$x(9)$	$x(17)$	······	$x(8N_1-15)$	$x(8N_1-7)$
2	$x(2)$	$x(10)$	$x(18)$	······	$x(8N_1-14)$	$x(8N_1-6)$
3	$x(3)$	$x(11)$	$x(19)$	······	$x(8N_1-13)$	$x(8N_1-5)$

n_2	n_1					
	0	**1**	**2**	**……**	N_1-2	N_1-1
4	$x(4)$	$x(12)$	$x(20)$	……	$x(8N_1-12)$	$x(8N_1-4)$
5	$x(5)$	$x(13)$	$x(21)$	……	$x(8N_1-11)$	$x(8N_1-3)$
6	$x(6)$	$x(14)$	$x(22)$	……	$x(8N_1-10)$	$x(8N_1-2)$
7	$x(7)$	$x(15)$	$x(23)$	……	$x(8N_1-9)$	$x(8N_1-1)$

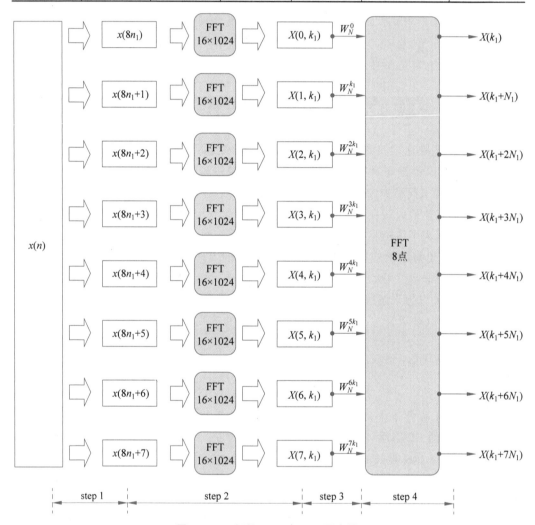

图 9.6.1   实现 128K 点 FFT 示意图

第 2 步,把每组(行)数据做 $N_1=16K$ 点的 FFT 变换,得到如下结果:

$$X(n_2,k_1)=\sum_{n_1=0}^{N_1-1}x(N_2n_1+n_2)W_{N_1}^{k_1n_1} \tag{9.6.2}$$

对于每组(行)数据而言,n_2 是一个常数,因此 $X(n_2,k_1)$ 为 16K 点的数据。当 n_2 从

0 到 7 循环一遍,就会生成 8 组(行)16K 点长的中间结果。

第 3 步,把 N_1 点的 FFT 结果乘以旋转因子 $W_N^{k_1 n_2}$,得到如下结果:

$$X'(n_2,k_1) = X(n_2,k_1)W_N^{k_1 n_2} = \left[\sum_{n_1=0}^{N_1-1} x(N_2 n_1 + n_2)W_{N_1}^{k_1 n_1}\right] W_N^{k_1 n_2} \quad (9.6.3)$$

第 4 步,做 N_2 点的 FFT 变换,得到 8 点长的输出结果,对应表 9.6 中的一列,即

$$X(k) = X(k_1 + N_1 k_2) = \sum_{n_2=0}^{N_2-1} X'(n_2,k_1)W_{N_2}^{k_2 n_2} \quad (9.6.4)$$

表 9.6 输出结果

k_2	k_1					
	0	1	2	……	N_1-2	N_1-1
0	$X(0)$	$X(1)$	$X(2)$	……	$X(N_1-2)$	$X(N_1-1)$
1	$X(N_1)$	$X(N_1+1)$	$X(N_1+2)$	……	$X(2N_1-2)$	$X(2N_1-1)$
2	$X(2N_1)$	$X(2N_1+1)$	$X(2N_1+2)$	……	$X(3N_1-2)$	$X(3N_1-1)$
3	$X(3N_1)$	$X(3N_1+1)$	$X(3N_1+2)$	……	$X(4N_1-2)$	$X(4N_1-1)$
4	$X(4N_1)$	$X(4N_1+1)$	$X(4N_1+2)$	……	$X(5N_1-2)$	$X(5N_1-1)$
5	$X(5N_1)$	$X(5N_1+1)$	$X(5N_1+2)$	……	$X(6N_1-2)$	$X(6N_1-1)$
6	$X(6N_1)$	$X(6N_1+1)$	$X(6N_1+2)$	……	$X(7N_1-2)$	$X(7N_1-1)$
7	$X(7N_1)$	$X(7N_1+1)$	$X(7N_1+2)$	……	$X(8N_1-2)$	$X(8N_1-1)$

【引申】 图 9.6.1 给出的仅仅是实现 128K 点 FFT 的示意图,但在具体实现过程中,还有以下几个值得分享的工程经验。

(1) 从表 9.5 和表 9.6 的特点可以看出,整个运算过程始终只需要一个 $N_2 \times N_1$ 的矩阵,因此这个过程仍然具备同址运算的特点。

(2) 图 9.6.1 中有 8 个 16K 的 DSP 并行运算,但实际只需要一个 16K 的 DSP 即可,也就是让 1 个 16K 的 DSP 完成 8 轮 FFT 运算。流水处理的另一个优势在于硬件实现上,既减少了 DSP 的数量,同时还避免了多个 DSP 数据同步的困难。

(3) DSP 读取片内缓存的速度远快于读取片外缓存,如果在第 4 步中一次只做 8 点的 FFT,就会频繁地读取片外缓存,因此最合理的做法就是在片内缓存区尽可能地多存储数据。DSP 片内缓存支持 16K 点数据,所以在第 4 步中实际上是同时进行 2K 次 8 点长的 FFT 运算。

9.7 北斗导航卫星上的有限字长优化设计

北斗卫星导航系统由空间段(导航卫星)、地面运控段(地面接收站)和用户段(用户接收机)三部分组成,其中导航卫星是整个导航系统的核心关键,它承担了导航信号播发、卫星时钟维持、星地通信的功能。北斗导航卫星平台上有许多有效载荷,其中上行测距接收机是卫星与地面通信的关键设备(图 9.7.1),它负责接收地面站上行注入的信号,

完成与地面的测距功能。

图 9.7.1　星载上行测距接收机

上行测距接收机是数字接收机,若忽略前端射频滤波等非理想特性的影响,在满足采样率的前提下,数字信号的量化字长是决定接收机性能优劣的关键。足够长的量化字长能保障信号的波动范围和精度,而带来的负面影响是处理复杂度、器件存储量的提高。由于星上低功耗的需求,DSP 处理器一般选用低存储量的定点芯片,在器件资源强约束的条件下,如何保证处理性能,完成比地面接收机更复杂的处理,是接收机设计需要考虑的首要问题。

信号的动态范围大了其运算精度就得下降;反之,运算精度上来了,能处理的信号动态范围就会降低,很显然动态范围和运算精度就是一对矛盾。如何有效协调动态范围和运算精度的需求,优化处理器的字长分配,所用到的基本方法就是"8.4 量化与量化误差"。

上行测距接收机设计首先面临的就是有限字长问题。假设某定点 DSP 处理器为 16位,如图 9.7.2 所示,采用有符号 Q 进制表示,最高位为符号位,中间 a 位为整数位,剩余 b 位为小数位,记为 $Qa.b$。整数的字长决定了信号的动态范围,小数的字长决定了信号的运算精度和量化损耗。

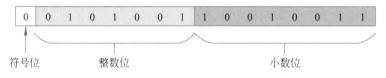

图 9.7.2　16 位定点制中的整数位和小数位

北斗 2 号导航卫星上的有效载荷一般采用 32 位字长的 DSP。最高位是符号位,用来表示信号的正负,那么还有 31 位字长用来表示信号的动态范围(整数)和精度(小数)。当接收信号使用上述 $Qa.b$ 进制来表示时,能表示的信号幅度最大正整数是 2^a-1,最小负整数是 -2^a,表示的信号量化精度是 $q=2^{-b}$。

若工程总体要求接收信号功率的动态范围为 30dB,对应的信号幅度变化范围即为15dB,在信号解扩后,定点芯片对信号进行计算和存储时,使用的整数位 a 可用如下方法推算,即

$$15\text{dB}=10\lg(2^a-1)$$

解得 $a=5$。

此时,在保证信号不溢出的前提下,"剩下"的 $b=26$ 位字长用来表示信号的小数部分,量化阶 $q=2^{-26}\approx1.49\times10^{-8}$,即信号的运算精度可达到 10^{-8} 数量级,这个精度对于导航信号的接收性能已经足够。

【引申】 我们只研究了动态范围和运算精度矛盾的处理,实际上在北斗导航卫星中,使用定点数字信号处理器进行信号接收时,还需要考虑实时性与运算复杂度的矛盾、存储量大小与单粒子翻转次数的矛盾等。目前普遍使用 32 位浮点处理器或 64 位定点处理器,在信号表示范围和精度上都得到了较好的解决。

相比卫星载荷处理器的有限资源,目前的大多数商用地面导航接收机,由于通用数字信号处理器件能力的提高和 ASIC 专用处理芯片的出现,有限字长的矛盾已基本得到解决。

第 10 章

信号处理杂谈

10.1 数字信号处理与 DSP

DSP 这个词并不能被"数字信号处理"(Digital Signal Processing)所独享,"数字信号处理器"(Digital Signal Processor)的简称也是 DSP,"离散时间信号处理"(Discrete-time Signal Processing)的简称也是 DSP。

数字信号处理一般是指"将信号以数字方式表示并处理的理论和技术",主要包括离散傅里叶变换(DFT)及其快速算法(FFT),以及数字滤波器的设计与实现等内容。更高级的数字信号处理内容一般称为"现代信号处理",主要包括自适应滤波、现代谱估计、高阶谱估计、时频分析等内容。

数字信号处理器习惯用 DSP 来指代,一般由大规模或超大规模集成电路芯片组成,并可以完成某种信号处理任务。按照编程特性,DSP 一般可分为不可编程的和可编程的。不可编程的 DSP 一般只能完成一种主要的处理功能,又称专用 DSP,如快速傅里叶变换处理器、A/D 转换处理器等。可编程的 DSP 可通过编程改变处理器所要完成的功能,有较大的通用性,又称通用 DSP。

数字信号处理和 DSP 之间的联系是非常紧密的。可以说数字信号处理是灵魂,DSP 是肉体,数字信号处理提供的是理论支持,而 DSP 是在算法理论的指导下实现既定的功能。算法和硬件实现是相辅相成,相互制约的,解决实际问题二者缺一不可。

与历史悠久的数字信号处理理论相比,DSP 的历史仅仅 40 多年。DSP 技术一直紧跟信号处理技术前沿,是物理学、微电子、电子计算机等学科的集大成者。DSP 产品更新换代非常迅速,与工业和商业应用紧密结合,功能更强大,功耗更小的 DSP 层出不穷。不过在任何领域都是长江后浪推前浪,在高端应用场合,目前基本采用 FPGA(Field Programmable Gate Array,现场可编程门阵列)来代替 DSP,或者将 DSP 变成了 ARM 的一个协处理器。

扩展阅读

[1] 李素芝,万建伟.时域离散信号处理[M].长沙:国防科技大学出版社,1994.

[2] Oppenheim A V, Schafer R W, Buck J R. Discrete-Time Signal Processing[M]. 2nd ed. New Jersey:Prentice Hall, 1999.

[3] 程佩青.数字信号处理教程[M].5 版.北京:清华大学出版社,2017.

[4] 吴镇扬.数字信号处理[M].3 版.北京:高等教育出版社,2016.

[5] 邹彦.DSP 原理与应用[M].3 版.北京:电子工业出版社,2019.

[6] 皇甫堪,陈建文,楼生强.现代数字信号处理[M].北京:电子工业出版社,2003.

[7] 张贤达.现代信号处理[M].3 版.北京:清华大学出版社,2015.

[8] 胡广书.现代信号处理教程[M].2 版.北京:清华大学出版社,2015.

[9] 江志红.深入浅出数字信号处理[M].北京:北京航空航天大学出版社,2012.

[10] 德州仪器首席科学家谈 DSP 30 年简史[EB/OL]. http://www.eepw.com.cn/article/201704/346813.htm.

[11] 知乎.DSP 会被 FPGA 取代吗?[EB/OL].https://www.zhihu.com/question/29302585.

10.2 采样定理命名之争

　　如果稍加留意你就会发现,采样定理有时称为"奈奎斯特采样定理",有时又称为"香农采样定理",这是怎么一回事呢?

　　这其实仅是不同学科的约定俗成,在"信号与系统""数字信号处理"等信号类课程中,一般称为"奈奎斯特采样定理",在"通信原理""信息论与编码"等通信类课程中,往往更习惯称为"香农采样定理"。

　　如果非要将一将谁是"天下第一",历史大概是这样的:1928 年,美国电信工程师奈奎斯特(Harry Nyquist)首次推导出采样定理;1948 年,信息论创始人香农(C. E. Shannon)对这一定理加以明确并正式作为定理引用。奈奎斯特和香农(图 10.2.1)这两位大神级人物都对采样定理的完善做出了贡献,各自引领的学科当然希望通过冠名采样定理来争得荣光。

　　此外,采样定理还有第三种叫法,称为"科捷利尼科夫采样定理"。这是因为在 1933 年,苏联卓越的科学家科捷利尼科夫(V. A. Kotelnikov)首次用公式严格表述了这一定理,因此在苏联的科技文献中,对采样定理都称为"科捷利尼科夫采样定理"。

　　科捷利尼科夫(图 10.2.1)是苏联无线电物理学、无线电技术和电子学的奠基人之一。除了采样定理外,他还提出了潜在抗干扰性理论和弱信号接收理论,研制了大量的通信显示系统,为卫国战争和航天发射做出了重大贡献。科捷利尼科夫于 1953 年当选苏联科学院院士,1969 年担任苏联科学院副院长,两次获得社会主义劳动英雄称号,五次荣获列宁勋章。不过相比奈奎斯特和香农,科捷利尼科夫在后世获得的声望太小,根本原因在于苏联在科技领域的话语权不够。

奈奎斯特　　　　　　香农　　　　　　科捷利尼科夫

图 10.2.1　提出采样定理的三位先驱

扩展阅读

[1]　百度百科. 采样定理[EB/OL]. https://baike. baidu. com/item/％E9％87％87％E6％A0％B7％E5％AE％9A％E7％90％86/8599843?fr=aladdin.

[2]　徐载通. 弗·亚·科捷利尼科夫[J]. 物理,1989,18(2): 124-125.

[3] 吴京,王展,万建伟,等.信号分析与处理[M].修订版.北京:电子工业出版社,2014.

[4] 唐朝京,雷菁.信息论与编码基础[M].长沙:国防科技大学出版社,2003.

10.3 频率家族

在日常生活中,频率的概念随处可见,如"101.7 音乐电台""91.8 湖南交通频道" "50Hz 交流电""太赫兹雷达"等,还有"X 光机""红外线体温计""紫外线消毒灯""毫米波 雷达"等。这些名词中或明或暗都存在"赫兹(Hz)"的概念,在某种程度上"赫兹(Hz)"成 为了频率的代名词。

学习了"信号与系统""数字信号处理"等课程以后,我们知道频率除了取正值还可以 取负值,除了实频率还有复频率存在,除了模拟频率,还有数字频率、模拟角频率。因此 严格来说,"赫兹(Hz)"并不能代言所有"频率",它只是"频率家族"中模拟频率的单位,只 不过大家日常生活中接触的比较多,让"赫兹(Hz)"近水楼台先得月。在此,表 10.1 对 "频率家族"进行了简要的归纳。

表 10.1 频率家族

名 称	符号	单位	备 注
模拟频率	f	Hz	① 模拟频率 f 是时间 t 的倒数,即 $1\text{Hz}=1\text{s}^{-1}$ ② 时间 t 是七个国际标准量纲之一,以秒(s)为单位
模拟角频率	Ω	rad/s	又称"角频率"
数字频率	ω	rad	又称"圆周频率""数字角频率"
采样频率	f_s	Hz	① 采样周期 $T=1/f_s$ ② 奈奎斯特频率:$f_s/2$

连续时间信号与系统和离散时间信号与系统,都可以从时域、频域和复频域这三个 域进行分析,它们的关系如图 10.3.1 所示。图 10.3.1 中存在两座"桥梁",第一座"桥 梁"是傅里叶变换关系(CTFT 和 DTFT),第二座"桥梁"是时域采样。

对连续时间信号与系统而言,连续时间傅里叶变换(CTFT)架起了时域到频域的"桥 梁",信号在此频域表示为 $X(\text{j}\Omega)$,此时的频率用模拟角频率 Ω 来表示,单位为 rad/s。如 果不满足狄利克雷条件,需要通过变换关系 $s=\sigma+\text{j}\Omega$ 将频域进行扩展,扩展后的频域即 "复频域",从时域到复频域的变换为拉普拉斯变换,故此时的复频域又称为 s 域。

类似地,对离散时间信号与系统而言,离散时间傅里叶变换(DTFT)架起了时域到频 域的"桥梁",信号在此频域表示为 $X(\text{e}^{\text{j}\omega})$,此时的频率用数字频率 ω 来表示,单位为 rad。如果不满足狄利克雷条件,需要通过变换关系 $z=r\text{e}^{\text{j}\omega}$ 将频域进行扩展,扩展后的 频域即"复频域",从时域到复频域的变换为 z 变换,故此时的复频域又称为 z 域。在此 需要注意的是,数字频率 ω 和复频域变量 z 不是离散取值的,它们都是连续变量。

时域采样把连续时间与离散时间这两个世界连接起来,这座"桥梁"上的"交通规则"就 是奈奎斯特采样定理,它告诉我们如何才能"毫发无损"地周转于连续和离散两个世界。

也可以用下面这个关系式来理解模拟频率 f、数字频率 ω 和模拟角频率 Ω 的关系。

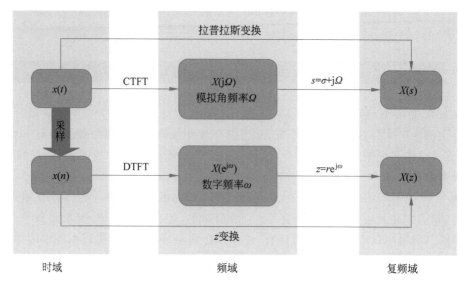

图 10.3.1 信号与系统在时域、频域和复频域的关系

$$\omega = \Omega T = \frac{\Omega}{f_s} = \frac{2\pi f}{f_s}$$

根据奈奎斯特采样定理要求,采样率 f_s 必须大于信号最高频率 f_h 的 2 倍,也就是信号频率 $f \leqslant f_h < f_s/2$,通过上式可知信号的低频分量对应着数字频率 $\omega = 0$,而信号的高频分量对应着数字频率 $\omega = \pi$。

学过"信号与系统"和"数字信号处理"这两门课的同学可能会注意到,数字频率和模拟角频率的符号在这两门课中的大小写往往是相反的(见表 10.2)。其实用大写的 Ω 还是小写的 ω,这纯粹只是一个习惯问题,数字频率和模拟角频率的区分肯定不是符号大小写的区分。

表 10.2 频率符号

	数 字 频 率	模 拟 角 频 率
数字信号处理	ω	Ω
信号与系统	Ω	ω

扩展阅读

[1] Oppenheim A V,Willsky A S.信号与系统[M].2 版.影印版.北京:清华大学出版社,1999.

[2] Oppenheim A V,Willsky A S.信号与系统[M].刘树堂,译.2 版.北京:电子工业出版社,2013.

[3] Oppenheim A V, Schafer R W, Buck J R. Discrete-Time Signal Processing[M]. 2nd ed. New Jersey: Prentice Hall, 1999.

[4] 程佩青.数字信号处理教程[M].5 版.北京:清华大学出版社,2017.

[5] 吴京,王展,万建伟,等.信号分析与处理[M].修订版.北京:电子工业出版社,2014.

[6] 李素芝,万建伟.时域离散信号处理[M].长沙:国防科技大学出版社,1994.

[7] 吴镇扬.数字信号处理[M].3 版.北京:高等教育出版社,2016.

10.4 z 域是什么域

对离散时间信号与系统,可以分别从时域、频域和 z 域进行分析。时域就是以时间为变量的域,其基本单位为秒(s);频域就是以频率为变量的域,其基本单位为弧度(rad)。秒和弧度这两个基本单位都是我们在现实生活中能够经常接触和直观感受到的。那么问题来了,z 域是什么域? z 代表什么意思? z 域的基本单位是什么?

(1) z 域是什么域?

答: z 域是复频域。

域的转换:如果待分析的离散时间信号与系统满足狄利克雷条件,就可以从时域转换到频域进行分析,即进行离散时间傅里叶变换。

域的扩展:如果不满足狄利克雷条件,那么离散时间傅里叶变换的前提条件就不满足了,这个时候就需要将频域扩展到复频域,即 $z = re^{j\omega}$。连续时间信号与系统的复频域即 s 域,离散时间信号与系统的复频域即 z 域。

(2) z 代表什么意思?

答: z 变换的 z 代表其提出者扎德(Zadeh)教授。

z 变换的基本思想最早来自于拉普拉斯(Laplace)。1952 年,哥伦比亚大学两位教授拉加齐尼(John R. Ragazzini)和扎德(Lotfi A. Zadeh)(图 10.4.1)合作发表了一篇关于采样系统的论文,提出了在后面大放异彩的 z 变换。

拉加齐尼　　　　　　　扎德

图 10.4.1　提出 z 变换的两位学者

1965 年,身为控制论专家的扎德教授提出了模糊集合论,模糊集合论的诞生是世界人工智能发展史上的一个重要里程碑。扎德教授作为模糊数学之父,是人工智能领域一位精神领袖式人物。

(3) z 域的基本单位是什么?

答:暂无基本单位。

打个这样的比喻:我们生活的空间是长宽高和时间构成的四维空间,这四维空间中的每一维都有固定且熟悉的物理意义,即都有"单位"。看了科幻小说《三体》以及科幻电影《星际穿越》后,想必许多人也认同高维空间的存在,但恐怕很少有人说得清楚第五维、第六维的物理意义是什么,或者单位是什么。

同样的,z 域作为频域的扩展域,也就是扩展到"高维频率",恐怕暂时也想不出对应的物理意义。

扩展阅读

[1] 百度百科. z 变换[EB/OL]. https://baike. baidu. com/item/Z％E5％8F％98％E6％8D％A2/1915180?fr＝aladdin.

[2] Oral-History:Lotfi Zadeh[EB/OL]. https://ethw. org/Oral-History:Lotfi_Zadeh.

[3] Lotfi Aliasker Zadeh(1921—2017)—his life and work from the perspective of a historian of science [EB/OL]. https://www. sciencedirect. com/science/article/pii/S0165011417303883#!.

[4] 吴京,王展,万建伟,等.信号分析与处理[M].修订版.北京:电子工业出版社,2014.

[5] 李素芝,万建伟.时域离散信号处理[M].长沙:国防科技大学出版社,1994.

10.5 那些年,我们一起学过的傅里叶

法国人约瑟夫•傅里叶(Joseph Fourier),信号处理领域绝对的大神级人物,统治了数字信号处理半壁江山,令无数学子顶(瑟)礼(瑟)膜(发)拜(抖)。

图 10.5.1 傅里叶(1768—1830)

傅里叶(图 10.5.1)于 1768 年 3 月 21 日出生于法国中部城市奥赛尔的一个裁缝家庭,他的童年算不上幸福,9 岁时父母双亡成为孤儿,被当地一个主教收养。12 岁时,傅里叶被教会送入军校读书,从那时开始他就表现出对数学的偏好和天赋。

1. 傅里叶分析的诞生

傅里叶最大的贡献就是提出了傅里叶分析的思想,对后续数学和物理学的发展产生了深远的影响,但傅里叶分析的诞生之路充满了坎坷。

傅里叶在研究热传导问题时提出了傅里叶分析的基本思想,他认为任何一个周期信号都可以分解为正弦信号和余弦信号之和。其实在很早之前,人们就已经意识到可以用三角函数来表示周期信号,甚至在古巴比伦和古埃及时期,人们就用这种方法预测天文事件。

到了 18 世纪,伟大的数学家欧拉(1707—1783)在研究声波传播问题时发现可以将传播函数分解为多个正弦信号之和的形式,从而使这种方法重新走进当时研究者的视野。同时代的伟大数学家拉格朗日(1736—1813)扩展了欧拉的研究成果,将其应用到天体轨道的观测和预测中。

但是,这些伟大的数学家当时都面临着一个无法解决的问题,即在不连续的情况下,还能否用这种方法来分解信号? 拉格朗日坚信,无穷多个正弦信号之和一定是平滑的,因此不平滑的信号肯定不能用这种方法来进行分解。

学术权威拉格朗日都作此判断,导致当时几乎所有的数学家都对这个方法失去了兴

趣。但有一个人偏偏不信权威,敢于挑战如日中天的拉格朗日,他就是傅里叶。

1807 年,傅里叶向法国科学院提交了一篇关于热传导问题的论文《热的传播》,在论文中提出了信号可以用三角函数展开的思想。在论文的审稿人中,拉普拉斯和勒让德都同意录用这篇论文,但拉格朗日以信号的不连续为由提出反对意见。拉格朗日当年 71 岁,担任法国科学院数理委员会主席,既然主席都提出反对意见,那么傅里叶的这篇论文就被无情地拒绝了。不过,在论文审查委员会给傅里叶的回信中,还是鼓励他继续钻研,并将研究结果严密化。客观而言,傅里叶在 1807 年的论文中并没有对不连续问题作出严格的解释,投稿被拒也是情有可原的。

不服输的傅里叶花了 4 年时间认真修改自己的论文,于 1811 年再次向法国科学院投稿,题为《热在固体中的运动理论》。当时法国科学院举行了一次征文比赛,目的是推动对热传导问题的研究。征文比赛的结局非常戏剧化,傅里叶的这篇论文脱颖而出,获得了科学院颁发的奖金,但可能由于拉格朗日主席的威望,或者拉格朗日可能就是盲评专家,评委仍然对论文的严密性和普适性提出异议,使得这篇论文没能正式发表。

虽然傅里叶 1811 年的这篇论文未能正式发表,但傅里叶在论文中推导出了著名的热传导方程,并在求解该方程时发现解函数可以由三角函数构成的级数形式表示,从而提出任何函数都可以展开成三角函数形式的无穷级数。傅里叶级数、傅里叶分析等理论均由此诞生。

1813 年,拉格朗日在巴黎去世,傅里叶的学术生涯苦尽甘来,迎来转机。为表彰傅里叶对热传导理论研究的贡献,1817 年,傅里叶当选为法国科学院院士。1822 年,傅里叶担任法国科学院终身秘书,后来担任法兰西学院终身秘书和理工科大学校务委员会主席,敕封为男爵。

1822 年,傅里叶将自己的研究整理和扩充,出版专著《热的解析理论》(图 10.5.2)。这部学术著作将欧拉、伯努利等人在一些特殊情形下应用的三角级数方法发展成内容丰富的一般理论,三角级数后来就以傅里叶的名字命名。为了处理无穷区域的热传导问题,后来又引申出傅里叶积分,这一切都极大地推动了偏微分方程边

图 10.5.2 《热的解析理论》

值问题的研究。在数学史乃至科学史上,《热的解析理论》都被公认为一部划时代的经典著作,影响了整个 19 世纪分析严格化的进程。

傅里叶提出的思想,引起了对不连续函数研究的热潮,激发了后续研究者对函数概念进行修正和推广。傅里叶级数在数学上的严密化,是由后辈狄利克雷(1805—1859)和黎曼(1826—1866)等人完成的,狄利克雷条件在如今的"信号与系统"教科书中引用最为广泛。

2. 傅里叶轶事

1) 傅里叶与拉格朗日

从傅里叶分析思想的诞生之路可以看出,拉格朗日多次"刁难"傅里叶论文的发表。

一方面,拉格朗日作为一个天才的数学家,早已在数学、力学和天文学方面做出了诸多历史性贡献,奠定了自己不可动摇的学术地位。1807 年傅里叶提交论文时,拉格朗日已经 71 岁,难免有点一言九鼎,固执己见。另一方面,正是由于拉格朗日的固执己见,反复拒稿,才促使了傅里叶不会见好就收,对自己的理论开展了持续、深入的研究。

其实拉格朗日和傅里叶是师生关系。1789 年,法国大革命爆发,中断了傅里叶回家乡奥赛尔执教的计划。在法国大革命期间,傅里叶替当时恐怖行为的受害者申辩,结果被捕入狱。出狱后,傅里叶曾短暂就读于巴黎高等师范专科学校,师从大名鼎鼎的拉格朗日和拉普拉斯教授学习数学,那时傅里叶的数学才华就给拉格朗日等人留下了深刻的印象。1795 年,巴黎综合工科学校成立,27 岁的傅里叶被学校任命为助教,协助拉格朗日和蒙日教授开展数学教学工作。

2) 傅里叶与拿破仑

1798 年,傅里叶暂时离开了学校,因为校长蒙日选派他跟随拿破仑远征埃及。在埃及期间,傅里叶主要从事外交活动和考古研究,其出色的行政管理才能获得了拿破仑的赏识,为他以后的仕途埋下了伏笔。1801 年,傅里叶学而优则仕,被任命为伊泽尔省格伦诺布尔的地方行政长官。一朝天子一朝臣,1815 年,拿破仑兵败滑铁卢,百日王朝昙花一现,傅里叶宦海沉浮 14 个年头,此时不得不黯然辞去官职。

傅里叶在 1807 年和 1811 年投稿时,正担任着格伦诺布尔的地方行政长官。数理委员会主席拉格朗日虽然有点固执己见,但他坚持原则,两次让行政长官傅里叶投稿被拒,也不失为一段科学史上的佳话。

3) 傅里叶之死

傅里叶毕生研究热的传导,极度痴迷热学,甚至认为热能包治百病。1830 年 5 月 16 日,傅里叶忽感不适,于是他关上家中的门窗,穿上厚厚的衣服坐在火炉边"治病",结果一氧化碳中毒不幸身亡,终年 62 岁。

4) 另一个傅里叶

同一时期,法国还存在着另一个年纪相仿、同样大名鼎鼎的傅里叶,他的全名叫夏尔·傅里叶(1772—1837),与圣西门、欧文并称三大空想社会主义者。

扩展阅读

[1] 江志红. 深入浅出数字信号处理[M]. 北京:北京航空航天大学出版社,2012.
[2] 百度百科. 让·巴普蒂斯·约瑟夫·傅里叶[EB/OL]. https://baike.baidu.com/item/%E8%AE%A9%C2%B7%E5%B7%B4%E6%99%AE%E8%92%82%E6%96%AF%C2%B7%E7%BA%A6%E7%91%9F%E5%A4%AB%C2%B7%E5%82%85%E9%87%8C%E5%8F%B6/1694029?fromtitle=%E5%82%85%E9%87%8C%E5%8F%B6&fromid=841724&fr=aladdin.
[3] 邓新蒲,吴京. 傅里叶级数的起源、发展与启示[J]. 电气电子教学学报,2012,(5):1-4.
[4] 知乎. 告诉你一个真实的傅里叶[EB/OL]. https://zhuanlan.zhihu.com/p/31371519.
[5] 百度百科. 拉普拉斯[EB/OL]. https://baike.baidu.com/item/%E6%8B%89%E6%99%AE%E6%8B%89%E6%96%AF/5189?fr=aladdin.
[6] 百度百科. 拿破仑·波拿巴[EB/OL]. https://baike.baidu.com/item/%E6%8B%BF%E7%A0%B4%E4%BB%91%C2%B7%E6%B3%A2%E6%8B%BF%E5%B7%B4/173319?fromtitle=

%E6%8B%BF%E7%A0%B4%E4%BB%91&fromid＝166205&fr＝aladdin.

[7] 百度百科. 夏尔·傅里叶［EB/OL］. https://baike. baidu. com/item/%E5%A4%8F%E5%B0%94%C2%B7%E5%82%85%E7%AB%8B%E5%8F%B6/8691959?fr＝aladdin.

10.6 藏在高斯笔记里的 FFT 算法

"数学王子"高斯(Gauss)的大名,从小学一年级开始就活跃在大家的数学教科书中。关于高斯(图 10.6.1)最出名的故事就是他十岁时,在课堂上快速得出了"1＋2＋3＋…＋99＋100"的结果。

高斯天赋异禀,年少成名,研究范围非常广泛,取得了许多重要的研究成果,是德国著名的数学家、物理学家、天文学家、几何学家、大地测量学家。高斯公开发表的理论成果数不胜数,如高斯(正态)分布函数、最小二乘法、高斯消元法、微分几何、质数基本定理等。

高斯还取得了不少难以想象的实践成果。比如他利用最小二乘法对小行星谷神星的轨道进行了精确预测;他还主持了汉诺威公国的大地测量工作,并利用最小二乘法显著提高了测量精度。高斯发明了日光反射仪,即后世被广泛应用于大地测量的镜式六分仪。此外,高斯发明了磁强针,与韦伯一起实现了世界上第一个电话电报系统,还与韦伯绘制了世界上第一张地球磁场图,并且标定出地球磁场南北极的位置。

为了纪念高斯的丰功伟绩,高斯的肖像和他提出的高斯(正态)分布曲线被印刷在了10 元德国马克纸币上(图 10.6.2)。

图 10.6.1 高斯(1777—1855)

图 10.6.2 10 元德国马克上的高斯肖像和高斯分布曲线

高斯的座右铭是"稀少,但成熟",所以高斯不太喜欢"灌水",他只发表他认为已经成熟的理论,因此高斯公开发表的成果一定是精品中的精品。他认为不适合发表的许多研究成果,就默默地记录在自己的笔记本里,最多在书信中与朋友交流一下。比如,高斯曾独立提出了不能证明欧氏几何的平行公设具有"物理的"必然性,即非欧几何理论。但高斯并未发表非欧几何理论,也许是他"担心"理论太过超前而不为当时的人们所接受。直到 100 多年后,爱因斯坦的相对论证明了宇宙空间实际上是非欧几何的空间,高斯的这个思想才被大家接受。

科学界公认的是库利和图基在 1965 年提出了 FFT 算法,但在 20 世纪 80 年代通过对高斯笔记的整理发现,高斯竟然在 1805 年就提出了 FFT 算法。高斯当年提出的方法是将长度为 N 的周期信号分解为 $N=N_1N_2$,其中 N_1 是单个周期内的信号点数,N_2 是信号的周期数。先计算 N_2 个 N_1 点的 DFT,再对这 N_2 个 N_1 点的 DFT 结果进行综合得到最终结果,这与 DIT-FFT 算法的思想完全一致。

1987 年,库利还曾专门撰文说明,不应该将 FFT 算法提出者的桂冠戴在自己头上,自己只是重新发现(Re-Discover)了 FFT 算法。不过客观而言,1965 年库利和图基提出的 FFT 算法,正好顺应了第三次科技革命发展的浪潮,因此马上就在计算机、电子技术等方面获得了广泛的应用。

高斯为什么没有将他提出的这个成果发表,后人已无从得知。傅里叶于 1811 年提出了傅里叶级数和傅里叶分析的基本思想,但高斯竟然在 1805 年就提出了 FFT 算法的基本思想。幸好历史不可以假设,不然的话,离散傅里叶级数(DFS)、离散傅里叶变换(DFT)和快速傅里叶变换(FFT),岂不都要改名换姓为离散高斯级数(DGS)、离散高斯变换(DGT)和快速高斯变换(FGT)? 如果说有什么遗憾的话,只能说高斯的思想太过超前了,已经遥遥领先于他所处年代的科学发展和应用需求。

扩展阅读

[1] 江志红.深入浅出数字信号处理[M].北京:北京航空航天大学出版社,2012.

[2] Heideman M T,Johnson D H,Burrus C S. Gauss and the History of the Fast Fourier Transform [J]. IEEE ASSP Mag,1984,1(4):14-21.

[3] Cooley J W. The Re-Discovery of the Fast Fourier Transform Algorithm[J]. Microchimica Acta,1987,(93):33-45.

[4] 杨庆芝,张玉忠,李益中.高斯未发表某些数学思想的原因分析[J].曲阜师范大学学报,1997,(3):90-94.

[5] 百度百科.约翰·卡尔·弗里德里希·高斯[EB/OL]. https://baike.baidu.com/item/%E7%BA%A6%E7%BF%B0%C2%B7%E5%8D%A1%E5%B0%94%C2%B7%E5%BC%97%E9%87%8C%E5%BE%B7%E9%87%8C%E5%B8%8C%C2%B7%E9%AB%98%E6%96%AF/9963604?fr=aladdin.

[6] 知乎.高斯到底有多厉害[EB/OL]. https://www.zhihu.com/question/35107219.

10.7 不得不说的分贝

在现实生活中,"分贝(dB)"这个名词随处可见,比如城市道路交通噪声是多少 dB,建筑工地的施工噪声是多少 dB,吸尘器的工作噪声是多少 dB。学习了"数字信号处理""雷达原理""通信原理"等课程之后,我们发现滤波器的幅频响应大多用 dB 来表示,雷达灵敏度用 dB 来表示,信噪比用 dB 来表示,甚至电流、电压和功率都可以用 dB 表示。

对于 dB,不少同学或多或少的存在一些疑惑,比如:dB 的定义,为什么有的前面是 10,有的前面是 20? dB 明明是一个比值,为什么有时后面还跟着一个字母(单位),比如 dBA、dBW? 用 dB 来表示,比不用 dB 表示,到底有什么独特之处?

1. dB 的起源

dB 这个单位起源于贝尔(图 10.7.1)。贝尔何许人也？他发明了世界上第一台实用电话机，创建了贝尔电话公司(AT&T 公司的前身)，他的全名是亚历山大·贝尔(Alexander Graham Bell)。

贝尔以发明电话著称于世，但他还发现了我们的耳朵对声音强度的感受呈对数关系，也就是说，对于微小的声音，只要响度稍有增加，人耳即可感觉到，但是当声音响度增大到某一值后，即使再有较大的增加，人耳的感觉却无明显变化。

图 10.7.1　贝尔(1847—1922)

进一步研究发现，客观声强增大 10 倍，人的主观感觉增大 1 倍，客观声强增大 100 倍，人的主观感觉只增大 2 倍。因此，人们定义了一个称为"声强级"的单位，也就是把相对于基准声强的比值按照对数划分的等级，为了纪念贝尔的发现，把声强级的单位命名为贝尔。

在后续的实际应用中发现，贝尔这个单位有些偏大，所以就产生了更小的十分之一级单位，即 deciBel。英语中 deci 表示十分之一，deciBel 就表示"十分之一贝尔"，英文缩写为 dB，中文名称就是"分贝"。

$$1\text{dB} = \frac{1}{10}\text{B}$$

有意思的是，1dB 正好是人耳的听觉门限，也是标准电话线上 1km 的衰减。

2. dB 的定义

分贝表示的是两个比值的对数关系，定义如下：

$$\text{dB} \triangleq 10\lg\frac{x_1}{x_2}$$

其中，x_1/x_2 可以是功率之比、能量之比、幅度平方之比。

分贝的定义还可以是如下形式：

$$\text{dB} \triangleq 20\lg\frac{x_1}{x_2}$$

其中，x_1/x_2 可以是电流之比、电压之比、幅度之比。

上面这两种定义其实是等价的：dB 定义前取 10，表明参与相比的两个物理量暗含了平方关系，比如功率暗含了电流平方或者电压平方的关系，否则，dB 定义前取 20。

在工程应用上，dB 还可以用来作为绝对单位。比如，任意波形发生器(信号源)有个很重要的技术指标就是输出功率，该指标常用毫瓦(mW)的分贝值 dBm，即

$$\text{dBm} \triangleq 10\lg m\text{W}$$

3. dB 的优点

用 dB 来表示物理量，最大的优点就是动态范围宽，可以"一视同仁"地观测到数据在不同区间的变化规律。

关于用 dB 来表示物理量,有一个很形象的比喻。一个生物学家,他既研究大象也研究蚂蚁,但他只有一把固定刻度的尺子。如果他使用一把符合大象尺寸的尺子去观察蚂蚁,他就会发现蚂蚁实在是太小了,根本看不到蚂蚁的任何构造,就会得出"蚂蚁没有眼睛"的错误结论;如果他使用一把符合蚂蚁尺寸的尺子去观察大象,他就会发现大象实在是太大了,无论从哪个方向观察都远远超出了尺子的长度,就会得出"大象是一个向外扩张的球体"的错误结论。因此,这个生物学家必须选择一个最小刻度可以调整的尺子,这样他才能发现,大象是有四肢的,蚂蚁也是有眼睛的。

图 10.7.2 给出了 $N=12$ 阶的归一化模拟低通椭圆滤波器幅频响应,图 10.7.2(a)的纵坐标用 $20\lg|H_a(j\Omega)|$ 表示,图 10.7.2(b)的纵坐标用 $|H_a(j\Omega)|$ 表示。

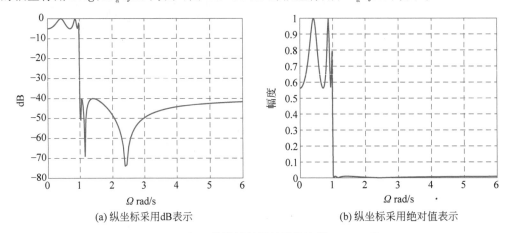

(a) 纵坐标采用dB表示   (b) 纵坐标采用绝对值表示

图 10.7.2　归一化模拟低通椭圆滤波器($N=12$ 阶)

很显然,从图 10.7.2(a)可以看出,当 Ω 从 0rad/s 变为 6rad/s 时,滤波器幅频响应曲线呈现出丰富的变化特征,即椭圆滤波器的等波纹特性,但是在图 10.7.2(b)中,Ω 大于 1rad/s 之后就几乎是一条水平线了。其实并不是图 10.7.2(b)把椭圆滤波器的等波纹特性"隐藏"起来了,而是图 10.7.2(b)纵坐标的线性特性使其变化规律很不显眼。

表 10.3 给出了椭圆滤波器部分频率点处的纵坐标数值,可以看出,当 $\Omega<1$rad/s 时,纵坐标(幅频特性)都是 0.5~1 的数值;当 $\Omega>1$rad/s 以后,纵坐标都是在 10^{-3} 数量级上发生变化。如果"将就"$\Omega<1$rad/s 这一段数据,纵坐标最小间隔取 0.1,那么 $\Omega>1$rad/s 这一段数据就会显得"微不足道",更体现不出在 1.5rad/s$<\Omega<$2.5rad/s 这一段频率区间,纵坐标发生了一次数量级的变化;反之,如果"将就"$\Omega>1$rad/s 这一段数据,纵坐标最小间隔就需要取 0.001,那么 $\Omega<1$rad/s 这一段数据就会显得"高不可攀"。因此,最理想的绘图方式就是不要规定纵坐标的绝对刻度,而给出相对高度,这样就能一视同仁、大大小小都兼顾到了。

表 10.3　椭圆滤波器幅频特性部分坐标值

Ω	0.5rad/s	1rad/s	1.5rad/s	2rad/s	2.5rad/s	3rad/s
$|H_a(j\Omega)|$	0.8526	0.00416	0.00944	0.00399	0.000619	0.00310
$20\lg|H_a(j\Omega)|$	−1.39	−47.61	−40.50	−47.97	−64.17	−50.17

4. dB 的运算

表 10.4 给出了功率比 P_1/P_2 与其 dB 值的对应关系,可以看出该表是以 0dB 为对称中心。"最著名"的 dB 值就是 0dB 和 3dB,0dB 表示功率相同,3dB 表示半功率。

表 10.4　功率比与 dB 值的对应关系

$\dfrac{P_1}{P_2}$	$10\lg\dfrac{P_1}{P_2}$(dB)	$\dfrac{P_1}{P_2}$	$10\lg\dfrac{P_1}{P_2}$(dB)
0.001	−30	2	3
0.01	−20	4	6
0.1	−10	10	10
0.25	−6	100	20
0.5	−3	1000	30
1	0		

dB 定义中是比值关系,而不是绝对值,故反映的是相对变化关系,比如:+3dB 表示功率之比为 2 倍关系,−3dB 表示功率之比为 1/2。同时,dB 定义中的对数运算,使得乘除运算简化为了加减运算,使得功率比和 dB 值之间的换算关系相对容易。比如:功率比为 20 倍,也就是 2×10,2 倍对应 3dB,10 倍对应 10dB,20 倍的 dB 值就是 3dB+10dB＝13dB。

扩展阅读

[1]　江志红.深入浅出数字信号处理[M].北京:北京航空航天大学出版社,2012.

[2]　于洽会.浅谈分贝、奈培及其应用[J].计量技术,2003(2):57-60.

[3]　百度百科.亚历山大·贝尔[EB/OL].https://baike.baidu.com/item/％E4％BA％9A％E5％8E％86％E5％B1％B1％E5％A4％A7％C2％B7％E8％B4％9D％E5％B0％94/1159777?fr=aladdin.

[4]　知乎.什么是分贝[EB/OL].https://zhuanlan.zhihu.com/p/22821588.

[5]　"分贝",你理解的不过是冰山一角[EB/OL].https://baijiahao.baidu.com/s?id=1646004124094484732&wfr=spider&for=pc.

10.8　生活中的滤波器

滤波器的概念其实随处可见,比如建筑工地上用来筛石头的筛子就可以看作一种滤波器,这种滤波器的"输入"为大小不一的石头,"输出"为较小的石头。这种筛子就相当于一个低通滤波器,孔径大小就相当于低通滤波器的截止频率,只有小于这个孔径的石头才能通过。

在理想情况下,筛子眼的孔径应该是一样大的,也就是说大于筛子眼孔径的石头是绝对不会通过的。但由于使用磨损,或者制作工艺问题,使得有些比标准筛子眼稍大的石头也可能通过筛子。这就相当于在实际的低通滤波器中,输出端也存在少部分大于截止频率的信号,在滤波器中称为"过渡带"或者"频谱泄漏"。筛石头的过程不是一蹴而就的,需要不停地晃动筛子,这个过程需要一定时间,这就相当于滤波器中"延时"的概念。

生活中的滤波器,不一定像数字信号处理教材中那么"高大上",也不一定非得与"频率""傅里叶变换""分贝""雷达""语音信号"等名词挂钩,只要你乐于发现,善于类比,滤波器的概念是无处不在的。

对人的分类或评价就可以看作一种滤波器。比如在征婚交友中,每个人在心里其实已经事先设定好了各种条件,如个人品性、学历、身高、收入等,这就相当于滤波器设计中需要事先确定好技术指标。如果是一见钟情,相当于滤波器完全满足设计指标;如果在后续的交往中逐步发现对方的优点,意味着初次见面时对方肯定有不合心意的地方,这就相当于根据实际需求去修改滤波器设计指标。

又如高考招生,国家会事先设定录取条件,划出各档次的录取分数线,这就相当于已经对所有考生进行了一次筛选(滤波)。各高校在国家分数线的基础上,根据报考情况和考生意愿,将考生录取到不同专业,这就相当于在国家分数线这个"大滤波器"后面并行连接了一系列"小滤波器"。在高校录取过程中,必须严格遵循国家政策才能确保整体上的公平公正,对高考招生制度的修订和完善,必须在高考之前就完成,这就相当于如果滤波器设计指标不太合理,也必须在设计之前经充分论证后修改,不能在事后篡改设计指标。

其实在新闻报道或文学作品中,也常常出现滤波器的概念。比如新闻报道中常用的"习惯性偏见""戴着有色眼镜""选择性忽视"等描述,就相当于频率选择性滤波器,也就是只看到自己希望看到的那部分内容。当然了,"充耳不闻""置若罔闻""熟视无睹""视而不见"等成语,那就更厉害了,相当于是全频带阻塞滤波器。

10.9 无处不在的噪声

噪声是无处不在的。打开收音机,在换台的间隙经常能听到滋滋滋的噪声;老式电视机没有信号时,屏幕上总是布满了雪花点;雷达发射出去的信号都是很有规律的,但接收到的信号总是毛毛刺刺的;把一个杯子扣在耳朵上,总能听见嗡嗡嗡的响声;想看一部精彩的科幻电影,但室友们正在兴奋地看着足球比赛,时不时爆发一阵欢(吵)呼(闹)声。

噪声和信号往往是难解难分的。许多时候,我们只见噪声不见信号,或者说信号经常被淹没在噪声的茫茫大海里。谍战电影《暗算》中的盲人阿炳,能够以自己惊人的听力和记忆力,从杂乱无章的电波信号中分辨出敌人的电台;有经验的汽车驾驶员,仅凭引擎盖的声响就能判断出发动机工作是否正常;通过开门的声音或者脚步声,许多人就能判断出是否是自家人回来了,甚至还能判断出是谁回来了。当今热门的大数据分析技术,本质上也是充分发掘被噪声淹没的有用信息(信号)。

从信息传输的角度看,信号是信息的物理体现,是信息的载体。但对信息(信号)的理解,那是仁者见仁,智者见智。在宿舍里看电影的认为看球赛的吵得不行,他们制造的噪声影响到了自己,与此同时,看球赛的也认为看电影的声音影响到了自己。因此从某种程度上而言,噪声和信号是可以相互转换的,没有绝对的噪声,也没有绝对的信号。对噪声和信号的理解,需要结合具体的应用场合和需求。

信号是信息的载体,噪声似乎就是信息传播的障碍。这种理解充满了对噪声的"先天歧视",恨不得将噪声灭之而后快。噪声是不可能消失的,噪声和信号的关系,非常类似于摩擦力和推力的关系,中学物理就学过,摩擦力和推力是相对的,没有摩擦力,我们将寸步难行;电视机屏幕上的雪花点据说来自宇宙微波背景辐射,宇宙存在着,这个噪声就存在着;电路中的噪声有很大部分来自于自由电子的热运动,电子在运动,这个噪声就存在着。

在信号处理领域,最著名的噪声就是"高斯白噪声",这个噪声模型在信号处理仿真实验中经常用到。此外,许多系统都是噪声驱动的,也就是把噪声当作系统的输入,如卡尔曼滤波、自回归(AR)模型、滑动平均(MA)模型等。

人们都喜欢安静的环境,但这个安静也是有限度的。据说在噪声强度为-20dB的静音实验室里,人类待过的最长时间是 45min,超过这个时间都会让人崩溃。要知道,-20dB 仅仅表示噪声功率是信号功率的 1/100,并不是噪声消失后的"绝对安静"。参与这个试验的人曾表示:"有时候安静无声,比晴天霹雳更可怕呢。"

扩展阅读

[1] 刘福声,罗鹏飞.统计信号处理[M].长沙:国防科技大学出版社,1999.
[2] 罗鹏飞,张文明.随机信号分析与处理[M].2 版.北京:清华大学出版社,2016.
[3] 皇甫堪,陈建文,楼生强.现代数字信号处理[M].北京:电子工业出版社,2003.
[4] 特纳·西尔弗.信号与噪声[M].胡晓姣,张新,朱辰辰,译.北京:中信出版社,2013.
[5] Mike G. 吵(噪声的历史)[M].赵祖华,译.北京:时代华文书局,2014.

10.10 FFT 诞生前后的那些人和事儿

1965 年 4 月,在一篇仅 4 页多的论文里(图 10.10.1),简单介绍了一个计算 DFT 的快速算法,掀开了电子信息产业蓬勃发展的序幕。这篇划时代的论文就是 *An Algorithm for the Machine Calculation of Complex Fourier Series*,这个在后面大放异彩的算法就是 FFT 算法。很自然的,FFT 算法提出者的桂冠就被戴在了论文作者库利(James William Cooley)和图基(John Wilder Tukey)的头上。

但如果认为 FFT 算法就真的是在 1965 年的这篇论文中"从天而降"的,这显然不符合人类认知发展的客观规律。在 1965 年之前,已经有很多相关研究为 FFT 算法的提出打下了很好的基础,比如 1805 年的高斯(Gauss),1903 年的 Runge,1958 年的 Good 等。牛顿曾谦虚地说,"如果我能看得更远一点的话,是因为我站在巨人的肩膀上",1987 年库利也专门撰文说自己只是"重新发现(Re-Discover)"了 FFT 算法而已。

1997 年库利曾接受过一次专访,在这次专访基础上,结合若干相关文献,我们来回顾 1965 年 FFT 算法诞生前后的那段历史,以及背后的那些人和事。

An Algorithm for the Machine Calculation of Complex Fourier Series

By James W. Cooley and John W. Tukey

An efficient method for the calculation of the interactions of a 2^m factorial experiment was introduced by Yates and is widely known by his name. The generalization to 3^m was given by Box et al. [1]. Good [2] generalized these methods and gave elegant algorithms for which one class of applications is the calculation of Fourier series. In their full generality, Good's methods are applicable to certain problems in which one must multiply an N-vector by an $N \times N$ matrix which can be factored into m sparse matrices, where m is proportional to $\log N$. This results in a procedure requiring a number of operations proportional to $N \log N$ rather than N^2. These methods are applied here to the calculation of complex Fourier series. They are useful in situations where the number of data points is, or can be chosen to be, a highly composite number. The algorithm is here derived and presented in a rather different form. Attention is given to the choice of N. It is also shown how special advantage can be obtained in the use of a binary computer with $N = 2^m$ and how the entire calculation can be performed within the array of N data storage locations used for the given Fourier coefficients.

Consider the problem of calculating the complex Fourier series

$$(1) \qquad X(j) = \sum_{k=0}^{N-1} A(k) \cdot W^{jk}, \quad j = 0, 1, \cdots, N-1,$$

where the given Fourier coefficients $A(k)$ are complex and W is the principal Nth root of unity,

$$(2) \qquad W = e^{2\pi i/N}.$$

A straightforward calculation using (1) would require N^2 operations where "operation" means, as it will throughout this note, a complex multiplication followed by a complex addition.

The algorithm described here iterates on the array of given complex Fourier amplitudes and yields the result in less than $2N \log_2 N$ operations without requiring more data storage than is required for the given array A. To derive the algorithm, suppose N is a composite, i.e., $N = r_1 \cdot r_2$. Then let the indices in (1) be expressed

$$(3) \quad \begin{aligned} j &= j_1 r_1 + j_0, & j_0 &= 0, 1, \cdots, r_1-1, & j_1 &= 0, 1, \cdots, r_2-1, \\ k &= k_1 r_2 + k_0, & k_0 &= 0, 1, \cdots, r_2-1, & k_1 &= 0, 1, \cdots, r_1-1. \end{aligned}$$

Then, one can write

$$(4) \qquad X(j_1, j_0) = \sum_{k_0} \sum_{k_1} A(k_1, k_0) \cdot W^{j k_1 r_2} W^{j k_0}.$$

图 10.10.1　库利和图基 1965 年论文首页

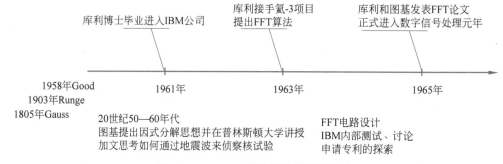

图 10.10.2　FFT 算法诞生的重要事件

1. FFT 算法的提出者：库利和图基

库利于 1926 年出生在纽约，在美国陆军航空部队服役后又继续求学生涯，1949 年在曼哈顿学院本科毕业，1951 年和 1961 年在哥伦比亚大学先后获得硕士学位和博士学位。博士毕业当年，库利就进入 IBM 公司工作，直到 1991 年退休，2016 年去世。

毋庸置疑，库利身上最大的标签就是"FFT 算法提出者"。但库利在访谈中却认为自己是被"忽悠"来研究 FFT 算法的，他之前从未涉足过数字信号处理领域，提出 FFT 算法之后，他也没太关心这个算法有何用处。IBM 当年专门成立了一个研究部门，允许这个部门里的人做任何想做的研究，甚至与 IBM 的业务没关系也不要紧，IBM 照样发工资养着。正好库利也是一个不太愿意被约束的人，只喜欢做那些自己喜欢做的事情，于是库

库利   图基

图 10.10.3 提出 FFT 算法的两位学者

利当年就来到了这么一个"养闲人"的地方。无论是历史的偶然还是必然,FFT 算法就诞生在了这么一个友好、宽容的工作环境里。

共同提出 FFT 算法的另一个学者是图基,他于 1916 年出生在马萨诸塞州,他从小天资聪颖,少年时期的图基甚至都没怎么去学校读书,而是在家里读"私塾",老师就是他的母亲。1939 年,年仅 23 岁的图基在普林斯顿大学博士毕业,打破了学校从不直接接收本校毕业生的规定,并且年仅 35 岁就晋升为普林斯顿大学的正教授,他还曾在贝尔实验室兼职,直至 2000 年去世。

与库利相比,图基的"辈分"更高。在现代谱估计中,有个经典方法称为"BT 法",这里的"T"就是指图基,该方法是由布莱克曼(Blackman)和图基于 1958 年共同提出的。早在 1953 年时,库利就已经和图基合作过,他把 BT 法进行了编程验证,图基当时已经是普林斯顿大学的正教授了,而库利还只是一个程序员。

图基一生指导毕业了 50 多位博士,在普林斯顿大学享有盛誉,可谓桃李满天下,1997 年普林斯顿大学出版社还专门将这 50 多位博士的简历集结成书。他经常鼓励学生要大胆发问,认真思索问题背后的科学原理,并创新解决问题。

与库利相比,图基的学术"咖位"也更高一些,除了 FFT 算法,他在其他领域也做出了惊人的贡献。比如,图基根据 binary digit 的概念创造出了 bit 这个单词,贝尔实验室的同事香农受此启发,在信息论中将 bit 的思想深入人心。此外,software 这个单词也是图基创造出来的。图基主要工作还在于统计分析,他于 1965 年在普林斯顿大学创办了统计学系,被称为"现代探索性数据分析之父"。

图基也是一名著名的社会活动家,他曾担任艾森豪威尔、肯尼迪、约翰逊和尼克松四任美国总统的科学顾问,参与 1959 年维也纳《禁止核试验条约》的谈判,甚至用统计学的方法来预测美国总统大选。

2. 另外两个不要被遗忘的人物:桑德和加文

第一个不要被遗忘的人物叫作桑德(Gordon Sande),就是提出"桑德-图基 FFT 算法"(DIF-FFT 算法)的那个"桑德",他是一个略显悲情的人物。桑德当年在普林斯顿大学读书时,选修过图基的课程,在课堂上图基讲授的因式分解思想启发了他,并独立提出了 FFT 算法。

1964 年左右,桑德就写好了这篇论文,并兴冲冲地交给图基审阅。可惜当时库利已经写好了类似的论文,并且库利已经与图基沟通修改了好几轮,于是桑德就放弃了投稿。为此事图基一直很愧疚,他觉得提出 FFT 算法的这份荣耀也应属于桑德。图基去世后,桑德还专门写了一篇文章来纪念自己的老师。

另外一个不要被遗忘的人物叫作加文(Dick Garwin),他在幕后推动了 FFT 算法的提出。加文具有非凡的洞察力和视野,总能透过现象看到本质。比如,加文认为可以通过分析地震波信号来刺探苏联的核试验情况,但这种方法的瓶颈就在于傅里叶变换的巨大运算量,因此破解问题的关键就在于提出一种高效的傅里叶变换算法。

加文同时也是一个"伯乐",他还能找到合适的人来完成这个任务。当时加文和图基都是肯尼迪总统科学顾问委员会的成员,他注意到图基提出的因式分解方法对降低傅里叶变换的运算量肯定有用,并且很有眼光地找到了刚来 IBM 不久的库利,最终促成了 FFT 算法的问世。在这个过程中,加文担任库利和图基二人之间的联络员,并对 FFT 算法进行了验证和推广。在 1965 年的论文中,库利和图基还专门对加文的贡献进行了致谢。

3. FFT 算法几件事

1)FFT 与核试验

FFT 算法提出的真实目的是监视苏联的核试验情况,但加文并不想让库利知道太多,于是他就"杜撰"了一个应用背景,让库利去寻找氦-3 自旋取向的周期特性。这个项目拐弯抹角,也是为了寻找降低傅里叶变换运算量的方法。刚开始,库利对这个项目并不感兴趣,把它搁在了一旁。加文急了,但他又不能说破,只能厚着脸皮去催活。不过加文确实具有慧眼识英雄的本事,库利也不负重托,很快就找到了高效计算傅里叶变换的新方法,并通过编程进行了验证。随后库利就把程序和算法交给了加文,去做其他事情了。

2)FFT 与 IBM

库利交差后,起初加文对这个新方法也只持谨慎的乐观态度。他先在 IBM 内部进行了测试,发现这个方法的性能确实令人惊叹,于是加文又组织了一系列的研讨和分析。慢慢地,在 IBM 内部对新算法的正确性和优异性已不再怀疑。

士为知己者死,IBM 平时养的这些"闲人",第一时间就意识到这个新方法是属于 IBM 的财富,于是就想到了许多方法来维护东家的权益:他们请教了律师,探讨到底应该是先发论文还是先申请专利;根据律师的建议,他们还设计了一个电路来阻止别人申请专利;在这个过程中,他们甚至还刻意回避了图基,原因很简单,因为图基不是 IBM 的人。

当一切安排妥当后,他们决定发表论文。库利很快就写出了初稿,大约在 1964 年年初把论文寄给了图基,后来他们只通过电话交流了几次。1964 年 8 月,库利将论文投到了 *Math of Computation* 杂志,很快就被录用了,1965 年 4 月就刊登出来。在这个过程中,桑德放弃了自己的那篇论文,与 FFT 算法提出者的荣耀擦肩而过。

3）库利和图基各自的贡献

实事求是地说，FFT 算法是人类智慧的共同结晶，库利和图基只是走出了最关键的那一步。图基做出的贡献偏重理论指导，他提出的因式分解思想为降低运算量打下了坚实的基础；库利做出的贡献偏重具体实现，如按位反转、同址运算、编程实现等具体"招数"（注：同期只有库利和桑德独立实现了编程验证）。值得一提的是，库利、图基和桑德等人在 1965 年之后，并没有太关注 FFT 算法的推广和具体应用，正所谓"事了拂衣去，深藏功与名"。

扩展阅读

[1] Cooley J W，Tukey J W. An Algorithm for the Machine Calculation of Complex Fourier Series[J]. Math. Comput. ，1965，(19)：297-301.

[2] Heideman M T，Johnson D H，Burrus C S. Gauss and the History of the Fast Fourier Transform [J]. IEEE ASSP Magazine，1984：14-21.

[3] Cooley J W. The Re-Discovery of the Fast Fourier Transform Algorithm[J]. Mikrochimica Acta，1987，(1)：33-45.

[4] Goldstein A. Oral-History：James W. Cooley[M]. 1997.

[5] Wainer H. Graphic Discovery：A Trout in the Milk and Other Visual Adventures[M]. Princeton University Press，2005.

[6] Blackman R B，Tukey J W. The Measurement of Power Spectra from the Point of View of Communications Engineering，part Ⅰ[J]. Bell System Tech. ，1958，(37)：185-282.

[7] Blackman R B，Tukey J W. The Measurement of Power Spectra from the Point of View of Communications Engineering，part Ⅱ[J]. Bell System Tech. ，1958：485-569.

[8] Fernholz L T，Morgenthaler S. A Conversation with John W. Tukey and ElizabethTukey[J]. Statistical Science，2000. 15(1)：79-94.

[9] Kafadar K. In Memoriam：John Wilder Tukey[J]. Technometrics，2001，43(3)：251-255.

[10] Shannon C E. A Mathematical Theory of Communication[J]. Bell System Technical Journal，1948，27：379-423，623-656.

[11] Sande G. John Wilder Tukey[J]. Physics Today，2001，54(7)：80-81.

附录 A　本书符号

定　义	备　注
$\mathrm{Sa}(x) = \dfrac{\sin x}{x}$	$\mathrm{sinc}(x) = \dfrac{\sin(\pi x)}{\pi x}$
$\mathrm{Sa}[\varOmega_{\mathrm{c}}(t - nT)]$	内插函数,见 2.1.4 节
$\varPhi_k(\mathrm{e}^{\mathrm{j}\omega}) = \varPhi\left(\omega - k\,\dfrac{2\pi}{N}\right)$ 其中 $\varPhi(\omega) = \dfrac{1}{N}\dfrac{\sin(\omega N/2)}{\sin(\omega/2)}\mathrm{e}^{-\mathrm{j}(N-1)\omega/2}$	插值函数,见 3.4.2 节
$H(\mathrm{e}^{\mathrm{j}\omega}) = \lvert H(\mathrm{e}^{\mathrm{j}\omega})\rvert\,\mathrm{e}^{\mathrm{j}\arg[H(\mathrm{e}^{\mathrm{j}\omega})]}$	$H(\mathrm{e}^{\mathrm{j}\omega})$ 频率响应,$\lvert H(\mathrm{e}^{\mathrm{j}\omega})\rvert$ 幅频响应,$\arg[H(\mathrm{e}^{\mathrm{j}\omega})]$ 相频响应,见 2.3.3 节
$H(\mathrm{e}^{\mathrm{j}\omega}) = H(\omega)\mathrm{e}^{\mathrm{j}\theta(\omega)}$	$H(\omega)$ 幅度函数,$\theta(\omega)$ 相位函数,见 7.1.1 节
$W_N = \mathrm{e}^{-\mathrm{j}\frac{2\pi}{N}},\ W_N^k = \mathrm{e}^{-\mathrm{j}\frac{2\pi}{N}k}$	旋转因子,见 5.1.2 节
$\cosh(x) = \dfrac{1}{2}(\mathrm{e}^x + \mathrm{e}^{-x})$	双曲余弦函数,见 6.2.2 节
$\{1,2,5,3,5,6\}_{-2}$	表示第一个数据的起始时刻为 $n = -2$,与 $\{1,2,\underline{5},3,5,6\}$ 等价
$y(n) = x(n) * h(n)$	序列 $x(n)$ 和 $h(n)$ 的线性卷积
$y(n) = x(n)\,\textcircled{L}\,h(n)$	序列 $x(n)$ 和 $h(n)$ 的 L 点圆周卷积
狄利克雷条件	(1) $\displaystyle\int_{t_0}^{t_0+T} \lvert x(t)\rvert\,\mathrm{d}t < \infty$ (2) 在任何有限区间内,$x(t)$ 的极大值、极小值数目有限 (3) 在任何有限区间内,$x(t)$ 的间断点数目有限
频率变量符号	模拟频率 f,采样率 f_{s},模拟角频率 $\varOmega$,数字频率 ω
欧拉公式 $\mathrm{e}^{\mathrm{j}\theta} = \cos\theta + \mathrm{j}\sin\theta$	$\cos\theta = \dfrac{1}{2}(\mathrm{e}^{\mathrm{j}\theta} + \mathrm{e}^{-\mathrm{j}\theta})$,$\sin\theta = \dfrac{1}{2\mathrm{j}}(\mathrm{e}^{\mathrm{j}\theta} - \mathrm{e}^{-\mathrm{j}\theta})$

附录 B 本书所用 MATLAB 函数总结

函 数 名 及 调 用 格 式	函 数 用 途	备　注
y＝conv(x,h)	计算线性卷积	
y＝cconv(x,h,L)	计算 L 点圆周卷积	
[r,p,k]＝residuez(b,a)	计算留数	
r＝roots(p)	计算多项式的根	可用来计算系统零极点
zplane(b,a)	绘制零极点图	也可以用 zplaneplot
y＝abs(x)	绝对值	可计算系统幅频响应
p＝angle(z)	角度,单位为 rad	可计算系统相频响应
y＝fft(x,N)	计算 x 的 N 点 FFT/DFT 结果	MATAB 无专门的 DFT 函数
y＝ifft(x,N)	计算 x 的 N 点 IFFT/IDFT 结果	
y＝chirp(t,f0,t1,f1)	产生线性调频信号	
s＝spectrogram(x,window,noverlap,nfft)	短时傅里叶变换	可用来观测频率随时间变化的关系
y＝czt(x)	计算线性调频 z 变换	
r＝xcorr(x,y)	计算 x 和 y 互相关	可以用 r＝xcorr(x,x)来计算自相关
[n,Wn]＝buttord(Wp,Ws,Rp,Rs,'s')	计算巴特沃斯滤波器的阶数和截止频率	类似的函数还有 cheb1ord、cheb2ord、ellipord
[bt,at]＝lp2lp(b,a,Wo)	频率变换,低通→低通	类似函数还有 lp2hp、lp2bp、lp2bs
[bz,az]＝impinvar(b,a,fs)	脉冲响应不变法	
[numd,dend]＝bilinear(num,den,fs)	双线性变换法	
freqs(num,den)	模拟滤波器频率响应	
freqz(num,den)	数字滤波器频率响应	
b＝fir1(n,Wn,ftype)	窗函数法	
b＝fir2(n,f,m)	频率采样法	默认加汉明窗
wn＝rectwin(N)	N 点矩形窗	类似函数还有 hanning、hamming、blackman、kaiser
[sos,g]＝tf2sos(b,a)	直接型→级联型	
[C,B,A]＝tf2par(b,a)	直接型→并联型	自定义函数
[C,B,A]＝tf2fs(h)	直接型→频率采样型	自定义函数

参 考 文 献

[1] 李素芝,万建伟.时域离散信号处理[M].长沙:国防科技大学出版社,1994.

[2] 许可,王玲,万建伟.信号处理仿真实验[M].2版.北京:清华大学出版社,2020.

[3] 吴京,王展,万建伟,等.信号分析与处理[M].修订版.北京:电子工业出版社,2014.

[4] 程佩青.数字信号处理教程[M].5版.北京:清华大学出版社,2017.

[5] 程佩青.数字信号处理教程MATLAB版[M].5版.北京:清华大学出版社,2017.

[6] 程佩青,李振松.数字信号处理教程习题分析与解答[M].5版.北京:清华大学出版社,2018.

[7] 吴镇扬.数字信号处理[M].3版.北京:高等教育出版社,2016.

[8] 吴镇扬,胡学龙,毛卫宁.数字信号处理(第二版)学习指导[M].北京:高等教育出版社,2012.

[9] 彭启琮,林静然,杨錬,等.数字信号处理[M].北京:高等教育出版社,2017.

[10] 江志红.深入浅出数字信号处理[M].北京:北京航空航天大学出版社,2012.

[11] 皇甫堪,陈建文,楼生强.现代数字信号处理[M].北京:电子工业出版社,2003.

[12] 姚天任.数字信号处理[M].2版.北京:清华大学出版社,2018.

[13] 陈后金,薛健,胡健,等.数字信号处理[M].3版.北京:高等教育出版社,2018.

[14] 高西全,丁玉美.数字信号处理[M].4版.西安:西安电子科技大学出版社,2016.

[15] 胡广书.数字信号处理:理论、算法与实现[M].3版.北京:清华大学出版社,2012.

[16] Oppenheim A V,Willsky A S,Hamid N S. Singal and Systems[M].2nd ed.北京:电子工业出版社,2015.

[17] Oppenheim A V, Willsky S R, et al.离散时间信号处理[M].黄建国,刘树棠,张国梅,译.3版.北京:电子工业出版社,2015.

[18] Schilling R J,Harris S L.数字信号处理导论:MATLAB实现[M].殷勤业,王文杰,邓科,等译.西安:西安交通大学出版社,2014.

[19] 罗鹏飞,张文明.随机信号分析与处理[M].2版.北京:清华大学出版社,2016.

[20] 陈怀琛.数字信号处理教程:MATLAB释义与实现[M].3版.北京:电子工业出版社,2013.

[21] 宋知用.MATLAB数字信号处理85个实用案例精讲:入门到进阶[M].北京:北京航空航天大学出版社,2016.

[22] 叶其孝,沈永欢.实用数学手册[M].2版.北京:科学出版社,2007.

[23] 同济大学数学系.高等数学(第六版,上下册)[M].北京:高等教育出版社,2012.